U0158806

架空配电线路工程

施工安全技能培训教材

国网安徽省电力有限公司安庆供电公司 组编

内 容 提 要

本书是依据《国家电网公司电力安全工作规程（配电部分）》的规范要求，充分结合配电网架空电力线路施工作业的实际需要，面向施工一线作业人员，结合生产实际编制而成。

本书全面梳理了架空配电线路工程施工全过程作业工序和管理要素，全书共十四章，主要内容包括配电线路基础知识，施工项目部组建，施工作业安全组织管理，施工常用机械及工器具，电力设备、材料二次运输，杆塔基础施工，杆塔组立，导线展放与架设，电气设备安装，废旧设备及线路拆除，邻近带电设备作业，配电线路工程施工防高坠措施，配电网工程安全工器具管理与使用，作业现场典型违章。

本书可作为供电企业架空配电线路工程施工管理人员、技术人员以及进网配电网工程施工企业技工、监理等各类人员的培训教学用书。

图书在版编目（CIP）数据

架空配电线路工程施工安全技能培训教材 / 国网安徽省电力有限公司安庆供电公司组编. —北京：中国电力出版社，2022.8（2024.11重印）

ISBN 978-7-5198-6799-7

Ⅰ. ①架… Ⅱ. ①国… Ⅲ. ①架空线路–配电线路–架线施工–安全培训–教材 Ⅳ. ①TM726.3

中国版本图书馆 CIP 数据核字（2022）第 086381 号

出版发行：中国电力出版社
地　　址：北京市东城区北京站西街 19 号（邮政编码 100005）
网　　址：http://www.cepp.sgcc.com.cn
责任编辑：孙世通（010-63412326）　柳　璐
责任校对：黄　蓓　郝军燕
装帧设计：张俊霞
责任印制：钱兴根

印　　刷：北京天泽润科贸有限公司
版　　次：2022 年 8 月第一版
印　　次：2024 年11月北京第二次印刷
开　　本：710 毫米×1000 毫米　16 开本
印　　张：20
字　　数：391 千字
定　　价：118.00 元

版 权 专 有　侵 权 必 究

本书如有印装质量问题，我社营销中心负责退换

编　委　会

主　任　钟成元

副主任　刘　武　王　洋　张学超

委　员　操南圣　甘德志　刘　军　田　宇　王新建

秦　浩　郭成英　占晓云　严孝顺

编　写　组

组　长　操南圣

副组长　张学超　甘德志

成　员　王振华　陈庆春　夏　羚　王龙飞　李　丹

李慧军　沈哲夫　金甲杰　丁一辛　秦　焰

范志云　汪胜兵　操南祥　龙兰英　夏　明

孙　涛　陈　慧　彭　标　胡晓明

前言

Preface

为切实加强架空配电线路工程施工高素质技能人才队伍建设，促进供电企业和社会电力工程施工企业的管理能力和安全技能保障能力，强化架空配电线路工程施工作业现场规范化、标准化管理，全面管控架空配电线路工程施工作业全过程安全风险，国网安徽省电力公司安庆供电公司结合当前工程施工实际状况，组建一线专业技术专家团队，历时两年，按照“理论与实际结合、文字与图片结合、书本与视频结合”的原则，形成了具有鲜明特色的、面向基层一线施工技术工种的专业性培训教材。

本书坚持以现场实际管控和操作能力为本，突出一线员工安全技能的培养，充分结合施工作业现场安全风险管控实际经验，梳理了架空配电线路工程施工安全技能要点，同时侧重于将文字与图片相结合、将讲解与视频相结合，有利于各配电网架空配电线路工程施工队伍及施工人员的学习，进一步提高培训课件与实际施工作业内容和工序的契合度，有效提升配电网工程施工安全风险管控水平。

在本书编写过程中，吸收和借鉴了各地专业技能培训的工作经验，充分考虑架空配电线路工程施工一线人员的文化知识水平和学习能力，突出加强实践性的教学方案，较多地分析施工作业管理流程和作业工序存在的问题和风险，提出施工作业安全风险管控的方法，细化讲解具体施工作业的技术要点，弱化了定量分析计算。

本教材由国网安徽省电力有限公司主办、国网安庆供电公司承办，由国网安庆供电公司安全监察部负责主编，国网潜山市供电公司、国网岳西县供电公司、国网望江县供电公司、国网宿松县供电公司等积极协助参与编写，同时也获得了其他部分单位人员的鼎力支持。在编写过程中，参阅了很多专业技术资料和相关专业技术教材，也获得了广大一线施工企业和现场施工人员的大力支持和帮助，国网安徽省电力公司安全监察部、国网安庆供电公司各级负责人、专业管理人员也给予了帮助和指导，在此一并谨致谢意。

由于编者的水平有限，教材中难免存在疏漏和不妥之处，恳请广大读者批评指正。

编　者

2022 年 5 月

目录
Contents

◎ 第一章

配电线路基础知识

本章简要介绍了配电网的基本概念、配电线路的分类和配电线路及其设备的基本组成。从中低压配电线路工程施工角度，梳理了配电线路各组成部分的基本参数和常用技术参数，为工程施工提供技术参考依据。

第一节 配 电 网

一、配电网基本概念

发电厂发出的电能经升压向远方输送，从 1000、500kV 向 220、110kV、35～10（20）kV/0.4kV，逐级降压、逐级分配，构成了一个庞大的输配电网络。其中，输配电线路是电网的重要组成部分。在我国的电力线路中，一般将 750kV 以上线路称为特高压输电线路，330kV 和 500kV 线路称为超高压输电线路，110kV（包括 66kV）～220kV 线路称为高压输电线路，10（20）～110kV 称为高压配电线路，1～10（20）kV 称为中低压配电线路，1kV 以下为低压配电线路。配电网的作用是把电能挨户分配到各个用户，是电力能源供应的“商品零售部门”。

二、配电线路

由电力负荷中心向各个电力用户分配电能的线路称为配电线路，一般包括架空线路和电缆线路。

（一）配电线路的分类与功能

架空配电线路又分高压架空配电线路（35～110kV）、中压架空配电线路（3、6、10、20kV）、低压架空配电线路（220、380V）。

（1）高压配电线路。主要用于区域内的电能分配，其线路主要在 110、35kV 变电站间进行电能的分配传送。

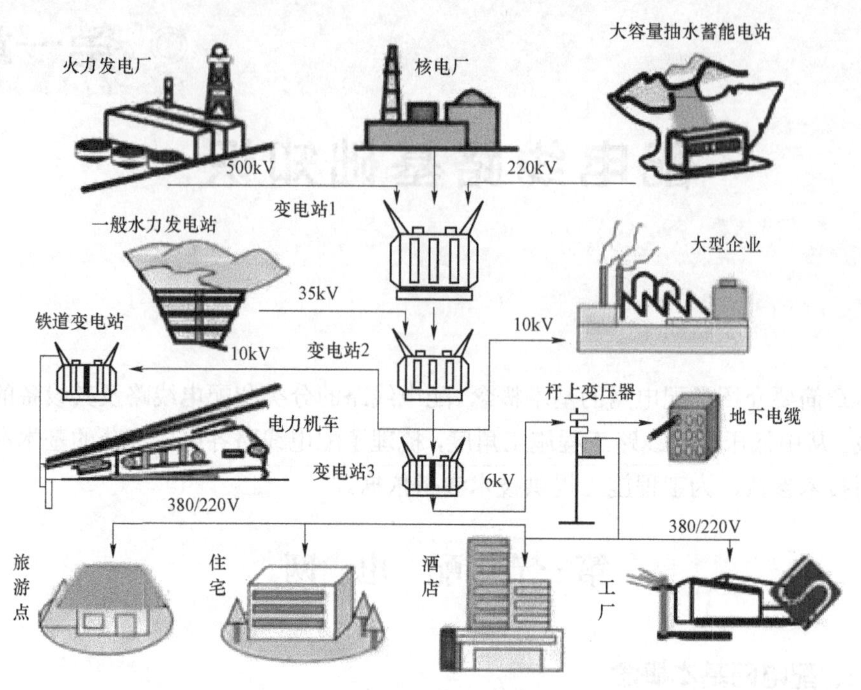

图 1－1　电网结构示意

图 1－2　高低压配电线路实景

（2）中压配电线路，主要用于小区域内的电能分配，其线路主要在 35kV 变电站与 10（20）kV 台式变压器、箱式变压器间进行电能的分配传送。

（3）低压配电线路，主要用于直接对用电设备的电能分配，其线路主要实现 10（20）kV 台式变压器、箱式变压器与低压用户用电设备的连接，从而达到完成电能分配的目的。

（二）配电线路的基本形式

配电线路按其导线形式分为架空裸导线线路、架空绝缘线路、电缆线路、集束导线线路等。

（1）架空裸导线线路。一般应用于人员活动不频繁、线路通道较为空旷，对于防止触电安全事件要求不高的区域，其经济性较好。

图 1－3 10kV 配电架空裸导线线路

（2）架空绝缘线路。一般应用于人口密集、活动频繁、通道环境较为复杂（如城镇道路、居民区、跨越鱼塘、树木丰盛等），且对防止触电安全事件要求较高的区域。

图 1－4 10kV 配电架空绝缘导线线路

（3）电缆线路。一般应用于城镇道路、跨越铁路等对架空线路通道受到限制的区域，在具体应用中可以采取地埋、管道、架空等方式，同时也可以与架空线路形成混合线路。

图 1－5　10kV 配电电缆线路

（4）集束导线线路。一般应用于用户与低压配电线路的连接，在城镇居民用户和普通商业用户的下户线中应用较多。

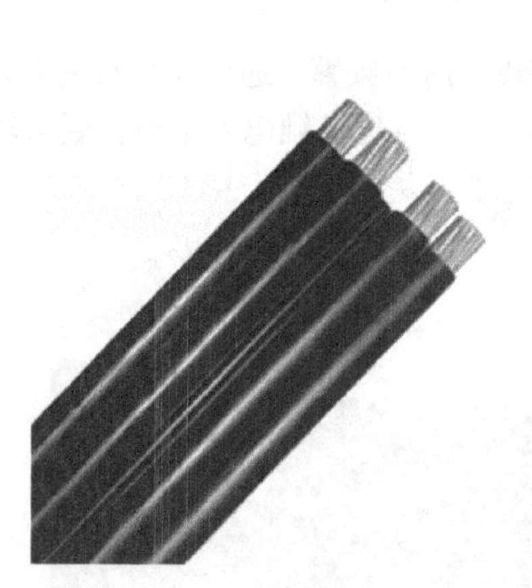

图 1－6　220V 架空集束导线配电线路

第二节　架空配电线路的基本组成

架空配电线路主要由基础（卡盘、底盘、拉盘）、导线、电杆、横担、拉线、绝缘子和线路金具及铁附件等元件组成。配电线路的设备除线路自身以外，还包括配电变压器、避雷器、断路器、隔离开关、熔断器等电气设备，以及防雷与接地、相序牌、杆号牌等相关附属设施。

图 1-7　架空配电线路概览

一、基础

一般指杆塔整体结构中埋入土壤中的部分，用于固定和稳定杆塔，承受杆塔轴向下压力、上拔力和倾覆力矩，防止杆塔在运行中因风、冰、断线等外部的垂直荷载、水平荷载、断线张力等作用产生的上拔、下沉或在外力作用时不发生倾倒或变形。如拉线盘承受上拔力、底盘承受下压力、耐张杆塔基础承受倾覆力矩。

按照配电线路常用杆塔的应用来分，一般包括混凝土电杆基础、钢管杆基础、自立式角钢塔基础。

1. 水泥电杆基础

中低压架空配电线路中使用较多的是水泥电杆，其基础主要有底盘、卡盘和拉盘（惯称三盘），用于稳定电杆，防止电杆下沉和倾斜。其中底盘是主杆基础，卡盘是用于提高电杆抗倾覆力矩的辅助基础，拉盘是电杆拉线的锚固基础。

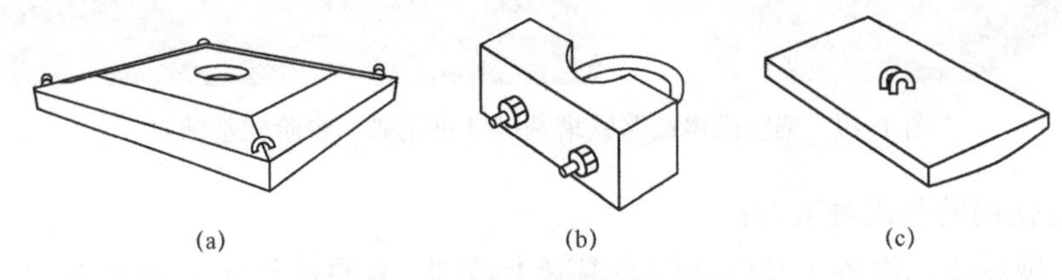

图 1-8　水泥电杆基础（三盘）

（a）底盘；（b）卡盘；（c）拉盘

2. 铁塔基础

中低压架空配电线路中常见的铁塔基础包括灌注桩、台阶式基础。一般由地脚螺栓、混凝土浇筑立柱、承台等构成。中低压配电线路中使用的铁塔基础一般包括开挖型基础和灌注桩基础。

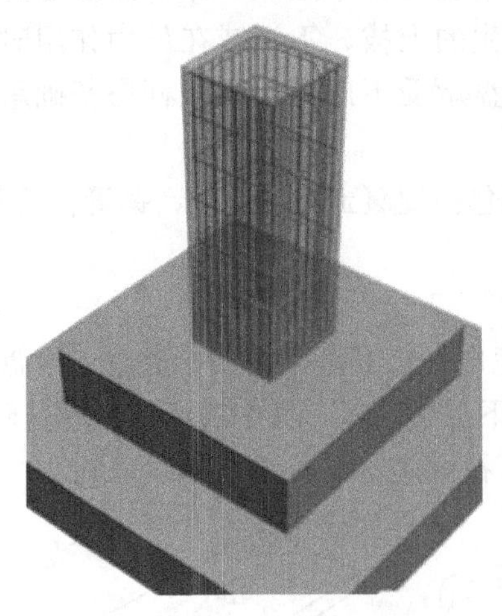

图 1–9　架空配电线路铁塔基础（桩基础、台阶式基础）

目前使用的基础种类有：

（1）现场浇制混凝土基础及钢筋混凝土基础。有整体和分开式两种，是使用最多的铁塔基础。

（2）预制钢筋混凝土基础和砌块基础。适合于缺少砂、石和水的塔位，或其他原因不便在现场浇制时采用。

（3）爆扩灌注式基础。利用炸药扩孔，插入钢筋骨架再灌注混凝土；由于基础是埋置在近原状土层中，基础变形较小，抗拔力强，而且节约土石方和施工劳动力，并且改善了施工条件。

其他还有一些基础类型，如岩石基础，钻孔灌注式基础等。

3. 钢管杆基础

因钢管杆的结构特点和其承力要求，钢管杆基础一般均采用灌注桩型基础，使用钢筋混凝土现场浇筑。

图 1－10　架空配电线路钢管杆基础（桩基础）

二、导线

导线是架空线路的主要元件之一，配电线路中的导线担负着向用户分配传送电能的作用。导线要有足够的机械强度，较高的电导率和抗腐蚀能力，以保证有效地传导电流，保证导线能够承受自身的重量和经受风雨、冰、雪等外力的作用，抵御周围空气所含化学杂质侵蚀。导线常用的材料一般是铜、铝、钢和铝合金等。

架空线路导线的型号一般用导线材料、结构和载流截面积三部分表示的。导线的材料和结构用汉语拼音字母表示。如：T—铜，L—铝，G—钢，J—多股绞线，TJ—铜绞线，LJ—铝绞线，GJ—钢绞线，HLJ—铝合金绞线，LGJ—钢芯铝绞线。

中低压架空配电线路中使用的导线一般采用铝绞线、钢芯铝绞线。从其形式来说，还分为裸导线和绝缘导线两种类型。

表 1-1　　常用铝绞线的基本技术指标

标称截面积（mm^2）	实际截面积（mm^2）	结构尺寸：模数/直径（根/mm）	计算直径（mm）	20℃时直流电阻（Ω/km）	拉段力（N）	弹性系数（N/mm^2）	热膨胀系数（10^{-6}/℃）	载流量（A）			计算质量（kg/km）	制造长度（km）
								70℃	80℃	90℃		
25	24.71	7/2.12	6.36	1.188	4	60	23.0	109	129	147	67.6	4000
35	34.36	7/2.50	7.50	0.854	5.35	60	23.0	133	159	180	94.0	4000
50	49.48	7/3.55	9.00	0.593	7.5	60	23.0	166	200	227	135	3500
70	69.29	7/3.55	10.65	0.424	9.9	60	23.0	204	246	280	190	2500
95	93.27	19/2.50	12.50	0.317	15.1	57	23.0	244	295	338	257	2000
95	94.23	19/4.14	12.42	0.311	13.4	60	23.0	246	298	341	258	2000
120	116.99	19/2.80	14.00	0.253	17.8	57	23.0	280	340	390	323	1500
150	148.07	19/3.15	15.75	0.200	22.5	57	23.0	323	395	454	409	1250
185	182.80	19/3.50	17.50	0.162	27.8	57	23.0	366	454	518	504	1000
240	236.38	19/3.98	19.90	0.125	33.7	57	23.0	427	528	610	652	1000
300	297.57	37/3.20	22.40	0.099	45.2	57	23.0	490	610	707	822	1000

表 1-2　　常用钢芯铝绞线的基本技术指标

标称截面积（mm^2）	实际截面积（mm^2）		钢铝截面比	结构尺寸：模数/直径（根/mm）		计算直径（mm）		20℃时直流电阻（Ω/km）	拉段力（N）	弹性系数（N/mm^2）	热膨胀系数（$\times 10^{-6}$/℃）	载流量（A）			计算质量（kg/km）	制造长度（km）
	铝	钢		铝	钢	导线	钢芯					70℃	80℃	90℃		
16	15.3	2.54	6.0	6/1.8	1/1.8	5.4	1.8	1.926	5.3	19.1	78	82	97	109	61.7	1500
25	22.8	3.80	6.0	6/2.2	1/2.2	6.6	2.2	1.298	7.9	19.1	89	104	123	139	92.2	1500
35	37.0	6.16	6.0	6/2.8	1/2.8	8.4	2.8	0.796	11.9	19.1	78	138	164	183	149	1000
50	48.3	8.04	6.0	6/3.2	1/3.2	9.6	3.2	0.609	15.5	19.1	78	161	190	212	195	1000
70	68.0	11.3	6.0	6/3.8	1/3.8	11.4	3.8	0.432	21.3	19.1	78	194	228	255	275	1000
95	94.2	17.8	5.03	28/2.07	7/1.8	13.65	5.4	0.315	34.9	18.8	80	248	302	345	401	1500
95	94.2	17.8	5.03	7/4.14	7/1.8	13.68	5.4	0.312	33.1	18.5	80	230	272	304	398	1500
120	116.3	22.0	53	28/2.53	7/2.0	15.20	6.0	0.255	43.1	18.8	80	281	344	394	495	1500
120	116.3	22.0	53	7/4.6	7/2.0	15.20	6.0	0.253	40.9	18.8	80	256	303	340	492	1500
150	140.8	26.6	53	28/2.53	7/2.2	16.72	6.6	0.211	50.8	18.8	50	315	387	444	598	1500
185	182.4	34.4	5.3	28/2.88	7/2.5	19.02	7.5	0.163	65.7	18.8	80	368	453	522	774	1500
240	228.0	43.1	5.3	28/3.22	7/2.8	21.28	8.4	0.130	78.6	18.8	80	420	520	600	969	1500
300	317.5	59.7	5.3	28/3.8	19/2	25.2	10.0	0.093 5	111	18.8	80	511	638	740	1348	1000

表 1-3　　常用绝缘铝绞线的基本技术指标

序号	型号规格	导体结构：模数/直径（根/mm）	导体外径（mm）	内屏蔽厚度（mm）	绝缘厚度（mm）	电缆外径（mm）	弯曲半径（mm）		电缆计算质量（kg/km）	绝缘体积电阻（MΩ·km）	20℃时导体直流电阻（Ω/km）	导体计算拉断力（N）	浸水1h耐压电压（kV）	允许载流量（A）
							敷设	运行						
1	JKL YJ-10	7/1.37	3.80	0.70	3.40	12.00	240	264	77.5	≥1500	≤3.080	—	18	56
2	JKL YJ-16	7/1.75	4.80	0.70	3.40	13.00	260	286	124.0	≥1500	≤1.910	—	18	87
3	JKL YJ-25	7/2.24	6.00	0.80	3.40	14.40	288	320	193.6	≥1500	≤1.200	≥3762	18	118
4	JKL YJ-35	7/2.57	7.00	0.80	3.40	15.40	308	340	233.2	≥1500	≤0.868	≥5177	18	149
5	JKL YJ-50	7/3.06	8.30	0.80	3.40	16.70	334	368	290.8	≥1500	≤0.641	≥7011	18	180
6	JKL YJ-70	14/2.57	10.00	0.80	3.40	18.40	368	405	365.7	≥1500	≤0.443	≥10 354	18	226
7	JKL YJ-95	19/2.57	11.60	0.80	3.40	20.00	400	440	495.2	≥1500	≤0.320	≥13 727	18	276
8	JKL YJ-120	36/2.21	13.00	0.80	3.40	21.40	428	471	543.6	≥1500	≤0.253	≥17 399	18	320
9	JKL YJ-150	30/2.57	14.60	0.80	3.40	23.00	460	506	648.7	≥1500	≤0.206	≥21 033	18	366
10	JKL YJ-185	37/2.57	16.20	0.80	3.40	24.60	492	541	761.9	≥1500	≤0.164	≥26 732	18	423
11	JKL YJ-240	37/2.92	18.40	0.80	3.40	26.80	536	590	946.1	≥1500	≤0.125	≥34 679	18	503
12	JKL YJ-300	61/2.57	20.60	0.80	3.40	29.00	580	638	1130.0	≥1500	≤0.100	≥43 349	18	583

三、杆、塔

杆、塔是架空配电线路中的基本设备之一，用于支持横担、导线、绝缘子等元件，使导线对地面和其他交叉跨越物保持足够的安全距离。

1. 杆塔类型

中低压配电线路中的杆塔一般有水泥电杆、钢管杆、自立式角钢塔等三种基本类型。

（1）水泥电杆。即钢筋混凝土电杆。水泥电杆有使用寿命长、维护工作量小等优点，使用较为广泛。通常有拔梢杆和等径杆两种类型。

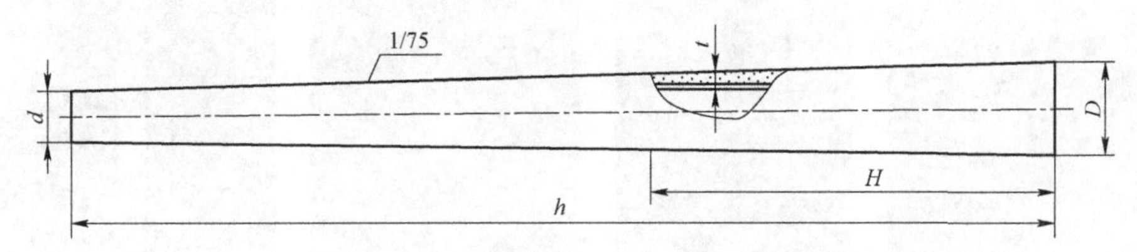

图 1-11　钢筋混凝土电杆结构示意

d—杆顶直径；D—杆根直径；h—电杆长度；H—重心高度；t—电杆壁厚

（2）钢管杆。其主杆由两节及以上钢制空心锥形杆连接而成。钢管杆占地面积小、无拉线，所需走廊窄，且美观、挺拔、简洁，与城市环境较为协调，在城镇配电网中广泛应用。

表 1－4　　架空配电线路常用钢筋混凝土电杆规格及技术参数

型号	规格				参考（重）心 H（m）	理论质量（kg/根）
	梢径 d（mm）	壁厚 l（mm）	根径 D（mm）	杆长 h（m）		
预应力电杆	150	40	243	7	3.08	350
	150	40	257	8	3.52	425
	150	40	270	9	3.96	500
	150	40	283	10	4.40	600
	190	50	270	6	2.64	460
	190	50	310	9	3.96	765
	190	50	323	10	4.40	860
	190	50	337	11	4.84	980
	190	50	350	12	5.28	1120
	190	50	390	15	6.6	1525

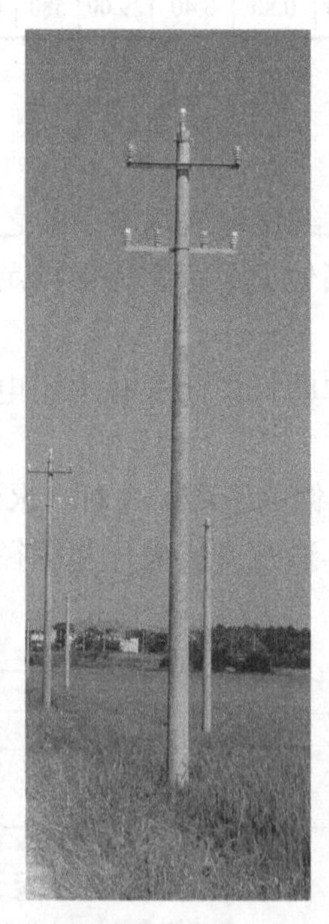

图 1－12　架空配电线路常见杆塔形式

（3）自立式角钢塔。属空间桁架结构，杆件主要由单根等边角钢或组合角钢组成，材料一般使用普通碳素结构钢并经热镀锌处理。杆件间连接采用粗制螺栓，靠螺栓紧固产生的摩擦力实现连接。整塔由角钢、连接钢板和螺栓组成，个别部件如塔脚等由几块钢板焊接成一个组合件。中低压配电线路中，自立式角钢塔一般用于大跨越、山区大档距等情况。

2. 杆塔用途

杆塔按其在线路中的用途可分为直线杆塔、耐张杆塔、转角杆塔、分支杆塔、终端杆塔和跨越杆塔等。

（1）直线杆塔。又称中间或过线杆塔，用在线路的直线部分，主要承受导线重量及线路覆冰和侧面风力荷载。水泥电杆按设计要求安装防风和加固拉线。

图 1－13　架空配电线路直线杆

（2）耐张杆塔。为限制倒杆或断线的事故范围，需把线路的直线部分划分为若干耐张段，在耐张段的两端安装耐张杆塔。耐张杆塔除承受导线重量和侧面风力外，还要承受邻档导线拉力差所引起的沿线路方向的不平衡拉力。对于水泥电杆为平衡此拉力，通常在其顺线路前后方向各装一组拉线。

（3）转角杆塔。用在线路改变走向的地方。转角杆的结构随线路转角不同而不同，一般有耐张转角、直线转角杆两种类型，其中直线转角一般应用于转角角度较小的情况。对于水泥电杆为平衡转角导线张力形成的合力，需按设计要求装设拉线。

图 1-14　架空配电线路耐张杆

图 1-15　架空配电线路转角杆（耐张转角、直线转角）

（4）分支杆塔。设在分支线路连接处，分支杆结构可分为丁字分支和十字分支两种。丁字分支是在横担下方增设一层双横担，以耐张方式引出分支线；十字分支是在原横担下方设两根互成 90° 的横担，然后引出分支线。对于水泥电杆为平衡分支线拉力，按设计要求装设拉线。

图 1－16　架空配电线路分支杆

（5）终端杆塔。设在线路的起点和终点处，承受导线的单方向拉力。对于水泥电杆为平衡单向拉力，按设计要求装设拉线。

图 1－17　架空配电线路终端杆

3. 电杆荷载

电杆在运行中要承受导线、金具及自身的重力，张力、风力所产生的水平力的作用，这些作用力称为电杆的荷载。一般情况下电杆的荷载主要分为下列几种；

（1）垂直荷载。由导线、绝缘子、金具、覆冰以及检修人员和工具及电杆的重量等垂直荷重在电杆竖直方向所引起的荷载。

（2）水平荷载。主要是由导线、电杆所受风压以及转角等在电杆水平横向所引起的荷载和倾覆力矩。

（3）顺线路方向的荷载。顺线路方向的荷载包括断线时所受张力，正常运行时所受到的不平衡张力，斜向风力、顺线路方向的风力等。

四、横担

横担的作用是支持绝缘子，导线等设备，并使导线间保持一定电气安全距离，从而保证线路安全运行。配电线路常用的横担有角铁横担、陶瓷横担、雁翅横担及钢管杆、角钢塔自有横担等。

1. 横担的基本形式

（1）镀锌角钢横担。水泥电杆一般多采用镀锌角钢制成的横担，一般可按单角钢和双角钢进行组合。

图 1-18　架空配电线路水泥电杆镀锌角钢横担

（2）瓷横担。瓷横担具有良好的电气绝缘性能，可以同时起到横担及绝缘子的作用。一般在水泥电杆上配合使用。

图 1－19　架空配电线路水泥电杆瓷横担

（3）雁翅型横担。是水泥电杆横担应用的一种新形式，具有承力能力强、美观的特点，在导线线径较大、城镇区域应用较多。

图 1－20　架空配电线路水泥电杆雁翅型横担

（4）钢管杆横担。是钢管杆的组成部分，常使用法兰或抱箍螺栓与钢管杆杆身连接。

图 1－21　架空配电线路钢管杆横担

（5）角钢塔横担。是角钢塔的组成部分，常使用粗制螺栓与角钢塔塔身连接。

图 1－22　架空配电线路角钢塔横担

2. 横担的支撑方式

按照导线的排列方式，中、低压配电线路横担常见的支撑方式有水平排列横担、三角形排列横担、多回线路横担等。

图 1－23　架空配电线路横担的支撑方式（水平、三角形、多层排列）

（1）水平排列横担。常见的有单横担、双横担、多回路及分支线路的多层横担等。单横担通常安装在电杆线路编号的大号（受电）侧。

（2）多回线路横担。按照导线架设的具体回路数，一般有双回上下水平排列、两侧对称垂直排列、两侧正品字形排列等。

五、拉线

拉线的作用主要是用于平衡配电线路杆塔的不平衡张力，一般在终端杆、转角杆设置。另外，拉线还用于增强杆塔的抗风能力和稳定性。

（一）拉线的组成

主要包括电杆抱箍、楔形线夹、中间拉线绝缘子、UT 线夹、拉棒、拉盘。

（二）拉线的分类

1. 普通拉线

用于线路的终端杆塔、小角度的转角杆塔、耐张杆塔等处，主要起平衡水平张力的作用。一般和地面夹角不大于 45°，如果受地形限制时，不应小于 30°，也不应大于 60°。

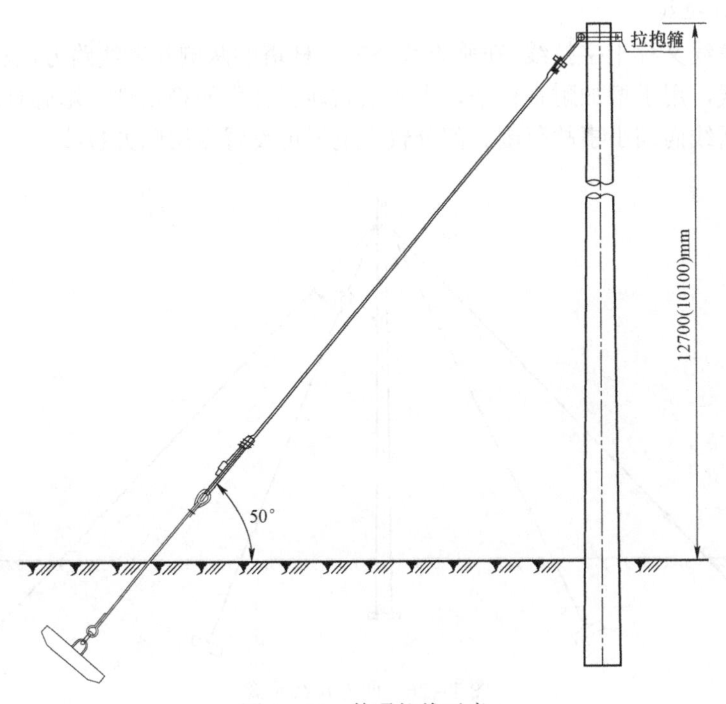

图 1－24　普通拉线示意

2. 人字拉线

人字拉线又称两侧拉线。装设在直线杆塔垂直线路方向的两侧，用于增强水泥电杆抗风偏能力和稳定性；装设于顺线路方向两侧，一般用于耐张杆。

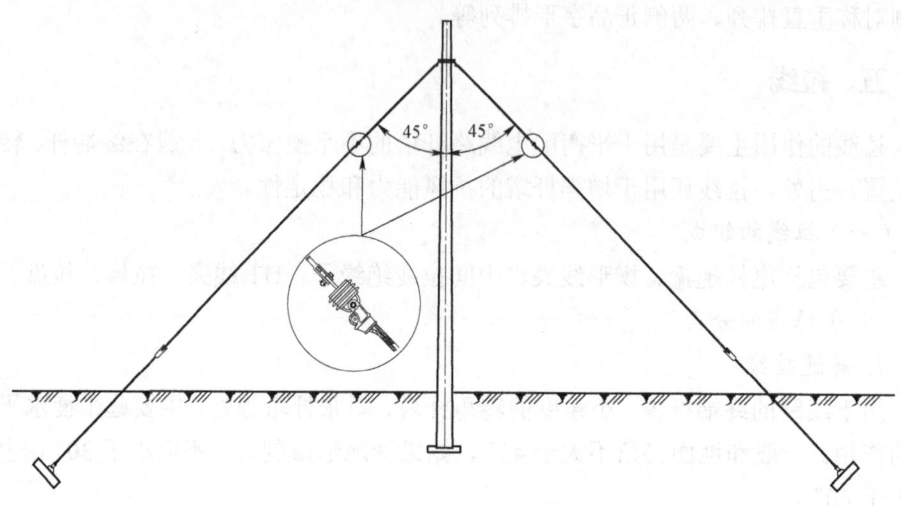

图 1－25　人字形拉线示意

3. 四方拉线

四方拉线又称十字拉线，在垂直线路方向杆塔的两侧和顺线路方向杆塔的两侧均装设拉线，用于增加耐张杆塔、土质松软地区杆塔的稳定性、增强杆塔抗风性、防止导线断线而缩小事故范围。部分较高电杆可设置多层四方拉线。

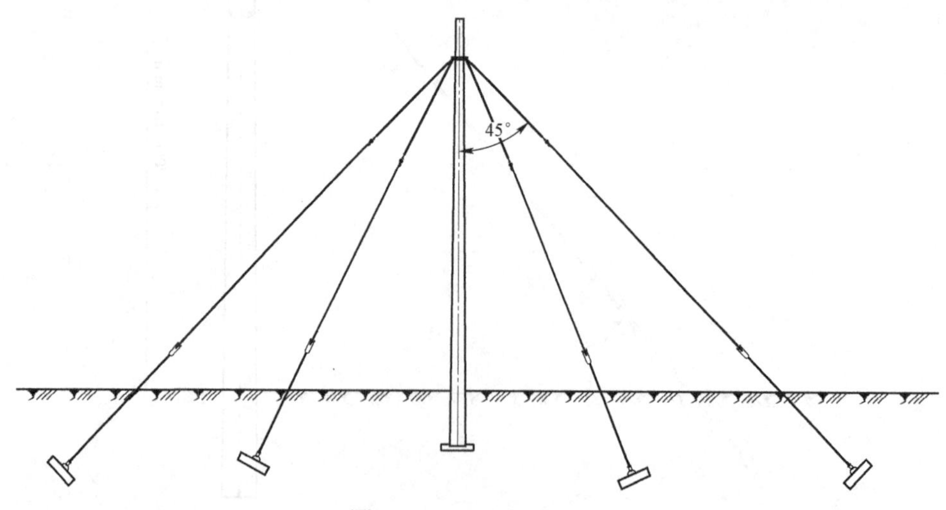

图 1－26　四方拉线示意

4. 水平拉线

水平拉线又称过道拉线，也称高桩拉线，在不能直接做普通拉线的地方，如跨越道路、沟渠等地方，可做过道拉线。

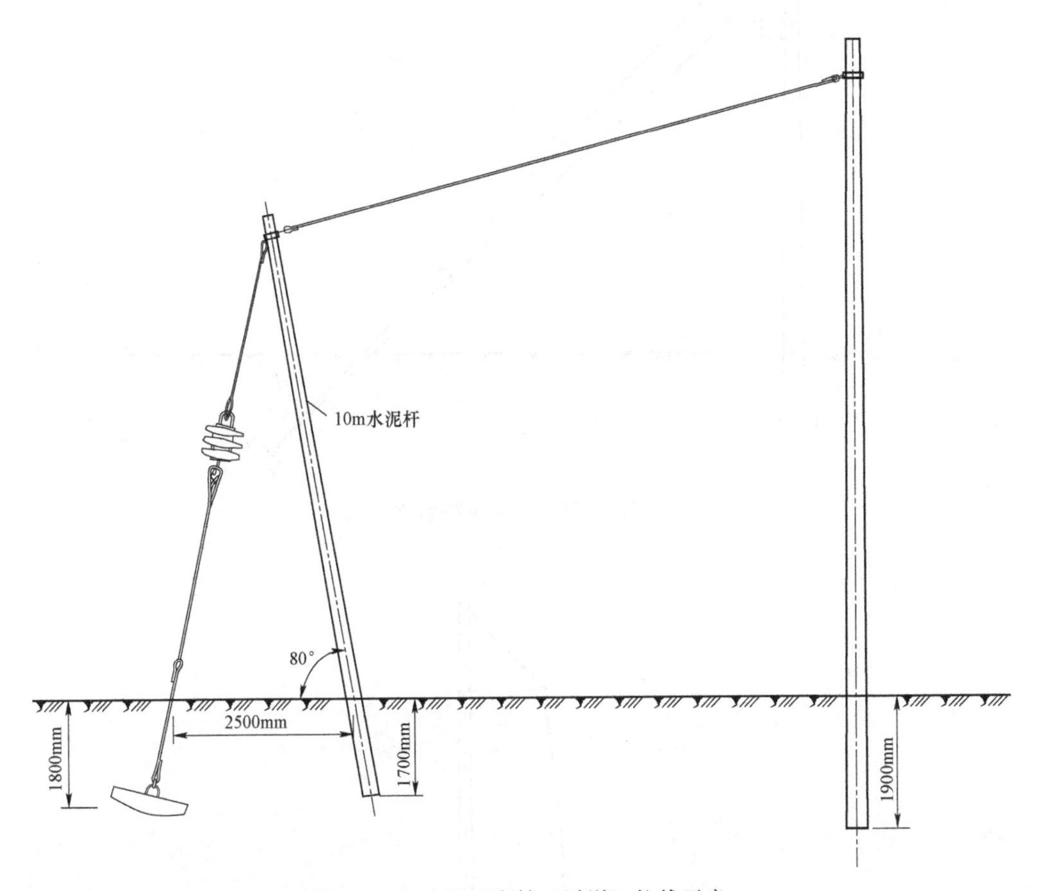

图 1－27　水平（高桩、过道）拉线示意

5. V（Y）形拉线

当电杆高、横担多、架设导线较多时，在拉力的合力点上下两处各安装一条拉线，其下部合为一条，构成 V 形拉线。V 形拉线又称为 Y 形拉线，这种拉线分别为垂直 V 形和水平 V 形两种。

6. 弓形拉线

弓形拉线又称自身拉线，用于地形受限制区域不安装普通拉线的情况。该类型拉线对电杆受力存在一定影响，一般不做常规使用。

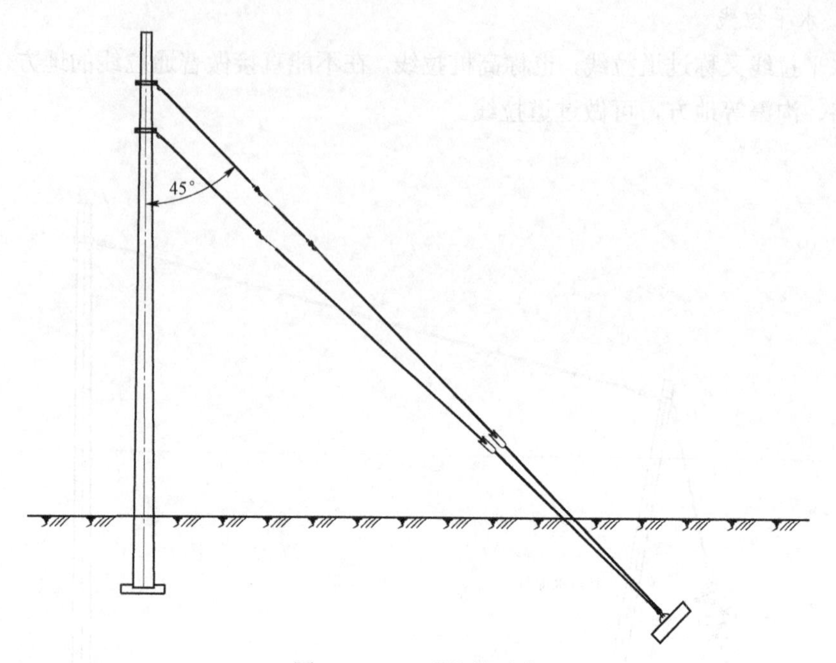

图 1-28　V 形拉线示意

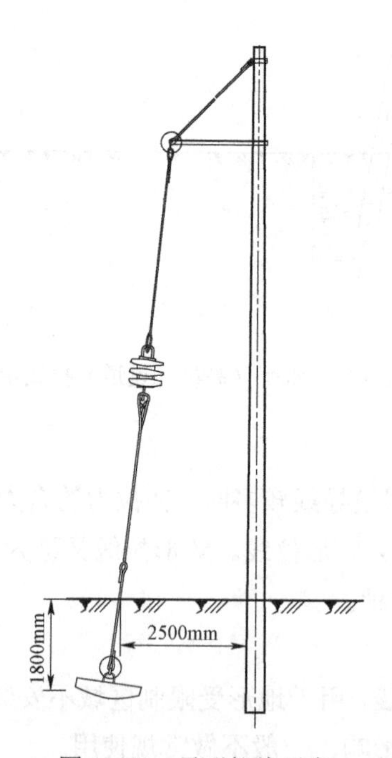

图 1-29　弓形拉线示意

六、绝缘子

绝缘子是保证输配电线路绝缘能力的重要元件。绝缘子的结构形式应与线路结构及运行环境相适应。中低压配电线路中，常用的绝缘子形式包括针式、蝶式、柱式、悬式、瓷横担等；按其材质有瓷质、钢化玻璃、复合材料等。

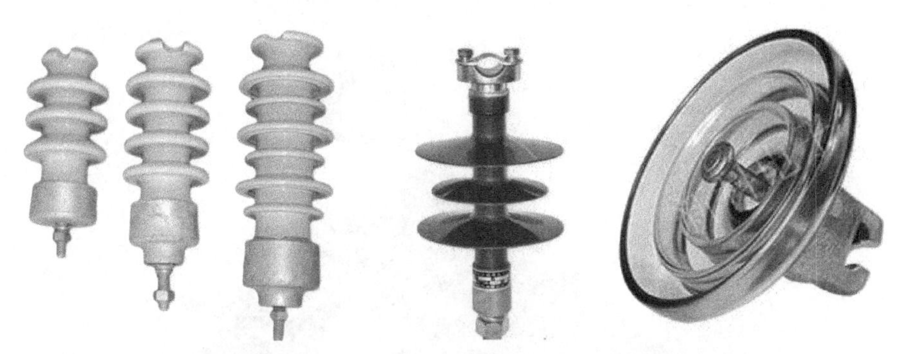

图 1-30　架空配电线路常用绝缘子（瓷柱型、复合型、钢化玻璃悬式）

七、常用金具

配电线路金具用于安装导线、横担、绝缘子及拉线，一般包括固定金具（横担固定金具、导线固定金具）、拉线金具以及其他铁附件等。

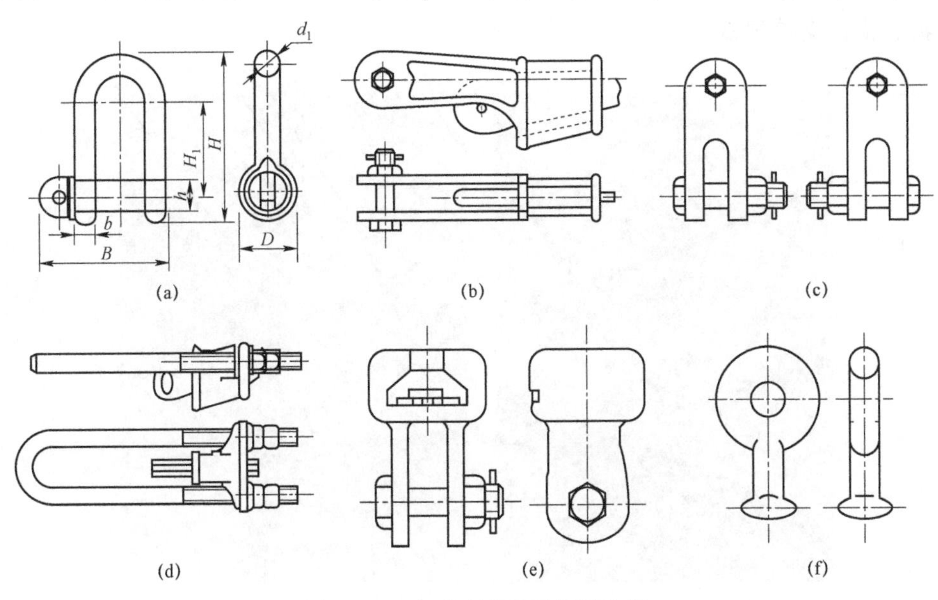

图 1-31　架空配电线路常用金具

（a）U 形环；（b）楔形线夹；（c）直角挂；（d）UT 线夹；（e）碗头挂板；（f）球头挂环

1. 固定金具

(1)导线固定金具。用于将导地线固定在杆塔或绝缘子上。一般包括悬垂线夹、耐张线夹。

1)悬垂线夹用于将导线、地线固定在悬垂绝缘子串上。

2)耐张线夹用于将导线、地线固定在耐张绝缘子串上。

图 1-32 架空配电线路绝缘导线楔形耐张线夹

(2)横担固定金具。用于将横担固定在电杆上。一般包括 U 形抱箍、圆凸形抱箍、横担支撑扁铁。

图 1-33 架空配电线路常用横担固定金具

1）U 形抱箍。用于将横担固定在直线电杆上。

2）圆凸形抱箍。用于将横担支撑扁铁固定在电杆上。

3）横担支撑扁铁。用于支撑横担，防止横担倾斜。

2. 连接金具

用于将悬式绝缘子组装成串，并将一串或数串绝缘子连接或悬挂在杆塔横担上，包括绝缘子串与横担、线夹的连接。另外拉线金具与杆塔的连接，也需要使用连接金具。常用的连接金具包括球头挂环、碗头挂板、U 形挂环、延长环、直角挂环、直角挂板、拉杆、挂板、联板。

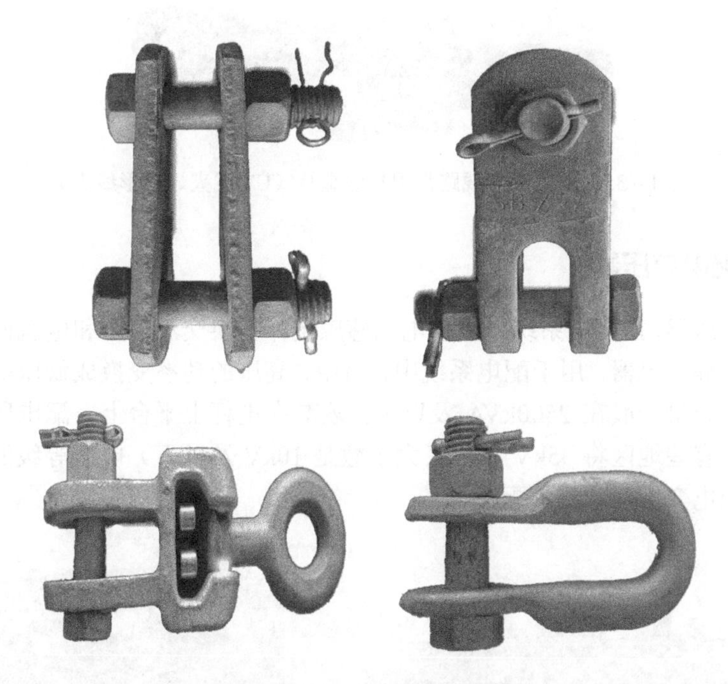

图 1－34　架空配电线路常用连接金具

3. 接续金具

用于架空电力线的裸导线及避雷线两端头的接续（包括永久性接续和临时性接续），以及导线的补修等。一般指导地线接续管，按使用和安装方法的不同，分为钳压、液压、爆压、和螺栓连接等几类。目前在中低压配电线路中，常用的接续管主要是液压类。

4. 保护金具

用于对导地线的防护，一般包括预绞丝护线条、防振锤、铝包带、绝缘子串用的均压屏蔽环等。

5. 拉线金具

主要用于拉线杆塔拉线的紧固、调整连接。一般包括抱箍、UT线夹、拉线线夹等。

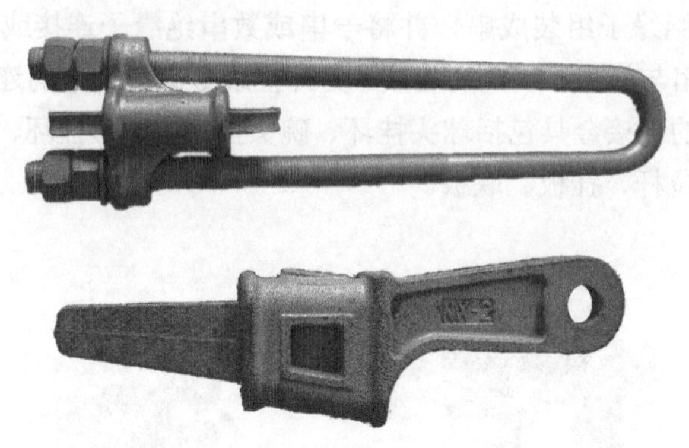

图1－35　架空配电线路常用拉线金具（UT线夹、楔形线夹）

八、配电变压器

配电变压器，指配电系统中根据电磁感应定律变换交流电压和电流而传输交流电能的一种静止电器。用于配电系统中，将中、高压的功率变换成低压配电电压的功率。它的容量一般在2500kVA及以下，安装在电杆上平台上、配电所内、箱式变电站内。有些地区将35kV以下（大多数是10kV及以下）电压等级的电力变压器，称为配电变压器（简称配变）。

图1－36　配电线路10kV变压器

配电变压器主要有油浸式变压器和干式变压器两种，在配电架空线路上一般使用油浸式变压器。随着我国“节能降耗”政策的不断深入，国家鼓励发展节能型、低噪声、智能化的配电变压器产品。主流的节能配电变压器主要有节能型油浸式变压器和非晶合金变压器两种。国家电网有限公司已经广泛使用 S11 系列配电变压器，并正在城网改造中逐步推广 S13 系列，未来一段时间 S11、S13 系列油浸式配电变压器将完全取代现有在网运行的 S9 系列。

在中低压配电线路中，使用的变压器主要有三相、单相两种类型。

表 1－5　　架空配电线路常用 10kV 变压器技术参数

型号	电压组合			连接组标号	空载损耗（kW）	负载损耗（kW）	空载电流（%）	阻抗电压（%）	外形尺寸（长×宽×高，mm×mm×mm）	质量（kg）			轨距（mm）
	高压（kV）	高压分接范围（N）	低压（kV）							器身	油	总和	
S11-M-100/10	6 或 10	±5 或 ±2×2.5	0.4	Dyn11 或 Yyn0	0.2	1.42	1.6	4.0	880×795×1040	320	130	530	400×500
S11-M-125/10					0.24	1.7	1.5		1100×700×1100	380	160	730	550×550
S11-M-160/10					0.27	2.08	1.4		1205×775×1160	475	180	890	550×550
S11-M-200/10					0.33	2.445	1.3		1205×785×1180	510	180	940	550×550
S11-M-250/10					0.4	2.88	1.2		1225×795×1220	590	190	1050	550×550
S11-M-315/10					0.48	3.45	1.1		955×815×1290	685	230	1230	550×550
S11-M-400/10					0.57	4.065	1.0		1365×875×1330	810	260	1470	550×550
SH1-M-500/10					0.68	4.82	1.0		1415×905×1390	930	300	1680	660×660
S11-M-630/10					0.81	5.855	0.9	4.5	1555×1015×1380	1200	370	1795	660×660
S11-M-800/10					0.98	7.085	0.8		1635×1065×1450	1290	400	2310	660×660
S11-M-1000/ 10					1.15	9.73	0.7		1840×1260×1510	1430	560	2750	820×820
S11-M-1250/ 10					1.36	12	0.6		1880×1290×1510	1690	610	3100	820×820
S11-M-1600/10					1.64	14.5	0.6		1960×1340×1735	2180	700	3660	820×820
S11-M-2000/10					1.78	17.8	0.6		2070×1410×1835	2650	900	4880	1070×1070

注　表中所列产品的技术性能参数按 GB/T 6451—2015《油浸式电力变压器技术参数和要求》。

九、断路器与隔离开关

装于 10kV 架空配电线路中户外电杆上的开关，用于城郊及农村配电网中，用于分断、闭合，承载线路负荷电流及故障电流的机械开关设备。

柱上开关分类按开断能力分为以下几种。

1. 柱上隔离开关

又称隔离刀闸，不能关合、开断正常负荷电流，有明显断口，用于线路设备的停电检修、故障查找、电缆试验、重构运行方式等。

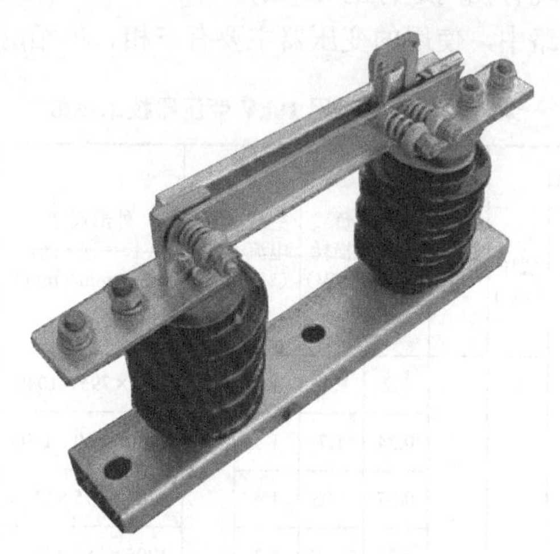

图 1-37　架空配电线路常用隔离开关

2. 柱上断路器

能关合、承载、开断正常负荷电流（≤630A）以及故障电流（≥20kA）的开关设备。

图 1-38　架空配电线路常用柱上断路器

3. 柱上熔断器

又称跌落熔断器，具备开断负荷电流和短路电流的能力，一般用于 500kVA 以下变压器保护或小容量架空线路保护，其电流保护具备反时限特性。电路断开后，熔断器必须人工更换部件后才能再次使用。

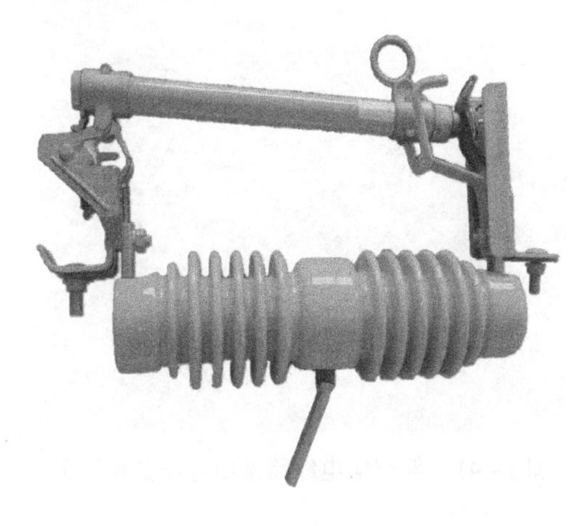

图 1－39　架空配电线路常用柱上熔断器

十、低压电气设备

1. JP 柜

JP 柜是配电变压器综合配电柜的简称，随着农村电网改造的不断深入，大量的 JP 柜被应用于农村电力线路及各配电台区中。JP 柜是为适应农村低压配电装置标准化、小型化、户外式的要求而设计的，它集配电、计量、保护（过载、短路、漏电、防雷）、电容无功补偿于一体。

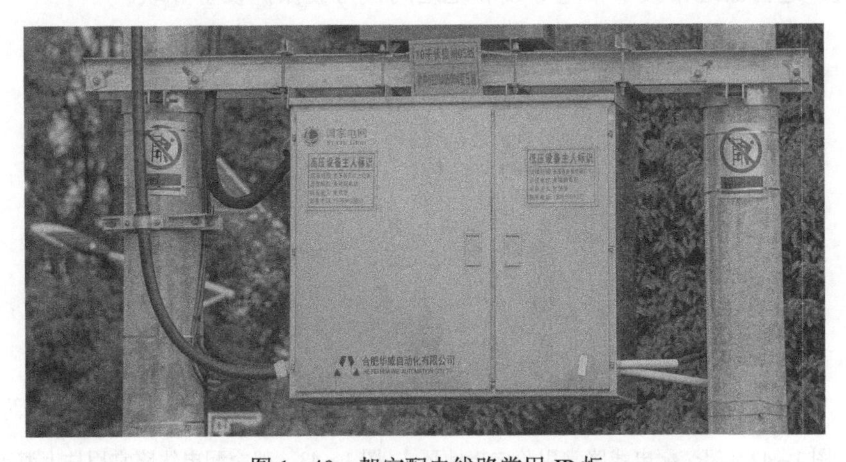

图 1－40　架空配电线路常用 JP 柜

2. 低压负荷开关

低压负荷开关用于低压线路负荷开断控制，一般装有简单的灭弧装置，具有结构简单、操作方便的特点。

图 1－41　架空配电线路常用低压负荷开关

十一、其他设备（避雷器、验电接地环）

1. 验电接地环

验电接地环是配电架空线路中的安全设备。用于中低压配电架空线路操作和检修时验电和装设接地线。

2. 避雷器

避雷器是一种能释放雷电或兼能释放电力系统操作过电压能量，保护电气设备和用电设备免受瞬时过电压危害，又能截断续流，不致引起系统接地短路的电器装置。避雷器通常接于带电导线和地之间，与被保护设备并联。

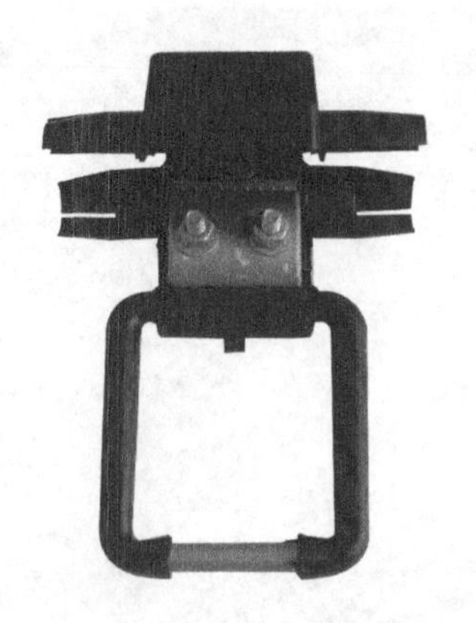

图 1－42　架空配电线路常用验电接地环

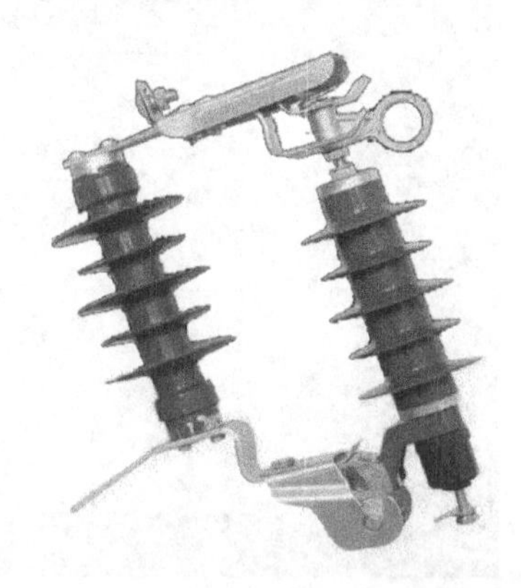

图 1－43　架空配电线路常用柱上避雷器

第二章

施工项目部组建

本章介绍了配电网工程施工项目部在人员配置、硬件设施、组织管理等方面的管理要求，针对施工项目部的管理职责及其各类人员和岗位的职责规范进行了具体描述，对施工项目部标准化、规范化建设有关要求进行了系统表述。

第一节　施工项目部管理

一、施工项目部建设流程

施工项目部是指由施工单位（项目承包人）成立并派驻施工所在地、代表施工单位履行施工承包合同的组织机构，接受业主、监理项目部管理。施工单位应根据施工合同约定的服务内容、服务期限、工程特点、规模、技术复杂程度等因素，按建设管理单位所辖区域组建相应数量的施工项目部，并将成立施工项目部的正式文件报建设管理单位备案，抄报业主项目部、监理项目部。

二、施工项目部管理职责

施工项目部负责组织实施施工合同范围内的具体工作，执行有关法律法规及规章制度，对项目施工安全、质量、进度、造价、技术等实施现场管理。

（1）贯彻执行国家、行业、地方相关建设标准、规程和规范，落实公司各项配电网工程管理制度，执行施工项目标准化建设各项要求。

（2）建立健全施工项目部项目、安全、质量等管理网络，落实管理责任。

（3）编制项目管理策划文件，报监理项目部审查、业主项目部审批后实施。

（4）负责组织编制组织措施、技术措施、安全措施和施工方案（简称“三措一案”），组织全体作业人员参加交底，并按规定在交底书上签字确认。

（5）报送施工进度、月停电计划、周（日）施工计划，并进行动态管理，及时反馈物资供应情况。

（6）协调项目建设外部环境，重大问题及时报请监理、业主项目部协调。

（7）负责施工项目部人员及施工人员的安全、质量教育，提供必需的安全防护用品和检测设备。

（8）参加工程月度例会、周例会、专题协调会，落实上级和业主、监理项目部的管理工作要求，协调解决施工过程中出现的问题。

（9）对分包人员实施有效管控，确保分包人员的施工安全、质量、进度和现场规范性。

（10）负责组织现场勘察、现场安全文明施工，制订并落实风险预控措施；开展并参加各类安全检查，对存在的问题闭环整改。

（11）建立现场施工机械安全管理机制，配备施工机械管理人员，落实施工机械安全管理责任，对进入现场的施工机械和工器具的安全状况进行准入检查，负责施工队（班组）安全工器具的定期试验、送检工作。

（12）编制和执行各类现场应急处置方案，配置应急资源，开展应急教育培训和应急演练，执行应急报告制度。

（13）开展内部施工图预检，参加设计交底及施工图会检，严格按图施工。

（14）严格执行工程典型设计和标准工艺，落实质量通病防治措施，通过影像资料等管理手段严格控制施工全过程的质量和工艺。

（15）规范开展施工质量班组级自检和项目部级复检工作，配合各级质量检查、质量监督、质量验收等工作。

（16）负责施工档案资料的收集、整理、归档、移交工作。

（17）发生质量事件、安全事故时，按规定程序及时上报，参与并配合调查和处理工作。

（18）应用配电网工程相关管理信息系统。

（19）落实公司“两票十制一单”相关工作要求。

（20）负责项目质保期内保修工作，参与工程创优工作。

（21）开展项目部标准化建设，组织参加施工项目部创优活动。

（22）协调施工单位，按时发放施工人员工资。

三、施工项目部班组建设与日常管理

施工项目部应根据其配电网工程项目内容、工程项目数量配置相应专业的施工人员。为加强对施工人员的管理、有效开展工程实施，施工项目部应成立相应班组，实行分层分级管理。

1. 班组建制模式（基本配置）

（1）班组建制配置原则。

1）施工项目部应按施工合同和实际工程量需要成立施工班组。

2）每个班组人数宜控制在 10 人左右，当班组人数过多时，应增加班组数量。

（2）班组人员配置要求。

1）班组须有固定的办公场所，有相应的桌、椅及办公用品。

2）班组须设置班长（队长）、兼职安全员、专（兼）职资料员等。

3）相关班组管理制度上墙。

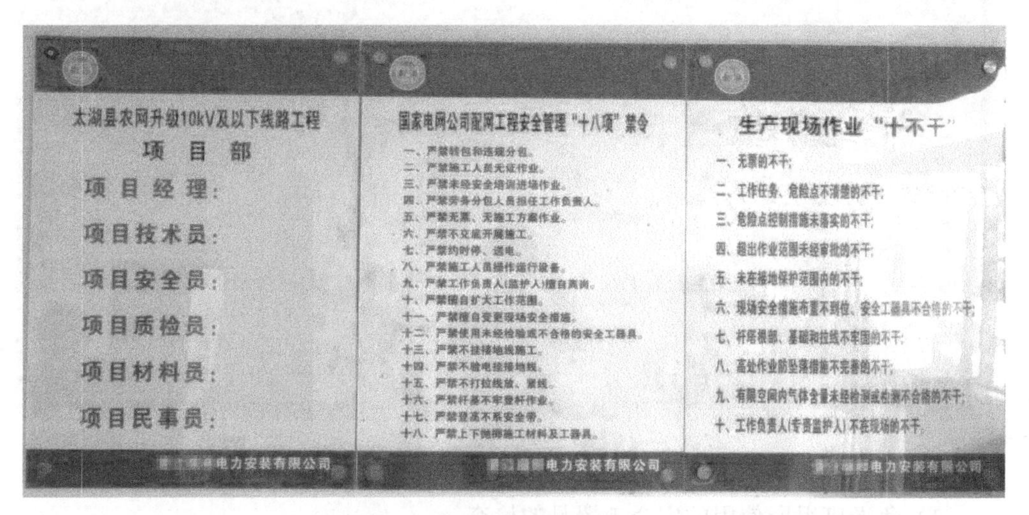

图2－1　施工项目部管理制度上墙

2. 日常管理要求

施工班组应按照其职责及施工、建设单位的管理要求开展班组管理工作。

（1）参加建设单位和项目部组织的安全学习和培训，组织开展班组安全学习、安全活动并做好记录。

（2）班组施工计划管理。

1）按照施工进度表编制班组月度施工计划。

2）根据施工现场情况明确周工作计划。

3）根据周计划及实施进度，结合最新工作要求，制订日计划。

（3）作业计划实施。

1）依据周计划，明确每条计划工作的施工负责人及施工人员。

2）组织计划工作的现场勘查，明确工作的危险点及控制措施。

3）负责因作业进度、施工难度、作业环境及民事协调等因素造成的作业计划变更的报备、计划滚动修改。

4）负责计划工作作业文本编制和审核。

（4）其他管理、

1）负责班组作业文本的评价和归档。

2）负责班组管理的施工机（器）具的检查和维护。

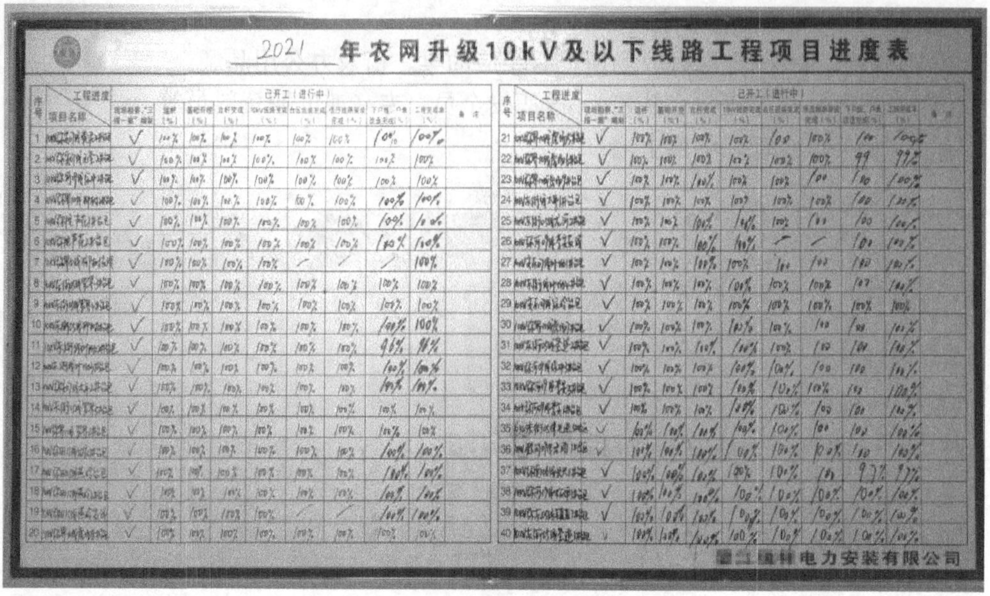

2021 年农网升级10kV及以下线路工程项目进度表

序号

工程进度

项目名称

已开工（进行中）

电力安装有限公司

图 2-2　施工项目部工程项目进度表

3）负责班组所使用的安全工器具的检查。

4）负责对本班组发生的违章及作业不安全行为进行分析、评价和整改。

5）负责本班所使用的材料、设备的领用、保管、运输、回收。

第二节　施工项目部人员配置

一、施工项目部的人员配置

施工项目部应根据工程项目规模和具体施工任务数量，合理配置管理人员和施工作业人员。

表 2-1　　施工项目部人员配置数量

配置原则		项目部管理人员应配置数量（参考）	施工人员应配置数量（参考）
中标金额（万元）	中标单体项目数量（个）		
<100	<6	≥5 人	≥10 人
100～200	<11	≥5 人	≥15 人
>200	≥11	≥6 人	≥20 人

所有施工人员（包括相关专业管理人员）必须取得相应技能资质资格、并经安全知识与技能考试考核合格后方可办理现场准入手续、进入现场施工。

表 2－2　人员资格证明材料明细

人员类型	人员资格证明材料（包含不限于以下内容）
管理人员	相应专业资格证书、劳动合同、社保证明、健康体检证明、意外伤害保险、安全考试成绩、安全生产承诺书
特种作业人员	电力施工人员信息情况表、进网作业许可证或特种作业证件（高压电工证、低压电工证、登高作业证等）、劳动（劳务）合同、体检健康证明、意外伤害保险、安全考试成绩、安全生产承诺书
一般施工人员（长期辅工）	电力施工人员信息情况表、劳动（劳务）合同、体检健康证明、意外伤害保险、安全考试成绩、安全生产承诺书

（一）管理人员

1. 配置原则

施工项目部人员应按照投标承诺配置，原则上一个施工项目部管理人员不得少于 5 人。施工项目部应配备施工项目经理、技术员、安全员、质检员、造价员、信息资料员、材料员、施工协调员等管理人员。其中项目经理和安全员不得兼任其他岗位，施工项目部应保持人员稳定，需调整项目经理时，应按照合同规定书面报建设管理单位批准，办理变更手续。项目部其他管理人员调整时，应报监理项目部审核并在业主项目部备案。

2. 任职条件

施工项目部各类管理人员应按要求取得相应资质资格，并具备相关的管理能力。同时各类管理人员应与施工承包单位有明确的社保关系证明。

表 2－3　施工项目部管理人员任职条件对照

岗位	任职条件
项目经理	取得相应的建造师注册证书；取得省级住房和城乡建设主管部门颁发的安全生产考核合格证 B 证
安全员	取得省级住房和城乡建设主管部门颁发的安全生产考核合格证 C 证
技术员	具有初级及以上技术职称或中级及以上技能等级；具有从事 2 年及以上同类型配电网工程施工技术管理经历
质检员	持有政府相关部门颁发的相应的质检员合格证书；具有从事 2 年及以上配电网工程施工质量管理经历
造价员	具有二级造价工程师（造价员）及以上资格证书或造价员证书；具有从事配电网工程施工造价管理工作经历
信息资料员	具有从事配电网工程施工资料及信息管理工作经历
材料员	具有从事配电网工程施工物资管理工作经历
施工协调员	熟悉相关国家、地方的法律法规，具有从事配电网工程现场综合管理工作经历，具有较强组织协调能力

注　一人不得兼任超过两个岗位，安全员不得兼任其他岗位，任职人员资格及配置不得低于投标承诺并应提供相关的执业证书及社保证明。

（二）施工人员

施工人员是指承担现场施工作业具体任务的人员，包括电工、起重机等大型机械操作人员以及辅助工作人员等。

1. 配置原则

原则上一个施工项目部的施工人员一般不得少于10人，配置数量应与中标金额、单体项目数量相匹配，可根据实际情况调整。

2. 施工作业人员资质及条件

（1）承包单位提供备案的施工人员名单和资格，包括项目经理、施工负责人（工作负责人、工作票签发人）、技术员、安全员、施工人员名单。上述人员应具备进网作业许可证或相应电压等级的电工作业证，对于其他特种作业、特殊工种人员，还应提供相应的资格证书。

（2）所有备案人员的体检健康证明、人身意外伤害保险购买证明（保额不少于每人50万元）。

（3）承包单位出具的“施工人员安规售训考试合格人员名册”（包括所有备案人员），以及工作负责人、工作票签发人的资格证明（写明变电、线路、配电专业）；业主单位对施工单位开展的培训效果进行抽考，抽考率不低于20%。抽考人员包括所有人员，含项目经理、施工负责人、技术员、安全员等。

（4）全员签订安全生产承诺书。所有进入现场的项目管理人员和作业人员（含劳务分包人员）均要签署安全生产承诺书，未完成承诺书签订的不允许进入作业现场。对于外包施工人员，各单位要指导外包单位制定安全生产承诺书格式和内容，督促外包单位组织相关人员签订，并报建设管理单位工程管理部门（专业管理部门）和安监部门备案。

（5）业主单位核发的施工人员“入场证”或者履行相关安全准入手续。

二、施工项目部人员及岗位职责

表2－4　　施工项目部人员及岗位职责

岗位	主要职责
项目经理	施工项目经理是施工现场管理的第一责任人，全面负责施工项目部各项管理工作。 （1）主持施工项目部工作，在授权范围内代表施工单位全面履行施工承包合同，实施全过程管理，确保工程施工顺利进行。 （2）建立相关施工责任制和各专业管理体系，组织落实各项管理组织和资源配备，并监督有效运行，负责项目部员工绩效考核及奖惩。 （3）组织编制项目管理实施规划、“三措一案”，并负责监督和落实。 （4）组织制订施工安全、质量、技术、进度及造价管理实施计划，实时掌握施工过程中安全、质量、技术、进度、造价、组织协调等总体情况。组织召开项目部工作例会，安排部署施工工作。 （5）对施工过程中的安全、质量、技术、进度、造价等管理要求执行情况进行检查、分析及组织纠偏。

续表

岗位	主要职责
项目经理	（6）负责组织处理工程实施和检查中出现的重大问题，制订预防措施。特殊困难及时提请有关方协调解决。 （7）合理安排项目资金的使用；落实安全文明施工费申请、使用。 （8）负责组织落实安全文明施工、职业健康和环境保护有关要求；负责组织对重要工序、危险作业和特殊作业项目开工前的安全文明施工条件进行检查并签证确认；负责组织对分包商进场条件进行检查，对分包队伍实行全过程安全管理。 （9）负责组织工程班组级自检、项目部级复检和质量评定工作，组织自检验收、配合监理预验收、中间验收、竣工验收、交接验收和投运工作，并及时组织对相关问题进行闭环整改。 （10）参与或配合工程安全事件和质量事件的调查处理工作。 （11）负责协调施工单位按时发放施工人员工资。 （12）项目投产后，组织对项目管理工作进行总结；配合审计工作。 （13）负责组织应用配电网工程相关管理信息系统。 （14）负责项目部标准化建设，负责组织施工项目部参加创优活动。 （15）负责组织工程开、复工前的安全培训考试、人员健康体检及人身意外伤害保险购置等，并建立考试成绩、体检报告、商业保险等台账信息
安全员	协助项目经理负责施工过程中的安全文明施工和管理工作。 （1）贯彻执行工程安全管理有关法律、法规、规程、规范和国家电网有限公司有关管理制度，参与有关管理文件安全部分的编制并指导实施。 （2）组织对项目部全员进行安全文明施工等相关法律、法规及其他要求培训工作。 （3）负责记录施工项目部安全活动，负责施工人员的安全教育和上岗培训；汇总特种作业人员资质和一般施工人员资格信息，报监理项目部审查。 （4）参与施工作业票、工作票审查，协助技术员审核施工方案的安全技术措施，参加安全交底，检查施工过程中安全技术措施落实情况。 （5）负责编制安全防护用品和安全工器具的需求计划，建立项目安全管理台账。 （6）负责建立施工机具管理台账，落实施工机械安全管理责任，对进入现场的施工机械和工器具的安全状况进行准入检查。 （7）审查施工分包队伍及人员进出场工作，检查分包作业现场安全措施落实情况，制止不安全行为。 （8）定期组织检查或抽查工程安全、质量情况，组织解决工程施工安全、质量有关问题。 （9）检查作业场所的安全文明施工状况，督促问题整改；制止和处罚违章作业和违章指挥行为；做好安全工作总结。 （10）配合安全事件的调查处理。 （11）负责项目建设安全信息收集、整理与上报
技术员	协助项目经理负责项目施工技术管理等工作，负责落实业主、监理项目部对工程技术方面的有关要求。 （1）贯彻执行国家法律、法规、规程、规范和国家电网有限公司通用制度，参与有关管理制度，并负责监督落实。 （2）组织编制施工进度计划、技术培训计划并督促实施。 （3）组织对项目部全员进行技术、质量及环保等相关法律、法规及其他要求培训工作。 （4）参加业主项目部组织的设计交底及施工图会检。对施工图纸和设计变更的执行有效性负责，对施工图纸中存在的问题，及时编制设计变更联系单并报设计单位。 （5）组织编写“三措一案”，组织安全技术交底。负责对承担的施工方案进行技术经济分析与评价。 （6）定期组织检查或抽查工程技术、质量情况，组织解决工程施工技术、质量有关问题。 （7）负责组织施工班组和分包队伍做好项目施工过程中的施工记录和签证。 （8）负责组织收集、整理施工过程资料，在工程投产后组织移交竣工资料
质检员	协助项目经理负责项目实施过程中的质量控制和管理工作。 （1）贯彻落实工程质量管理有关法律、法规、规程、规范和国家电网有限公司通用制度，参与有关管理制度质量部分的编制并指导实施。 （2）对分包工程质量实施有效管控，监督检查分包工程的施工质量。 （3）检查工程质量情况，监督质量问题整改情况，配合各级质量管理工作。 （4）组织进行隐蔽工程和关键工序检查，督促施工班组做好质量自检和施工记录填写工作。 （5）收集、审查、整理施工记录表格、试验报告等资料。 （6）配合工程质量事件调查

续表

岗位	主要职责
造价员	（1）严格执行国家、行业标准和企业标准，贯彻落实建设管理单位有关造价管理和控制的要求，负责项目施工过程中的造价管理与控制工作。 （2）负责工程设计变更费用核实，负责工程现场签证费用的计算，并按规定向业主和监理项目部报审。 （3）配合业主项目部工程量管理文件的编审。 （4）编制工程进度款支付申请和月度用款计划，按规定向业主和监理项目部报审。 （5）依据工程建设合同及竣工工程量文件编制工程施工结算文件，上报至本施工单位对口管理部门。配合建设管理单位、本施工单位等有关单位的财务、审计部门完成工程财务决算、审计以及财务稽核工作。 （6）负责收集、整理工程实施过程中造价管理工作有关基础资料
信息资料员	（1）负责对工程设计文件、施工信息及有关行政文件（资料）接收、传递和保管；保证其安全性和有效性。 （2）负责有关会议会务管理与筹备、会议纪要整理工作，负责有关工程资料的收集和整理工作。 （3）建立文件资料管理台账，按时完成档案收集、整理、移交工作
材料员	（1）严格遵守有关物资管理及验收制度，加强对设备、材料和危险品的保管，建立各种物资出入库台账，做到账、卡、物相符。 （2）负责组织办理甲供设备材料的催运、装卸、保管、发放，自购材料的供应、运输、发放、补料，拆旧物资的计划确认、回收、清点、移交等工作。 （3）负责组织对到达现场（仓库）的设备、材料进行型号、数量、质量的核对与检查。收集项目设备、材料及机具的质保等文件。 （4）负责工程项目完工后剩余材料的冲减、退料工作。 （5）做好到场物资使用的跟踪管理
施工协调员	（1）协调办理有关施工许可及其他相关手续。 （2）联系召开工程协调会议，协调好地方关系，配合业主项目部做好相关外部协调工作。 （3）根据施工合同，做好青苗补偿、设施占地、树木砍伐、施工跨越等通道清理的协调及赔偿工作。 （4）负责通道清理资料的收集、整理

第三节　施工项目部场所

一、场所设置原则

施工项目部应有相对独立、固定的办公场所、安全工器具室及施工机具、物资保管场所。施工项目部应根据合同约定，配备满足施工项目部工作需要的检测设备、工器具、个人防护用具、办公基本设备与设施，配置信息网络和交通工具。相关检测设备、工器具、个人防护用具应取得检验合格证，并在有效期内使用。

二、施工项目部办公场所

施工项目部办公场所应设立项目部铭牌，办公室应将施工项目部组织机构牌、施工项目部职责牌、岗位职责牌、进度计划表设置上墙。

办公场所明显位置应布置配电网工程现场安全风险防控措施宣传牌，主要包括生产现场作业“十不干”、配电网工程安全管理“十八项”禁令、配电网工程“两票十制一单”有关要求、“典型配电网工程风险一览表”应急联系牌、公告栏（公告黑板）等。

表2-5　　施工项目部公示图

序号	标识名称	参考规格（mm×mm）	单位	数量	材料工艺	备注	样板（参考）
1	施工项目部铭牌	400×600	块	1	薄框铝合金焗漆丝印	项目部办公室大门外侧悬挂施工项目部铭牌。施工项目部命名格式一般为：××公司××地区××年度配电网工程施工项目部。 如同一施工单位在同一地区增加施工项目部，命名为：××公司××地区××年度配电网工程（第二批）施工项目部，以此类推	XXXX公司 X X 配 电 网 工 程 施工项目部
2	人员配置图	1200×900	块	1	KT板	项目部人员组织架构图。组织架构应包括施工项目部各岗位名称、人员姓名、照片等	XXXXXXXXXX公司 配电网工程施工项目部人员配置 照片 照片 照片 照片 照片 照片 照片 照片 照片
3	座位岗位牌	100×170	块	—	薄框铝合金焗漆丝印	数量按实际人数定，置于办公座位	XXXXXXXXXXXXXXXX公司 照片 姓名：XXXX 岗位：XXXXXXXXXXXX

续表

序号	标识名称	参考规格（mm×mm）	单位	数量	材料工艺	备注	样板（参考）
4	职责及规章制度	600×900	块	—	KT板	包含项目部职责及各项目部所设各岗位的岗位职责，各项规章制度及安全风险防控措施，所有图牌设置同一高度（1.5m）	安全监理工程师岗位职责 （1）在总监理工程师的领导下负责工程建设项目安全监理的日常工作。 （2）协助总监理工程师做好安全监理策划工作。 （3）审查施工单位、分包单位的资质，审查人员资格及持证情况。 （4）参加项目管理实施规划、三措一案和专项安全技术方案的审查，督促施工项目部做好施工安全风险预控。 （5）参与专项施工方案的安全技术交底，监督检查安全技术措施的落实。 （6）参加工程例会和安全检查，督促并跟踪问题整改闭环，发现重大安全事故隐患及时制止并向总监理工程师报告。 （7）监督安全文明施工措施的落实。 （8）负责安全监理工作资料的收集和整理。 （9）参加编写监理日志。 （10）负责做好监理项目部安全管理台账以及安全监理工作资料的收集和整理。
5	进度计划表	2000×550	块	—	KT板	依据实际管辖项目进行设定	序号 | 项目名称 | 项目类型 | 工程量 | 实际完成工程量（完成打"√"） | 备注 1 2 3 4 5 6 7 8

三、施工项目部安全工器具室

1. 安全工器具室设置

（1）施工项目部应建立独立的安全工器具室，安全工器具室设专人保管，严禁与其他施工机具混放。

图2-3　安全工器具室

（2）安全工器具室应上墙制度有安全工器具室管理制度，安全工器具使用、维护、试验管理制度，安全工器具的领用、归还和报废管理制度及定置图。

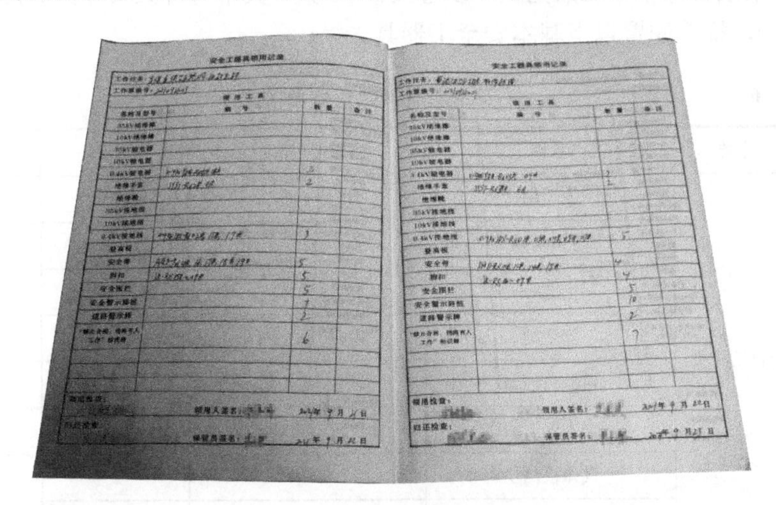

图 2-4 安全工器具领用记录

（3）安全工器具室按照安全工器具的数量配置相应的安全工器具柜、架。安全工器具应分类存放、定置管理。绝缘类安全工器具须存放在智能温控柜内。

图 2-5 智能安全工器具柜

（4）安全工器具的领用与归还须做好记录。

2. 典型安全工器具配置表

以施工项目部单个班组为例（参考人数 15 人，其中管理人员 4 人、技工 8 人，辅工 3 人），推荐配置以下基本安全工器具。

表 2－6　安全工器具配置参考

序号	分类	名称	规格及型号	数量	备注
1	个体防护类	安全帽	—	15	
2		防护眼镜	—	10	
3		安全带	—	8	
4		安全绳	—	8	
5		速差自控器	—	8	
6		个人保安线	—	4	
7		气体检测仪	—	2	
8		其他防护类	—	—	
9	绝缘类	辅助型绝缘手套	10kV 绝缘手套	4	
10		辅助型绝缘手套	0.4kV 绝缘手套	6	
11		辅助型绝缘靴	—	4	
12		辅助型绝缘胶垫	850mm × 800mm × 6mm	5	
13		绝缘操作杆	—	2	
14		验电器	10kV 验电器	4	
15		验电器	0.4kV 验电器	4	
16		工频信号发生器	—	2	
17		携带型短路接地线	10kV 接地线	8	
18		携带型短路接地线	0.4kV 接地线	8	
19		其他	—	—	
20	登高类	升降板（登高板）	—	8	
21		脚扣	—	8	
22		绝缘梯	—	2	
23	安全围栏（网）和标识牌	安全围栏支架	—	20	
24		安全网	—	30	
25		标示牌	—	100	
26		其他	—	—	

四、施工项目部施工机（器）具室

（1）施工项目部应设立施工机（器）具室，施工机具室应设专人管理，定期检查。

图 2-6　施工机具室

（2）施工机（器）具室根据施工机具的数量配置相应的货架，施工机具分类摆放。

（3）各类施工机具应根据机具的材料、型式等特点，采用不同的存储方式，妥善存放并便于日常检查和使用。

（4）以施工项目部单个班组为例（参考人数 15 人，其中管理人员 4 人、技工 8 人、辅工 3 人），推荐配置以下基本施工机（器）具。

表 2-7　　施工机具配置参考表

序号	名称	规格及型号	数量	备注
1	绞磨	1t、3t	1	
2	抱杆	三角（人字）	1	
3	钢丝绳	m	若干	
4	转向滑轮	—	20	
5	起重滑轮	—	20	
6	锚桩	—	10	
7	千斤绳	—	20	
8	溜绳	—	10	

续表

序号	名称	规格及型号	数量	备注
9	铁锤	—	1	
10	放线架	—	1	
11	放线滑轮	—	20	
12	紧线器	—	6	
13	剪（断）线钳	—	2	
14	卸扣	—	30	
15	卡环	—	20	
16	汽（柴）油发电机	—	1	
17	链条葫芦	—	2	
18	接地绝缘电阻表	—	2	
19	直阻测试仪	—	2	
20	高压试验仪	—	2	
21	钳形电流表	—	3	
22	冲击钻	—	1	
23	夯实锤	—	1	
24	切割机	—	1	
25	其他			

五、场地

施工项目部除设置以上设施以外，还应有足够堆放施工建设的物资材料的场地，确保各类工程物资分类、规范存储。

◎ 第三章

施工作业安全组织管理

本章针对配电网工程施工作业安全组织管理（包括安全协议签订、工程设计交底与安全技术交底、现场勘察、三措一案编制、作业计划管理等）进行具体介绍，重点描述相关管理工作的基本要求和注意事项，明确施工作业准备阶段各项措施的实施流程，为后续施工做好组织准备。

第一节　安 全 协 议 签 订

一、安全协议

“安全协议”是提高施工现场安全文明施工，保障工程项目安全和施工人员安全与健康的书面依据。协议具体明确发包单位和承包单位各自应承担的安全职责和违约责任，作为“施工合同”的一部分，可独立于主合同存在，与主合同具有同等法律效力。

“安全协议”的基本内容由工程项目概况、安全目标、应执行的法规制度、双方的权利和义务、违约责任和附则六部分组成，同时，还将违章处罚标准列表进行明确。协议约定的各项条款，经双方签字、盖章后生效。

二、安全协议签订的注意事项

（1）“施工合同”和“安全协议”是工程项目开工的必要条件，未签订“施工合同”和“安全协议”的工程项目不得开工。

（2）施工“安全协议”的签订主体应与“施工合同”一致。

（3）安全协议不得出现违反国家法律法规的条款，不得有体现以包代管的责任分担。

（4）安全协议必须有双方签字、盖章及签订日期。

第二节　工程设计交底与安全技术交底

一、工程设计交底

设计交底是工程设计单位将工程设计蓝图、地质地貌、气象条件、设计依据、设备选型、线路路径等进行交代，使建设单位、施工单位和监理单位对改造的工程项目内容、技术要求、施工特点、工程质量等内容有全面了解。

1. 设计交底基本内容

（1）交代施工现场的地质和水文现状、施工范围、工程量，对施工图纸的基础设计、主体结构设计、设备设计（设备选型）等进行说明。

（2）交代对基础、材料、结构施工的要求，交代对使用新材料、新技术、新工艺的要求。交代施工工艺质量标准，施工中注意事项等内容。

（3）答复监理单位和施工单位提出的施工图纸中的问题。

2. 设计交底有关要求

（1）设计交底由业主单位组织，设计单位、监理单位、施工单位参加，施工单位项目经理及现场工作负责人必须参加。

（2）参加交底人员需认真了解交底内容、查看图纸、核对材料表。

（3）所有参加交底人员要在交底记录上签字确认。

表3－1　　××供电公司配电网工程设计交底记录单（参考模板）

××供电公司配电网工程设计交底记录单			
工程名称		工程编号	
设计单位		交底日期	年　月　日
交底内容			
一、工程建设地点	县　乡、镇　村　组		
二、工程建设规模	变压器____台，其中新建___台，改建___台，总容量______kVA；10kV 线路长度______km，0.4kV 线路长度______km，10kV 电杆______根，0.4kV 及以下电杆______根，改建户表数_____户等		
三、电源T接点位置	线路　支线　号杆		
四、临近、跨越带电线路情况（详细记录跨越杆号）	临近带电线路： 号到　号临近　线路； 号到　号临近　线路。 跨越带电线路： 号到　号跨越/下穿　线路； 号到　号跨越/下穿　线路。		

续表

<table>
<tr><td>五、跨越道路、河流情况（详细记录跨越杆号）</td><td colspan="3">跨越道路：
号到　号跨越　国道；　号到　号跨越　国道；
号到　号跨越　国道；　号到　号跨越　国道。
跨越河流：
号到　号跨越河流，档距　m，河面宽度　m；
号到　号跨越河流，档距　m，河面宽度　m。</td></tr>
<tr><td>六、图纸资料移交情况</td><td colspan="3">纸质版蓝图：×××____份；×××____份……
图纸补充问题：1、2…</td></tr>
<tr><td colspan="4">七、作业现场的条件、环境及其他危险点（应注明：双电源、自发电情况；需加固的杆塔；地下管网沟道及其他影响施工作业的所有情况）</td></tr>
<tr><td colspan="4">八、其他问题</td></tr>
<tr><td>建设单位</td><td></td><td>参加人员</td><td></td></tr>
<tr><td>设计单位</td><td></td><td>参加人员</td><td></td></tr>
<tr><td>施工单位</td><td></td><td>参加人员</td><td></td></tr>
<tr><td>监理单位</td><td></td><td>参加人员</td><td></td></tr>
</table>

二、安全技术交底

安全技术交底是国家安全生产法律法规的要求，是各级安全管理的重点内容，主要对工程施工中存在的危险源和不安全因素进行交代，并提出需采取的防范措施。配电网工程安全技术交底也有自身的特点和要求。

1. 安全技术交底的基本内容

（1）简要介绍工程内容、建设方案。

（2）工程应遵守的规章制度和规程，应执行的技术标准和验收规范。

（3）施工中存在的危险源和应采取的措施、施工过程注意事项等内容；现场危险源一般有电源 T 接位置、线路水电（光伏）上网情况、自备电源情况、现场交叉跨越情况、待改造工程设备健康状况等。

（4）工程项目涉及的特殊作业内容及风险管控措施。

（5）施工作业中安全管理要求和规范。

2. 安全技术交底基本要求

（1）安全技术交底由业主单位组织，设计单位、施工单位、监理单位、设备运维单位参加。施工单位项目经理及现场工作负责人作为关键人员必须参会。

（2）安全技术交底可与设计交底同步进行，在工程项目正式开工前完成。

（3）安全技术交底一般以单体工程项目为基本单元进行交底。若业主单位对同批次工程项目采取集中方式交底时，应按共性部分和单体工程特殊要求部分分别交底。交底应做好记录，由各方检查无误后签字、盖章确认。

表 3-2　　××供电公司配电网工程安全技术交底记录单（参考模板）

××供电公司配电网工程安全技术交底记录单			
工程名称		工程编号	
施工单位		交底日期	年　月　日
交底内容			
一、建设地点	××县　　乡、镇　　村　　组		
二、工程概况	变压器____台，其中新建___台，改建___台，总容量______kVA；10kV 线路长度______km，0.4kV 线路长度______km，10kV 电杆______根，0.4kV 及以下电杆______根，改建户表数_____户等		
三、电源点	线路　　支线　　号杆		
四、应遵守的规章制度和执行的技术标准	（1）配电台区的安装遵守《国家电网公司配电网工程典型设计 10kV 配电变台分册（2016 年版）》的规定； （2）架空线路的安装遵守《国家电网公司配电网工程典型设计 10kV 架空线路分册（2016 年版）》的规定； （3）低压户表的安装遵守《国家电网公司 380/220V 配电网工程典型设计（2014 年版）》的规定； ……		
五、注意事项	（1）严格执行工程项目现场两票十制一单制度，做好现场踏勘，制定行之有效的工程《三措一案》文本，提交业主审核。 （2）近电部位施工，按照《三措一案》方案施工，监理必须全程旁站。 （3）带电跨越施工，按照《三措一案》方案施工，监理必须全程旁站。 补充问题：		
六、危险源及防控措施	危险源： 防控措施：		
七、安全管理要求和规范	（1）《国家电网公司电力安全规程》； （2）《国家电网公司“十八项”禁令》； （3）《生产现场作业“十不干”》； ……		
建设单位		参加人员	
设计单位		参加人员	
监理单位		参加人员	
施工单位		参加人员	

第三节 现 场 勘 察

一、工程现场勘察

工程现场勘察是指工程项目在开工前，由施工单位对作业现场进行全面查看，明确施工范围，了解作业内容、条件、环境。为工程管理策划和“三措一案”编制提供依据。

上述勘察为工程总体现场勘察，与具体施工所进行现场勘察的内容、范围不同。

二、工程现场勘察的组织

工程现场勘察由施工单位组织，设备运维单位、监理单位、施工单位工作负责人参加。

三、工程现场勘察主要内容

工程现场勘察包含工程项目任务内容与施工范围、工程项目与原电力设施相互关系、工程项目地理环境情况、工程项目施工关键危险点、其他情况等内容。关键危险点应做勘察重点。另外，还需要根据工程项目具体情况，绘制现场施工有关示意图。

1. 工程项目任务内容与施工范围

简要描述本工程项目具体任务内容，工程量，描述工程项目所在的地理位置，电力设施双重编号等具体范围。

2. 工程项目与原电力设施相互关系

（1）需要停电的范围。主要指施工作业中需要直接触及的电气设备，作业中机具、人员及材料可能触及或接近导致安全距离不能满足《电力安全工作规程》规定安全距离的电气设备。

一般包括配电系统高低压线路、用户侧可能反送电至作业地点的设备、光伏及水电等各类分布式电源。

（2）保留的带电部位。主要指工程施工作业现场邻近、交叉、跨越等不需停电的线路及设备，双电源、自备电源、分布式电源等可能反送电的设备。在架空配电线路施工中，涉及保留的带电部位一般包括：

1）与作业任务存在关联关系的0.4～35kV线路部分不停电设备；

2）与作业任务存在邻近、交叉（跨越、钻越）关系的运行电力线路及设备；

3）接入用户侧设备时相关不停电设备。

（3）作业现场的条件。主要指工程施工中各类技术措施的实施条件，对于架空配电线路工程施工来说，一般包括现场运输条件、地质条件、工程机械作业条件、关键工序作业条件以及电气安全措施条件等。

（4）运输条件。验证施工现场二次运输的具体条件，如是否有畅通公路、是否处于山区、是否有不可覆压或穿行的障碍等，为工程施工的现场二次运输选择具体方式提供依据。

（5）地质条件。验证施工现场基础施工及施工桩锚设置的具体条件，如是否存在流沙地质、丰富地下水、松散土质状况等情况，为工程施工的基坑开挖选择具体方式、桩（锚）设置选择具体类型提供依据。

（6）工程机械作业条件。验证工程机械的使用条件，如是否可以使用吊车、挖掘机等大型机械，是否适合非人力放线等，为工程施工的工程机械选择提供依据。

（7）关键工序作业条件。验证铁塔组立、放紧线、跨越施工、废旧线路拆除等关键工序的条件。如可采取何种方法进行铁塔组立、是否需要使用无人机进行放线、是否需要搭设跨越架进行跨越施工、废旧线路是否存在倒杆塔等固有缺陷和隐患等。

（8）电气安全措施条件。验证在需要停电的设备范围内，装设接地线等安全措施的具体位置，尤其是针对架空绝缘线路或电缆线路，需确认能够落实装设接地线的条件，否则应进一步扩大停电设备范围。

3. 工程项目地理环境情况

指工程施工中相关工序受地理环境、人员活动环境、其他设施相互影响和限制。一般包括：

（1）施工线路跨越铁路、电力线路、公路、河流等环境。

（2）施工作业对周边构筑物、易燃易爆设施、通信设施、交通设施产生的影响。

（3）施工作业可能对城区、人口密集区、交通道口、通行道路上人员产生的人身伤害风险。

（4）基础施工及大型机械应用可能对地（下）管网、沟渠等产生的影响和限制等。

4. 工程项目施工关键危险点

围绕施工现场主要危险源和危险点进行归纳，包括防触电、防高坠、防倒断杆、防物理打击和防意外伤害等。

5. 其他情况

一般包括工程项目的现场平面布置图、电气接线图、重要交叉跨越平面布置图等内容。

四、工程现场勘察记录的填写

工程现场勘察必须填写现场勘察记录。针对工程施工前期的总体勘察，因其涵盖范围较大、涉及事项较多、情况较为复杂，其勘察记录可参照以下格式填写。

表 3-3　　××配电网工程项目开工前现场勘察记录单（参考模板）

××配电网工程项目开工前现场勘察记录单			
工程项目名称		工程项目施工单位	
工程项目管理单位		工程项目监理单位	
勘察时间		勘察负责人	
参加勘察人员（签字）			
现场勘察情况记录			
（一）工程项目任务内容与施工范围			
（二）工程项目与原电力设施相互关系			
（三）工程项目地理环境情况			
（四）工程项目施工关键危险点	（根据本工程项目任务和施工方案，描述施工过程中可能存在的关键危险点，并附图说明）		
（五）本工程项目现场勘察情况附图	（1）执行现场勘察的图片； （2）本工程项目的现场情况简图（体现地理环境、交叉跨越情况以及基本工程量、接线图等）		
（六）其他情况			

填写工程现场勘察应由有经验的施工人员或工作负责人担任，记录内容完整真实，能全面反映现场情况。现场勘察记录一般采用文字、图示或影像相结合的方式。勘察记录应全面详实，所有参加人员应签字确认。

工程现场勘察记录中应附图，一般包括现场工作示意图、相应危险点图片、平面布置图等。附图可采取手绘、计算机辅助制图以及现场实际照片等方式体现。

第四节　“三措一案”编制

一、“三措一案”

“三措一案”指组织措施、技术措施、安全措施和施工方案。是施工单位为了协调参与工作各方关系而编写的作业文本，是指导现场施工的书面依据，是实现生产作业安全管控的有效手段。

二、编制要点与基本内容

施工单位应根据现场勘察结果和风险评估内容编制“三措一案”。“三措一案”

内容应包括工程概况与作业特点、施工作业计划与工期、停电范围、作业主要内容、组织措施、技术措施、安全措施、施工方案、应急处置措施、施工作业工艺标准及验收、现场作业示意图等内容。

（一）工程概况与作业特点

1. 工程概况

编制要点：简要介绍工程项目来源、建设规模以及建设单位、设计单位、施工单位、监理单位名称。

2. 作业特点

编制要点：简要描述工程项目特征（如项目的工期要求）、施工环境（如施工季节、地理环境、地质环境、重点交叉跨越等）以及施工作业过程中的突出特点，需要采用的特殊工艺、特殊方案、特种设备等。

（二）施工作业计划与工期

编制要点：根据工程合同约定，制定施工作业计划和有效工期，明确具体起止时间，同时可明确关键工序或时间节点。

（三）停电范围

编制要点：根据工程勘察情况，明确工程施工全过程中，需要采取停电措施的设备及范围，可按施工区段或受影响的施工位置做具体列举。

表3-4　　编制要点示例

序号	停电线路	时间节点	具体施工事项	备注
1	原××台区0.4kV D01线	4月15～17日	新建××台区0.4kV D01线01～14号杆与新建10kV××支线006～019号杆组立杆塔	低压停电
2	原××台区0.4kV D01线	5月22～24日	新建××台区0.4kV D02线06、07、08、09号杆线路架设	低压停电
3	原10kV××06线	5月26～27日	新建10kV××支线005～006号杆、017～018号杆线路架设	跨越道路
4	原10kV××06线	6月5～8日	新建10kV河店支线023～043号杆线路架设	高压停电

（四）作业主要内容

编制要点：简要介绍工程项目的具体工程量，可按工程合同或设计说明，以文字或表格形式进行描述。

（五）组织措施

编制要点：组织措施应重点说明工程施工的组织架构以及管理人员、技术人员、协调人员、施工班组等各级人员的分工和职责。根据工程项目的实际情况进行合理配置，并绘制组织架构图。

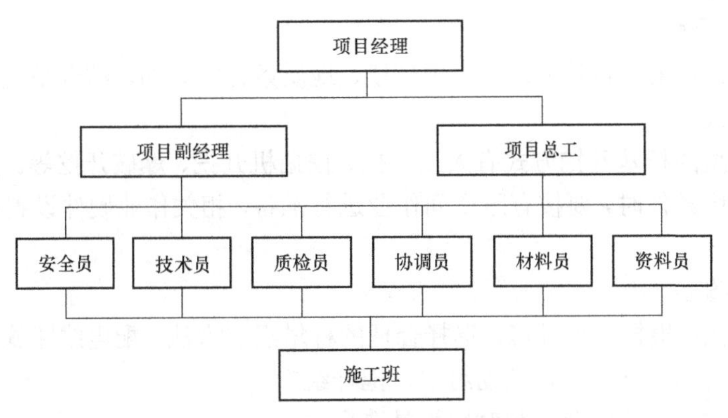

图 3－1　项目部组织架构图

（1）管理人员。一般包括项目经理、项目副经理、项目总工（工程施工负责人）、安全员、技术员、质检员、材料员、协调员、资料员。

（2）协调人员。一般包括现场工作许可人、停送电联系人（高低压）、民事协调、后勤管理等。

（3）施工班组。一般包括施工班组名称、班组长、班组成员等。

（4）项目经理和安全员不得兼任其他岗位。

（六）技术措施

编制要点：技术措施是解决工程施工中重点环节、关键工序所采取的技术方案，并对技术方案进行必要的说明和论证。技术措施对工程项目具体施工方案形成指导作用，是确定具体施工方法的依据。

根据配电网工程施工流程和实际情况，一般可包括：大件二次运输方式、机具选用；杆基开挖的基本方式；杆塔组立的基本方式、机具选用；导线架设的基本方式、机具选用；变台及电气设备安装的基本方式、机具选用；废旧电力线路和设施拆除的基本方式、机具选用；其他需要说明的特殊技术措施。

1. 二次运输

编制要点：根据施工项目所处的具体环境和施工条件，确定采用的二次运输具体方式，必要时对其进行论证。对拟采用的运输措施进行技术性说明。二次运输的一般方法及适用条件有：

（1）车辆、机械运输适用于道路交通状况良好的地区，确定运输机具。如随车式汽车吊运输、挖掘机运输、炮车运输等。

（2）人力运输适用于车辆、机械无法到达的短距离运输。

（3）牵引运输适用于车辆、机械无法到达，人力运输风险较大，距离较远场所。运输机具的配置要进行明确。如绞磨、导向滑车、钢丝绳、卸卡、滑轮组、千斤绳、地锚等。

2. 杆基开挖

编制要点：依据设计要求、地理环境、地质条件等方面，结合基坑形式，确定杆基开挖方式。

目前典型的杆基开挖方式有人工开挖、挖掘机开挖、爆破开挖等。如果基坑开挖达到深基坑条件时，要按有限空间作业进行准备，相关作业硬件设置需满足安全管理要求。

3. 杆塔组立

编制要点：根据现场环境，选择合理的杆塔组立方法。配电线路施工中，杆塔组立方法有吊车组立、挖机辅助组立、抱杆组立。

杆塔组立方法适应范围和对应机具选择如下：

（1）吊车组立杆塔。适用于交通条件好、地势平缓、地基稳定的区域。因其工作效率高、安全风险小，在施工中优先使用。吊车选择应根据作业要求、现场条件确定，明确具体型号。

（2）挖掘机辅助组立杆塔。适用于农田、丘陵等交通不便的区域。挖掘机规格根据作业要求来选择，明确具体型号。

（3）抱杆组立杆塔。适用于交通困难的区域。因其结构简单，适应性强，能够在各种环境下使用。抱杆规格应根据作业要求确定，明确具体型号。抱杆设置方法必须明确。

【例3-1】杆塔组立。

本工程杆塔组立有吊车、挖掘机两种方式。

本工程使用混凝土杆为拔梢杆，有如下两种规格：ϕ190×15m、ϕ190×12m；

ϕ190×15m 电杆质量是1550kg，重心距杆根6.6m。

ϕ190×12m 电杆质量是1150kg。重心距杆根5.28m。

杆型	稍径ϕ（cm）	根径ϕ（cm）	质量（kg）	埋深（m）	1/2重心（距离电杆头，m）
Y8m ϕ150×8	150	257	452	1.5	3.52
Y10m ϕ150×10	150	286	610	1.7	4.4
Y12m ϕ190×12	190	350	1130	1.9	5.28
P10m	190	323.33	610	17	4.4
P12m	190	350	1130	5	5.28
P15m	190	390	1550	2.5～3.0	6.6
P18m	230	470	2330	3.0	7.92

续表

1. 吊车的选择

15m 电杆组立选用××16t 吊车。

说明：

（1）工作幅度要求：吊车与作业点距离均不超过 7m（14.8×sin30°＝7）。

（2）工作高度要求：吊高不超过 12m（14.8×sin60°＝12.7）。

结论：上述吊车在臂长 14.8m，工作幅度 7m 时，吊高为 12.7m，吊车载荷 3500kg，满足作业要求。

徐工 GSQS400-4（G 型 16t）吊车及杆塔参数表

序号	主臂					主臂仰角（°）
	臂长 M					
	6m	8.8m	11.8m	14.8m	18.8m	
1	16 000	7000	6500	4000	3000	75
2	16 000	7000	5300	3800	2800	70
3	16 000	6000	5200	3500	2000	60
4	12 000	5800	5000	2700	1570	50
5	11 000	5000	4000	2600	1300	40
6	9000	4800	3400	2500	1150	30
7	8000	4400	3300	2300	1050	20
8	7000	4400	3200	2200	1000	10
9	7000	4200	3200	2200	1000	0

2. 挖掘机的选择

使用挖掘机组立电杆：组立 12m 及以下电杆，选用臂长不得少于 6m，挖斗容积不小于 $0.7m^3$ 的挖掘机；组立 15m 电杆，选用臂长不得少于 8m，挖斗容积不小于 $1m^3$ 的挖掘机。

（1）工作幅度要求：挖掘机近杆坑作业，没有幅度要求。

（2）工作高度要求：吊点在电杆重心以上 1m 位置。

结论：

臂长 6m，挖斗容积 $0.7m^3$ 的挖掘机举升高度 6m，举升重量 1400kg，满足 $\phi 190\times 12m$ 电杆的吊装要求。

臂长 8m，挖斗容积 $1m^3$ 的挖掘机举升高度 8m，举升重量 2100kg，满足 $\phi 190\times 15m$ 电杆的吊装要求。

注：土壤容重按 $2.1t/m^3$ 计算。

4. 放、撤、紧线

编制要点：依据现场环境，作业要求和具备的作业条件，合理选择放、撤、紧线的施工方法。

（1）配电线路施工中放线的基本方法有人工施放、机械施放、旧线带新线方式、无人机放线。

（2）撤线、紧线的基本方法有紧线器转移张力法、绞磨转移张力法。关键步骤是导线的张力转移。

5. 老旧电杆拆除

编制要点：配电线路施工中，老旧电杆拆除作业风险较大。

拆除常用方法有吊车拆除、抱杆拆除、整体倒落式拆除。在现场条件允许的情况下，优先使用吊车拆除。

（1）吊车拆除适用于交通条件好、地势平缓、地基稳定的区域。

（2）整体倒落式拆除适用于地形开阔、周边无障碍物和建筑物的场所，且无需考虑电杆回收利用。

（3）抱杆拆除适用于吊车不能到达，且对周边环境有影响的区域（或者电杆有回收利用要求）。

6. 变压器吊装

编制要点：根据变压器台位置和相关技术参数，明确变压器吊装方法。变压器吊装是配电网工程施工中的重要环节，可采用吊车吊装、葫芦吊装、滑轮组吊装。一般情况下优先使用吊车吊装。

（七）安全措施

编制要点：安全措施应重点说明本工程项目的一般安全措施，主要危险点及防控措施，关键和重要工序安全管控措施要点等。

1. 一般安全措施

根据工程项目的具体内容和施工任务，列举一般性安全管控措施要点。

2. 主要危险点及防控措施

结合现场勘察结果，逐项列举施工过程和施工现场主要危险点和危险源，并以现场图片或有关示意图的方式进行展示说明，针对性提出防范措施。

主要危险源和危险点一般包括防触电、防高坠、防倒断杆、防物理打击和防意外伤害等。

3. 关键和重要工序安全管控措施

针对配电网工程施工过程中杆塔组立、导线架设、废旧线路拆除等关键和重要工序，提出针对性防控措施。

（八）施工方案

编制要点：施工方案是配电网工程中过程管控的重要依据，是施工方法、施工过程、施工工艺及施工步骤的具体体现。一般包括关键工序与时间安排、主要施工工序、施工方案。

1. 关键工序与时间安排

（1）配电网工程应按合同约定的工期，结合现场勘察、环境、材料等因素，合理安排作业计划和各阶段工作任务。

【例 3–2】××10kV 线路改造工程。

合同工期：2021 年 1 月 4 日～6 月 30 日。

工程内容：① 10kV 架空线路部分：新建 10kV 架空线路路径全长约 4960m；其中新建高压绝缘导线 AC 10kV，JKLGYJ，95/15 路径长 1250m；新建交流避雷器 1 台，规格（AC 10kV，1710kV 硅橡胶，50kV，不带间隔，不带外间隔，带脱离器，可装卸式）；新建柱上断路器 1 台，规格（一二次融合成套柱上断路器，AC 10kV，630A，202kA，户外）；新建跌落式熔断器 1 组，规格（高压熔断器，AC 10kV，跌落式，200A）。② 杆塔部分：新建水泥电杆共 71 基，其中，非预应力法兰组装杆 $\phi 190\times 15$m 51 基，非预应力法兰组装杆 $\phi 190\times 12$m 20 基；拉线共 18 组，其中普通拉线 10 组，V 型拉线 8 组。③ 台区及低压部分：新建变压器台 1 基，型号 S13-200kVA 配电变压器，新新建 380V 主干 970m，导线型号为 AC 1kV，JKLYJ，150，新建分支导线 1310m，导线型号为 AC 1kV，JKLYJ，70，新建 220V 导线 1320m，导线型号 JKLYJ–1–70。

关键工序与时间安排：

第 1 阶段：2021 年 1 月 4～11 日，线路复测、制定施工方案。

第 2 阶段：2021 年 1 月 12 日～2 月 15 日，材料准备及电杆运杆。

第 3 阶段：2021 年 3 月 1 日～4 月 30 日，基坑开挖、组立杆塔。

第 4 阶段：2021 年 5 月 3～15 日，安装金具、制作拉线。

第 5 阶段：2021 年 5 月 16 日～6 月 10 日，线路架设及变压器台安装。

第 6 阶段：2021 年 6 月 11～15 日，低压下火。

第 7 阶段：2021 年 6 月 16～20 日，完成工程折旧。

第 8 阶段：2021 年 6 月 21～30 日，竣工验收。

（2）关键工序是指配电网工程施工中的重点和难点工作，一般有配合停电线路、跨越道路河流等，以列表方式将各阶段工作任务和时间节点进行安排。

序号	停电线路	时间节点	具体施工事项	备注
1	原××台区 0.4kV D01 线	4 月 15～17 日	新建××台区 0.4kV D01 线 01～14 号杆与新建 10kV ××支线 006～019 号杆组立杆塔	低压停电
2	原××台区 0.4kV D01 线	5 月 22～24 日	新建××台区 0.4kV D02 线 06 号杆、07 号杆、08 号杆、09 号杆线路架设	低压停电
3	原 10kV ××06 线	5 月 26～27 日	新建 10kV ××支线 005～006 号杆、017～018 号杆线路架设	跨越道路
4	原 10kV ××06 线	6 月 5～8 日	新建 10kV 河店支线 023～043 号杆线路架设	高压停电

2. 主要施工工序

根据工程建设实际情况，将工程施工工序按流程图的模式编写，也可列表表述。

> 配电网工程施工工序：作业准备—电杆二次运输—杆洞开挖—杆塔组立—放紧撤线—台式变压器组装—户表集装—拆旧—电源点接入—杆号牌、标示牌悬挂—竣工验收。

3. 施工方案

施工方案是按照配电网工程施工工序，依据技术措施论证或选用的方法，进行施工步骤安排。施工方案应覆盖工程全部建设内容，重点说明施工方法、流程以及有关注意事项。可用现场图片或示意图辅助说明。方案编制应具体到施工的区段和范围。

（1）二次运输。依据二次运输技术措施，结合现场要求，说明二次运输的具体过程（作业方法、作业流程）及有关注意事项等。

> **【例 3－3】**二次运输。
>
> 本工程地理环境处平原丘陵地区，道路交通状况良好，现场采用 16t 随车式汽车吊进行电杆二次运输。
>
> 采用×××型 16t 随车式汽车吊进行电杆二次运输的区段包括：
>
> 新建 10kV ×××线 001～051 号；
>
> 新建 0.4kV ×××D1 线 001～010 号、0.4kV ×××D2 线 001～010 号。
>
> **16t 随车式汽车吊运输**
>
> 1. 作业方法
>
> （1）装载前，将车辆停放在合适位置，前后设置安全警示标示和围栏，支腿全部打开。
>
> （2）吊装前，找准电杆重心，保证电杆在起吊与装载过程的平衡，必要时可在电杆两端装设拉绳，进行人工调节。
>
> （3）装载的电杆重心与车厢中心保持基本一致，用楔子支牢。
>
> （4）再依次起吊其他电杆，装载完成后须对电杆进行绑扎。
>
> （5）作业完毕，收起吊臂支腿，检查电杆绑扎应牢固，车辆前后设超长警示标志。
>
> （6）到达运输地点后，按上述方式，依次卸下电杆。
>
> （7）每吊起一根电杆，其余电杆必须绑扎牢固，防止散堆、滚动。
>
> 2. 注意事项
>
> （1）电杆运输时，禁止超载，严禁客货混装；电杆属于超长物件，尾部应设明显警示标志。
>
> （2）运输途中保持匀速、慢行，转弯时减速行驶，注意来往车辆与行人。
>
> （3）工作时由该一人负责统一指挥，信号应简明、畅通、分工明确。
>
> （4）流动作业卸电杆注意电杆规格型号与卸货地点顺序相适应。
>
> （5）吊装作业，吊装区域内禁止无关人员进入。
>
> （6）禁止吊臂从车头经过。

（2）杆基开挖。依据杆基开挖技术措施，结合现场要求，说明杆基开挖的具体过程（作业方法、作业流程）及有关注意事项等。

【例 3－4】杆基开挖。

本工程地理环境处平原丘陵地区，道路交通状况良好，现场采用人工开挖和挖掘机开挖方式。

采用人工开挖的杆基有：

新建 10kV ×××线 23、28、39 号；

新建 0.4kV ×××D2 线 02、04、09 号。

其他杆基采用挖掘机开挖。

（一）人工开挖

1. 作业方法

（1）施工前确定杆基开挖位置、堆土位置、检查相关施工器具完好，核实地下管网情况。

（2）开挖要在有人监护下进行，堆土应在距坑口 1.5m 以外。

（3）开挖深度达到 1.5m 后，应根据现场土质情况，设置挡板。

（4）使用电气工具开挖基坑时，应满足“一机一闸一保护”要求。

（5）现场使用柴油机时，应放置在距坑口 5m 以外，防止其尾气造成人员窒息或中毒。

（6）基坑开挖可采取间断施工或多人员交替施工的方式，防止人员疲劳。

（7）当坑内出现渗水、流沙时，应立即停止开挖作业，人员撤离地面，待采取可靠措施后方可继续进行施工作业。

2. 注意事项

（1）禁止在基坑内休息。

（2）基坑开挖完成后或者开挖间歇、过夜期间，应对坑口采取遮蔽措施。

（3）开挖土壤的堆放以及相关机械的放置位置应与坑口保持 1.5m 以上距离。

（4）在山坡上进行开挖时，不得将岩石、施工机具放置在坑口上坡侧，防止其失稳后滚落至基坑内。

（二）挖掘机开挖

1. 作业方法

（1）施工前确定杆基开挖位置、堆土位置，核实地下管网情况。

（2）挖掘机停放位置应与带开挖基坑边沿保持 1.5m 以上距离，防止因挖掘机自身压力造成已开挖基坑坍塌，对挖掘机稳定性形成影响。

（3）挖掘机开挖的土壤、岩石采取就地堆放时，应距离坑口 3m 以上，防止因堆土压力造成已开挖基坑坍塌。

（4）挖掘机操作中，须设置监护人员进行全过程监护。

（5）挖掘机操作过程中，不得有人员进入基坑从事任何工作。

（6）挖掘机操作人员应经过相关工程机械操作培训，并取得有效资格证书。

2. 注意事项

（1）严禁作业人员在基坑内休息、午睡。

（2）基坑开挖完成后或者开挖间歇、过夜期间，应对坑口采取遮蔽措施。

（3）严禁使用挖掘机抓斗载人进行移动。

（4）临近带电线路作业，应与线路保持安全距离，作业时须派专人监护，防止挖掘机抓斗回转移动时误碰带电线路。

（3）杆塔组立。依据杆塔组立技术措施，结合现场要求，说明杆塔组立的具体过程（作业方法、作业流程）及有关注意事项等。

【例3-5】杆塔组立。

本工程地理环境处平原丘陵地区，道路交通状况良好，采用吊车、挖掘机及三角抱杆组立电杆。除部分区段需使用挖掘机或三角拔杆组立以外，其他均使用16t吊车组立。

需使用挖掘机或三角拔杆组立电杆的包括：

新建10kV ×××线23、28、39号；

新建0.4kV ×××D2线02、04、09号。

吊车组立电杆

吊车组立使用16t吊车。

1. 作业方法

（1）组立电杆前，工作负责人向吊车司机及有关人员交代施工方法、指挥信号及安全注意事项。

（2）电杆组立前，需要检查电杆杆型正确，杆身无弯曲无损伤。

（3）组立电杆时，吊车应选择合适吊位。设置支撑枕木，打开吊车支脚。

（4）起重千斤绳应系挂在电杆的适当位置，使被吊起的电杆与地面基本垂直。吊点应位于电杆重心正上方，捆绑后的千斤绳不得滑动，重心点可参考下列公式确定

电杆重心点（距杆底）=0.4×杆长+0.5m

12m电杆重心点位于0.4×12+0.5=5.3m，则千斤绳应套在距杆底5.3m以上位置。15m电杆重心点位于0.4×15+0.5=6.5m，则千斤绳应套在距杆底6.5m以上位置。

（5）起吊工作必须由专人统一指挥，分工明确。

（6）电杆杆梢稍离地面后，应对吊点及吊车做全面检查，确无问题后再继续起立。

（7）在杆根处设置溜绳，控制溜绳人员应服从现场指挥，配合吊车收放溜绳控制电杆就位。

（8）杆根应落到底盘中心位置，指定专人观测电杆起立角度。

（9）电杆起立后应立即回填和夯实，安装卡盘。回填应用碎土，不准用石头，以免在找正及调整杆位时困难。

（10）电杆基坑回填土时，应分层夯实，人工夯实每回填不大于0.2m夯实一次，机具夯实每回填不大于0.3m夯实一次。回填后的电杆应设置0.3m防沉土台，土台面积应大于坑口面积。

2. 注意事项

（1）起吊时严禁任何人在吊钩、吊臂、被吊物件下方和起吊绳的内侧站立、通过和逗留，防止出现意外伤害事故。

（2）遇有6级以上的大风时，禁止露天进行起重工作。当风力达到5级以上时，受风面积较大的物体不宜起吊，防止起吊过程中摆挤压碰撞伤人。

（3）遇有大雾、照明不足、指挥人员看不清各工作地点或起重机操作人员未获得有效指挥时，不得进行起重作业，防止起吊过程中摆动挤压碰撞伤人。

（4）在起吊、牵引过程中，受力钢丝绳的周围、上下方、转向滑车内角侧、吊臂和起吊物的下面，禁止有人逗留和通过，防止起吊脱落或突然倾倒引起伤人。

（5）吊车应置于平坦、坚实的地面上。不得在暗沟、地下管线等上面作业；无法避免时，应采取防护措施，防止吊车失衡倾覆。

（6）吊车停放或行驶时，其车轮、支腿或履带的前端或外侧与沟、坑边缘的距离不得小于沟、坑深度的1.2倍；否则应采取防倾、防坍塌措施，防止吊车失衡倾覆。

（7）在临近带电区域起吊时，吊车应安装接地线并可靠接地，接地线应用多股软铜线，其截面积应满足要求。（注意事项段建议重新组织语言）

（4）放、紧线。依据放、紧线技术措施，结合现场要求，说明放、紧线的具体过程（作业方法、作业流程）及有关注意事项等。

【例3-6】放、紧线。

本工程放线、紧线方法：使用人力绞磨牵引放线、紧线器紧线。

新建10kV ×××线001～051号杆、0.4kV ×××D1线001～010号杆、0.4kV ××× D2线001～010号杆采用人力绞磨牵引放线、紧线器紧线。

本工程放线依次按耐张段进行，放线区段为：

序号	放线区段	临近或交叉跨越	计划时间安排	备注
1	新建10kV ××线路001～005号杆	无	5.17～5.19	
2	新建10kV ××线路006～007号杆	交叉跨越原10kV ××线路002～003号杆	5.17～5.19	放至009号杆
3	新建10kV ××线路007～022号杆	无	5.20～5.22	放至024号杆
4	新建10kV ××线路022～023号杆	交叉跨越原10kV ××线路010～011号杆	5.20～5.22	
5	新建10kV ××线路023～029号杆	无	5.23～5.25	
6	新建10kV ××线路029～030号杆	交叉跨越河流	5.23～5.25	
7	新建10kV ××线路030～038号杆	无	5.23～5.25	放至034号杆
8	新建10kV ××线路039～044号杆	交叉跨越道路及原10kV ××线路019～020号杆	5.26～529	重点管控
9	新建10kV ××线路044～047号杆	无	5.26～529	
10	新建10kV ××线路047～048号杆	交叉跨越原0.4kV D01线003～004号杆	5.26～529	
11	新建10kV ××线路048～051号杆	无	5.30～6.01	
12	新建0.4kV ××D1线004～006号杆	交叉跨越原0.4 kV D01线007～008号杆	6.02～6.04	
13	新建0.4kV ××D2线005～006号杆	交叉跨越道路	6.05～6.07	

（一）人力绞磨牵引放线

1. 作业方法

（1）现场设专人指挥、统一信号，所有人员应保持信号畅通。

（2）在施工现场设置安全围栏，道路两端设置双向警示标志。

（3）放线前，检查杆根埋深及拉线，在放线杆加装放线滑轮，在终端、转角、耐张杆加装临时拉线，具体加装临时拉线位置见上表。

在10kV ×××线001、009、024、034、051号杆，0.4kV ××× D1线001、010号杆，0.4kV ××× D2线001、010号杆需加装临时拉线。

（4）放线盘（架）分次设置在10kV ×××线001、009、024、034、051号杆，0.4kV ××× D1线001、010号杆，0.4kV ××× D2线001、010号杆，放线架设专人监护。放线轴与导线伸展方向垂直。

续表

（5）绞磨分次设置在 10kV ×××线 001、009、024、034、051 号杆，0.4kV ×××D1 线 001、010 号杆，0.4kV ×××D2 线 001、010 号杆。

（6）绞磨设置 2 根 5×120、1.2m 地锚。距绞磨 5m 以外设置第一个导向滑轮，地锚、鼓轮及第一个导向滑轮必须在一条直线上。放线时安排 2 名工作人员控制尾绳。

（7）放线时，指挥人员随牵引绳移动，观察牵引绳与导线连接及过放线滑轮情况。

2. 注意事项

（1）放线盘（架）要有制动措施。

（2）滑车直径应大于导线直径的 10 倍以上，滑轮应转动灵活，轮沟光滑。

（3）导线在展放过程中，如遇卡挂现象，应立即停止放线，待查明原因并处理后方可继续放线。

（4）放线时，作业人员不得站在或跨越已受力的牵引绳、导线的内角侧。

（5）鼓轮上的绕绳圈数不得少于 5 圈。作业过程中，鼓轮绕绳不得发生压绳。

（6）跨越带电线路施工时，需与设备运维单位联系，按设备运维单位管理要求停电施工。

（7）跨越道路施工应先取得主管部门的同意，做好安全措施，路口设专人信号旗看守。

（二）紧线器紧线

1. 作业方法

（1）紧线前工作负责人向作业人员交代人员分工、作业顺序及安全注意事项。

（2）导线紧线采用先中相后边相的顺序进行。

（3）导线紧线采用一端固定另一端紧线的方式，紧线前由工作负责人观察弧垂，弧垂应符合规定，并三相一致。

（4）导线弧垂调好后立即固定，绑扎应牢固可靠。

（5）导线的跳线、引下线与相邻导线之间净空距离不小于 300mm。

（6）导线与拉线、电杆、构架间的净空距离不小于 200mm。

2. 注意事项

（1）紧线前，应检查导线有无障碍物挂住。紧线时工作人员不得跨在导线上或站在导线的内角侧，防止意外跑线时被抽伤。

（2）紧线器应严格按铭牌参数使用，无铭牌不得使用。

（5）废旧线路、杆塔拆除。依据废旧线路、杆塔拆除技术措施，结合现场要求，说明废旧线路、杆塔拆除的具体过程（作业方法、作业流程）及有关注意事项等。

【例 3－7】废旧线路拆除。

依据工程现场勘察结果及老线路耐张段的分布和杆塔情况，采用紧线器转移张力法，结合人力牵引拆除各耐张段废旧线路导线。

本工程废旧线路 10kV 线路 21 档，0.4kV 线路 15 档，其中，原 10kV ××06 线 001 号杆～003 号杆下钻新建 10kV 线路 016～017 号杆、原 10kV ××06 线 010～011 号杆下钻新建 10kV 线路 022～023 号杆、原 10kV ×× 06 线 019～020 号杆下钻新建 10kV 线路 043～044 号杆，线路设计交叉跨越距离 2.5m；原××台区 0.4kV D01 线 03～04 号杆下钻新建 10kV 线路 047～048 号杆，线路设计交叉跨越距离 3.5m；原××台区 0.4kV D01 线 03～04 号杆与新建××台区 0.4kV D01 线 05～06 号杆线路交叉跨越，线路设计交叉跨越距离 1m。

续表

本工程废旧线路拆除采用停电拆除和不停电拆除。原10kV ×× 06线001~003号杆下钻新建10kV线路016~017号杆、原××台区0.4kV D01线03~04号杆下钻新建10kV线路047~048号杆，原××台区0.4kV D01线03~04号杆与新建××台区0.4kV D01线05~06号杆线路交叉跨越，配合新线路停电接火及投运时一并拆除，其他废旧线路采用不停电拆除。

废旧线路拆除计划表

序号	线路名称	作业区段	关键安全措施	备注
1	原10kV ××06线	001~003号杆	（1）检查10kV ××06线线路T接杆拉线完好。 （2）在003号杆小号侧设置一组临时拉线。 （3）在003号采用紧线器转移张力后方法拆除线路T接杆至003号杆导线。 （4）拆除001号杆跌落式熔断器及引线	利用10kV停电计划开展，于6月1~4日进行
2	原10kV ××06线	003~010号杆	（1）检查003号杆临时拉线完好。 （2）在010号杆顺线路的反方向设置两组临时拉线。 （3）在010号杆采用紧线器转移张力后方法拆除003~010号杆导线	不停电拆除
3	原10kV ××06线	010~020号杆及020号杆至老台区导线	（1）检查010号杆两组临时拉线完好。 （2）020号杆设置一组临时拉线。 （3）在010号杆采用紧线器转移张力后方法拆除010~020号杆导线。 （4）拆除020号杆至老台区的10kV线路。 （5）010~011号杆下钻新建10kV线路022~023号杆、019~020号杆下钻新建10kV线路043~044号杆，导线拆除时要用绳索控制废旧导线，防止废旧导线弹跳触电	不停电拆除
4	原××台区0.4kV D01线	001~005号杆及005~009号杆	（1）检查0.4kV D01线001号杆拉线完好。 （2）在0.4kV D01线005号杆顺线路方向各设置一组（2组）临时拉线。 （3）在0.4kV D01线009号杆设置一组临时拉线。 （4）在0.4kV D01线005号杆采用紧线器转移张力后方法拆除001~005号杆导线。 （5）在0.4kV D01线005号杆采用紧线器转移张力后方法拆除005~009号杆导线。 （6）0.4kV D01线007~008号跨越公路，下跨新建低压线路，拆线时提前加安全绳，做防弹跳措施；安排专责监护，派专人看守交通	利用10kV停电计划开展，于6月1~4日进行
5	原××台区0.4kV D02线	001~006号杆	（1）检查0.4kV D02线001号杆拉线完好。 （2）在0.4kV D02线006号杆设置一组临时拉线。 （3）在004号杆两侧各设置一组临时拉线。 （4）在004号杆使用紧线器转移张力后松线溜放至地面	不停电拆除

1. 作业方法

（1）作业前工作负责人向全体工作人员明确线路名称、工作段范围、作业时间和现场安全措施。

（2）在施工现场设置安全围栏及道路两端设置双向警示标志，路口设专人持信号旗看守，防止无关人员进入施工区域。

（3）明确指挥信号、组织分工及各耐张段拆旧顺序并严格执行。

续表

（4）依次拆除耐张段导线前，耐张杆塔工作人员按要求先安装好临时拉线，使用紧线器转移张力时，和地面人员配合密切，松线动作幅度要小，逐相溜放导线至地面；如杆上人员发现横担的隐性缺陷时，可增加临时拉线进行保护。

（5）直线杆塔作业人员上杆后先拆除导线绑扎，再利用绳索绑扎缓慢放至地面。

（6）在居民区和交通道路附近撤线时，道路两端应设交通警示牌，装设围栏，作业时派专人看守。

（7）导线拆除时，应保持与邻近带电设备安全距离，必要时加绝缘绳进行控制。

（8）在所有导线全部放下后再进行旧导线回收，回收后的旧导线按要求放置到指定位置。

2. 注意事项

（1）禁止采用突然剪断导地线的方式进行松线。

（2）杆塔上有人时，不准调整或拆除拉线。

（3）撤线前需再次检查确认待拆除线路区段内各临时拉线已设置完好、杆塔基础已培固或已采取必要的受力保护措施。

（4）对杆塔存在裂纹、倾斜、构件缺失，杆基存在沉降、空洞、水土流失、护坡破坏等情况时，应采取对杆基进行培土并夯实的加固措施，必要时可使用工程机械进行保护作业。

（5）拆除作业时，避免与下方作业人员形成交叉作业，传递配合人员作业时杆上人员应停止作业。

（6）废旧杆塔拆除。依据废旧杆塔拆除技术措施，结合现场要求，说明废旧杆塔拆除的具体过程（作业方法、作业流程）及有关注意事项等。

【例 3－8】废旧杆塔拆除。

本工程有废旧电杆拆除，采用吊车拆除。使用 16t 吊车。

本工程须拆除的废旧电杆为原 10kV ×××线 001～020 号杆。

16t 吊车拆除

1. 作业方法

（1）作业前工作负责人向作业人员交代人员分工、作业顺序及安全注意事项。

（2）在施工区域设置安全围栏，通行道路两端设置醒目的施工标示牌。

（3）拆除电杆时，吊车应选择合适吊位。设置支撑枕木，打开吊车支脚。

（4）起吊工作必须由专人统一指挥，分工明确。

（5）作业人员登杆，在水泥杆重心以上位置绑扎钢丝绳，并与吊车连接。

（6）吊车钢丝绳收紧至受力状态，进行试吊，检查有无卡盘或障碍物，防止卡盘或障碍物造成吊车异常受力、损害吊车、造成人员伤害或吊车倾覆等事故。

（7）缓缓拔起电杆。电杆起吊后，要用拉绳进行固定，防止电杆转动、倾斜。吊车拔除旧电杆到指定位置转运或堆放。

（8）如果有安装卡盘的电杆，应进行开挖，直至所有卡盘外露；方可继续进行拆除作业。

2. 注意事项

废旧电杆拆除时杆根在地下，受力情况不明，严禁盲目拔杆。

（7）台式变压器组装。依据台式变压器组装技术措施，结合现场要求，说明台式变压器组装的具体过程（作业方法、作业流程）及有关注意事项等。

【例3-9】台式变压器组装－变压器吊装（吊车辅助安装配电变压器）。

本工程地理环境处平原丘陵地区，道路交通状况良好，采用吊车辅助安装配电变压器。

本工程采用吊车辅助安装配电变压器。

变压器容量400kVA，铭牌质量1290kg。

工作幅度要求：吊车与作业点距离均不超过8m。

工作高度要求：吊高不超过5m。

结论：上述吊车在臂长9.7m，工作幅度6m时，仰角70°，吊高为9.11m，吊车许可载荷11 810kg，满足作业要求。

1. 作业方法

（1）变压器吊装前，工作负责人向吊车司机及有关人员交代施工方法、指挥信号及安全注意事项。

（2）变压器吊装前，需要检查变压器型号、容量正确，外观无破损漏油。

（3）变压器吊装时，吊车应选择合适吊位。设置支撑枕木，打开吊车支脚。

（4）起重千斤绳应拴系在变压器吊耳上，变压器为匀质几何构件，重心在变压器的几何中心。

（5）变压器器身下侧设置2根溜绳，安排专人控制。

（6）起吊工作必须由专人统一指挥，分工明确。

（7）起吊时，当变压器刚受力时，应检查钢丝绳系挂是否妥当，有无刮碰套管；确定无误后将变压器稳缓慢吊下。

2. 注意事项

（1）在起吊过程中，受力钢丝绳的周围、上下方、内角侧及吊物下方严禁无关人员逗留和通过。

（2）变压器吊装须缓慢平稳，防止变压器倾斜，避免因吊速过快引起槽钢大幅度摆动而造成对设备和人员的伤害。

（3）变压器固定牢固前不得拆除吊绳。

（8）户表集装。对照本工程拟定的户表集装图纸，结合现场环境，说明户表集装的具体过程及有关注意事项等。

（九）应急处置措施

编制要点：辨识配电网工程施工中危险点、危险源，从现场救援、防次生事故、求救电话、信息报告等方面编制应急处置预案。

编写内容包括：危险点和危险源以及相对应的现场救援措施及方法，求救电话及救援路径、信息报送等。

（1）人身事故事件类，如触电伤害、高处坠落伤害、蛇虫伤害。

（2）季节影响因素类，如中暑、冻伤。

（3）环境影响因素类，如溺水、交通事故、山体滑坡等。

【例3-10】户表集装。

本工程下火集束线夹需要悬挂在下火抱箍上，不得悬挂在其他部位。电表箱安装离地面不小于1.8m，进户线沿墙敷设采用PVC套管处理，进表箱，进户线不得裸露（参照设计图集）。

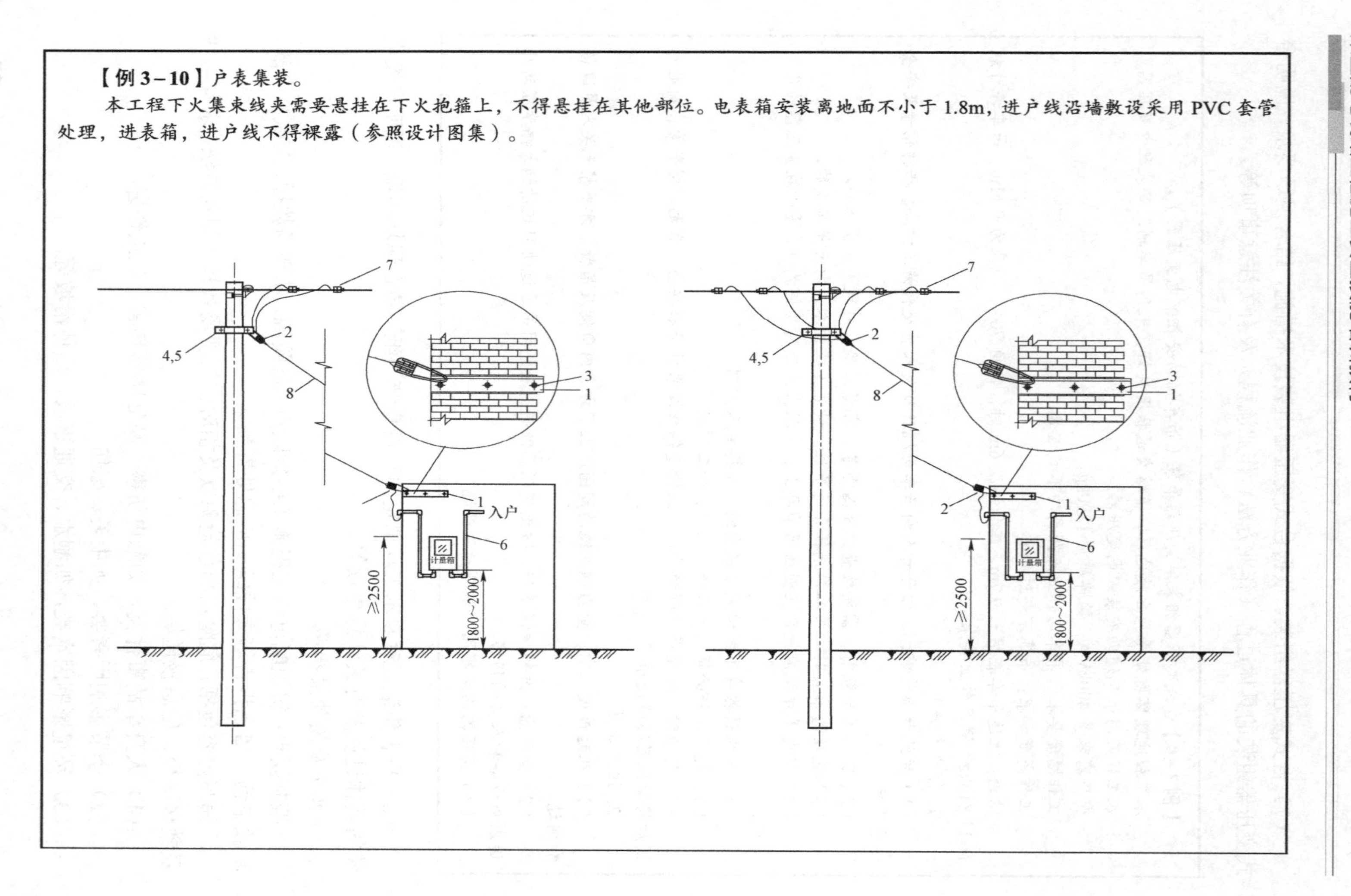

续表

说明：
1. 并沟线夹、耐张线夹等连接件根据导线截面进行调整。
2. 所有铁件均热镀锌防腐。
3. 适用建筑物上接户装置、耐张抱箍转角尽量与五孔角铁保持水平方向。
4. 如果用金属计量箱时必须可靠接地。

220V 材 料 表

编号	材料名称	型号规格	单位	数量	铁附件加工图号	备注
1	五孔角铁	L50×5×300	副	1		
2	集束耐张线夹		只	2		按实际需求选取
3	膨胀螺栓	ϕ12×100	只	3		
4	拉线抱箍	BG6－1－190	副	1		
5	螺栓	M16×70	只	2		
6	PVC 管	ϕ32/ϕ40	m			按实际需求选取
7	并沟线夹	带绝缘罩	只	2		按实际需求选取
8	集束导线	BS3－JKLYJ（JKYJ）	根	1		按实际需求选取

380V 材 料 表

编号	材料名称	型号规格	单位	数量	备注
1	五孔角铁	L50×5×300	副	1	
2	集束耐张线夹		只	2	按实际需求选取
3	膨胀螺栓	ϕ12×100	只	3	
4	拉线抱箍	BG6－1－190	副	1	
5	螺栓	M16×70	只	2	
6	PVC 管	ϕ32/ϕ40	m		按实际需求选取
7	并沟线夹	带绝缘罩	只	4	按实际需求选取
8	集束导线	BS3－JKLYJ（JKYJ）	根	1	按实际需求选取

【例 3－11】应急处置措施

本工程项目施工区段主要位于山区，施工季节以春夏季节为主，可能存在触电伤害、高处坠落伤害、蛇虫伤害以及人员中暑、溺水、交通事故、山体滑坡等安全风险。针对以上风险因素，制定处置措施如下：（以人员触电为例）

1. 人员触电应急处置措施

施工现场一旦发生触电事故，在现场人员应立即切断电源，使触电人脱离电源，在采取剪断、挑开导线时，一定不能使导线触及他人。最大限度地减少事故损失和影响，保护人员的人身安全。

（1）救护人不可直接用金属或潮湿物体作为救护工具，必须使用绝缘工具。救护时，救护人最好用一只手操作，以免自身触电。

（2）要防止触电人脱离电源后从高处坠落。

（3）触电者脱离电源后应迅速进行现场救护，伤势不重、神志清醒者，应使触电者安静休息，不要走动。

（4）伤势较重，应立即拨打 120 电话，通知附近医院，在救护医生未到之前，应不间断地进行心肺复苏等急救措施。

（5）触电事故发生后，按事故报告处理制度规定，应做出有关处理决定，重新落实防范措施，并报公司应急抢险领导小组和上级主管部门。

2. 应急处置联系电话

序号	姓名或部门	职务	电话号码	手机号码
1	派出所	所长	110	
2	交通事故	—	122	
3	就近医院	—		
4	×××供电所	所长		

（十）施工作业工艺标准及验收

编制要点：主要包括验收工作的组织要求，验收应执行的工艺标准和执行依据。也可具体列举关键工序验收的具体规范要求。

【例 3－12】施工作业工艺标准及验收。

本工程项目施工工艺标准依据《国家电网公司配电网工程典型设计（10kV 架空线路分册）》《国家电网公司配电网工程典型设计（配电变台分册）》执行，包括隐蔽工程验收、工程中间验收、工程竣工验收。

（一）验收计划时间安排

隐蔽工程验收：4 月 28～30 日，监理单位按要求提供。

续表

工程中间验收：5 月 10~12 日，依据工程进度待定。 工程竣工验收：6 月 25~28 日。 （二）验收工作组织 ××××监理工程公司：××、××。 ××××县供电公司：××、××。 （三）验收标准： 1. 隐蔽工程 略 2. 架空线路 略 3. 变压器台安装 略 （四）验收工作要求 （1）验收由施工单位组织，业主单位、监理单位和属地项目部参加，重点根据设计蓝图，现场核对逐基材料表及施工工艺，对照电杆基础及组立的工艺标准、拉线制作及安装的工艺标准、铁附件及金具安装的工艺标准、紧线及弧垂观测的工艺标准、变压器台验收标准、电缆上杆工艺等方面进行验收。 （2）建设单位组织验收时，验收人员应携带绳、尺、卷尺、扳手、钢杆、接地电阻表和安全工器具等，必要时要登高工具及安全带。 （3）验收人员对变压器台进行验收时，必须对接地装置进行电阻测量。利用卷尺或测距仪对线路杆基之间进行测量，确定使用导线长度，导线损耗为 0.3%。对卡盘隐秘工程验收，应使用钢杆在规定的位置试验卡盘是否安装；必要时可开挖验收，卡盘 U 形螺丝埋设深度距地面不小于 500mm。

（十一）现场作业示意图

编制要点：现场作业示意图主要指工程的整体平面布置图、电气连接示意图以及部分特殊施工区段或现场的示意图。

（1）整体平面布置图，应能反映本工程的具体位置、工程规模、杆塔数量、路径走向、交叉跨越、相邻位置关系等基本要素。

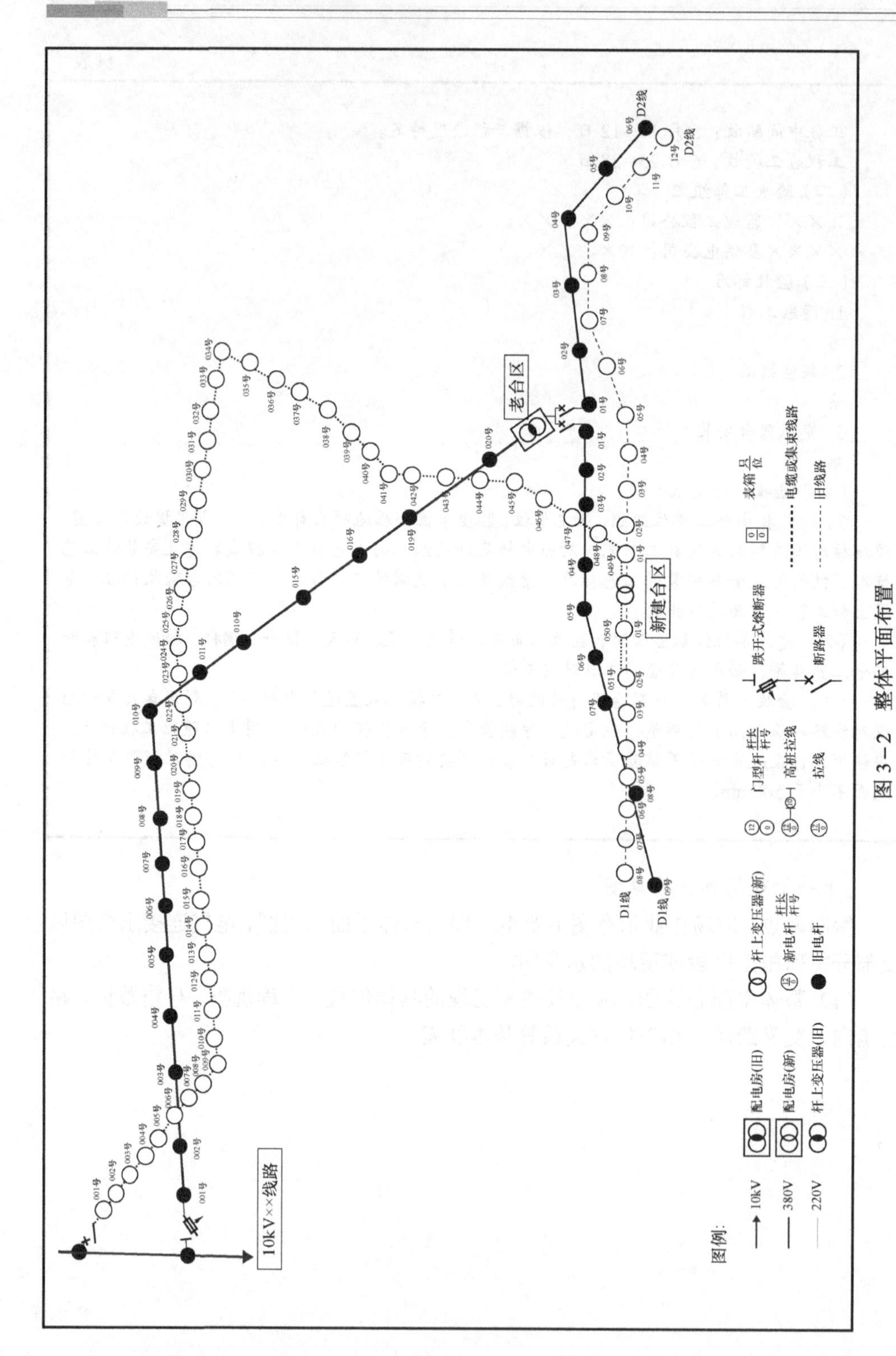
10kV××线路
老台区
新建台区
D1线
D2线
图例:
10kV
380V
220V
配电房(旧)
配电房(新)
杆上变压器(旧)
杆上变压器(新)
新电杆
旧电杆
门型杆
高桩拉线
拉线
跌开式熔断器
断路器
表箱
电缆或集束线路
旧线路

图 3-2　整体平面布置

（2）主要电气连接示意图，可根据工程项目实际情况，以电气单线图的方式，说明本工程项目在电网中的电气连接关系，体现停电措施的具体对象和范围。

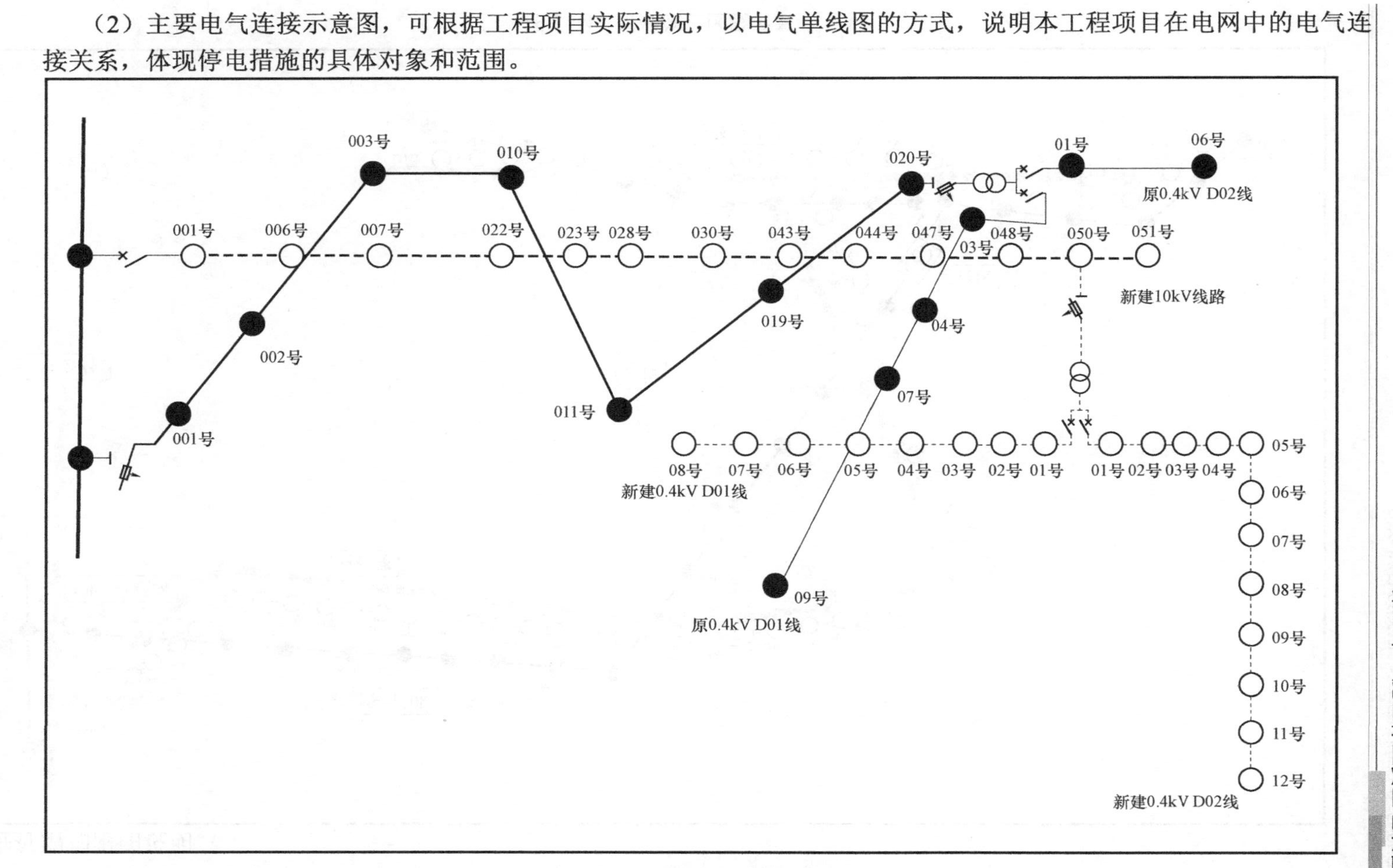

图3－3 主要电气连接示意

（3）特殊施工区段或现场示意图。针对本工程项目施工中的特殊情况，对局部环境、电气连接以及施工技术措施等进行增加附图说明。

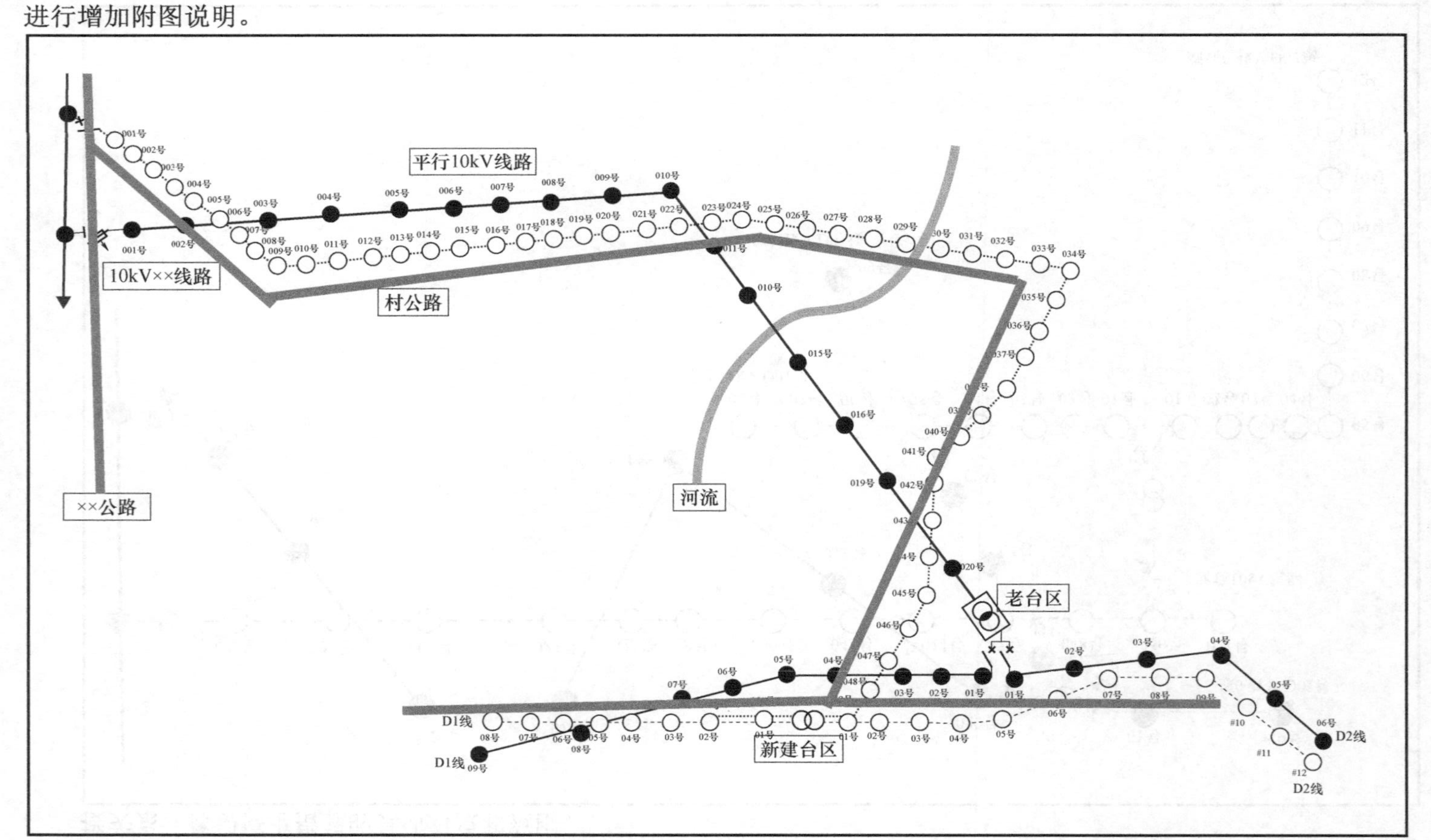

图 3－4　特殊施工区段示意

三、“三措一案”交底

1. 交底时间

“三措一案”交底在各级主管部门审批之后、现场施工作业开展之前进行。

2. 交底方式

由施工项目部项目经理组织，召集全体施工项目部管理人员和施工作业人员，以会议的方式，进行“三措一案”交底。

3. 交底内容

交代本次施工任务内容、施工作业组织安排、技术措施、安全措施、主要危险点及控制措施、应急处置措施等。对于本工程施工中的特殊工况、关键工序具体要求、新工艺新标准应用以及新型工器具应用等应做重点交代。

4. 交底工作要求

（1）交底应覆盖全体施工作业人员，并应签字确认。

（2）交底应按照“三措一案”内容，详细交代现场作业内容、方法及所采取的技术措施、安全措施。

（3）作业人员对“三措一案”交底内容不清楚有疑问时，应及时提出，由交底人员进一步详细解释。

（4）交底内容与会议应有相关记录，并由施工项目部存档。

第五节 施工计划管理

施工计划管理是施工单位按合同期限完成工程建设的重要手段。施工计划管理一般依据工程施工的流程、关键工序结合建设单位的管理要求编制。

一、作业计划类型

作业计划主要包括里程碑计划、月计划、周计划、日计划。

1. 里程碑计划

通过建立里程碑，具体检验各个里程碑的到达情况，来控制项目工作的进展和保证实现总体目标。里程碑计划一般要求在施工项目部明显位置进行公示。

2. 月计划

配电网工程的月度计划主要是指月度停电计划，施工单位依据工程建设进度和施工需要，及时向辖区业主项目部上报月度需计划停电的施工作业计划。

3. 周计划

每周执行的施工计划，是计划管理的关键内容，施工单位要依据工程建设进度，及时编制上报每周工作计划。

4. 日计划

施工单位每天执行的工作计划。

二、作业计划管理流程

作业计划管理流程包括计划编制、计划审批、计划发布、计划管控。

（一）计划编制与申请

1. 计划编制要求

各施工单位要科学编制作业计划。编制时需依据现场勘察，重点结合工程工期要求、气候特点、班组承载力、物资供应等因素进行编制，也可按“里程碑计划”要求，进行计划倒排，确保作业计划的匹配符合要求。

2. 计划编制主要内容

作业计划编制要素按对象可划分为专业类别、工作地点、工作内容、作业时间、作业性质、作业单位或班组信息，按作业风险归纳划分为电压等级、风险等级、停电设备和范围，施工单位在编制填报时要确保数据准确。

3. 月度计划申报

按工程实施流程，各施工单位每月提前申报月度计划，需提前和业主项目部进行沟通，必要时提前进行现场勘察，合理安排，由业主单位纳入当月停电计划内，停电计划变更（10kV）需经业主项目部审批同意。业主项目部审批的月度作业计划施工单位也要报监理单位备案。

4. 周计划申报

施工单位要严格执行“先勘察、再方案、后计划”的管控要求，提前管控周计划申报。每周上报至辖区业主项目部，周报内的施工计划原则上不允许跨项目执行，确因不可抗因素需要变更时，需报告属地业主项目部并经专项办主任同意后方可变更，确保作业计划的刚性执行。业主项目部审批的周作业计划也要报监理单位备案。

5. 日计划申报

施工单位应根据当天现场勘察和工程进度情况，合理安排第二天作业计划，确保当日提交的作业计划和现场执行工作票、卡一致，和上报业主项目部备案的日报计划保持一致。

6. 临时计划申报

施工单位应严格遵守“无计划、不作业”的基本要求，严控临时计划，确因环境协调、施工机械、材料等不可抗因素，需申报临时计划时，按规范流程进行申报审批。

（二）计划审批

业主单位每周召集施工单位召开计划平衡会，统筹安排各项工作，对施工单位上报的作业计划开展审核确认，形成正式作业计划，并上报管理部门，不得随意进行更改变更。

（三）计划发布

作业计划按规定的流程进行录入和发布，施工单位接到发布的作业计划后，应积极准备，配合业主单位完成计划实施。

（四）计划管控

作业计划按照“谁管理、谁负责”的原则实行分级管控。作业计划实行刚性管理，禁止随意更改和增减作业计划。施工单位在特殊情况需追加或者变更作业计划，应按照规定履行变更手续，并取得业主项目部同意方可实施。

三、风险管理

1. 风险评估

（1）所有作业在实施前均应提前开展风险评估，做到与作业计划同编制、同审核、同发布。各施工单位上报作业计划时，开展作业风险评估定级，各管理部门应组织实施作业安全风险管控工作，批复作业计划和评定的风险等级。

（2）施工单位对未能纳入周计划安排的临时性工作，确需追加或者变更的，应同步履行工作计划调整审批手续，完成风险评估定级。

2. 风险公示

各单位作业风险必须进行公示，施工单位与业主不是同一单位的应分别公示。公示内容包括作业内容、作业时间、作业地点、专业类型、风险等级、风险因素、作业单位、工作负责人姓名及联系方式、到岗到位人员信息等。各单位应统筹开展周作业计划平衡和工作班组承载力分析，充分考虑工作人员数量、技术能力和机具装备水平，避免高风险作业现场叠加。

◎ 第四章

施工常用机械及工器具

本章重点介绍了配电网架空线路工程施工常用工程机械、通用小型机械、配网专用机械的种类及其结构特点、常规使用方法和注意事项，提供了工程验算方式和样例。同时针对配电网架空线路工程施工使用的相关配套工器具及临时设施的类型和选择进行了具体介绍。

第一节 工 程 机 械

配电网架空线路施工过程中使用的工程机械主要有起重机、挖掘机。其中起重机主要是全液压汽车起重机，挖掘机主要是反铲液压挖掘机。

一、全液压汽车起重机

全液压汽车起重机、履带式起重机、轮胎式起重机、随车式汽车起重机，都属于移动式臂架类起重机，在配电网工程中都有使用；全液压汽车起重机具有通行简便、迅捷，布置方便、适应性广等特点，在配电网架空线路中使用最为普遍，也是推荐使用的主要方式。随车式汽车起重机由于具备配电网施工所有器具的运输、装卸功能，使用也较频繁。

1. 全液压汽车起重机的结构

全液压汽车起重机的结构由汽车底盘、起重底盘两部分构成。

（1）汽车底盘为普通（或专用）卡车底盘，在其发动机输出轴上加装液压油泵，给起重作业泵送高压油。高压油通过全回转接头输送到起重底盘上，供各工作机构作业。汽车底盘为弹性悬挂，用于起重机转场运输。起重机进行起吊作业时悬置放置，不得承力。

（2）起重底盘为刚性承力底盘，由刚性承台、支腿、回转支撑、转台和平衡重构成。转台上安装有起重驾驶室、伸缩臂架、变幅油缸、起升机构、回转机构。起重底盘是起重作业时的承载装置，满足作业过程中所有许可载荷的承载要求。

图 4－1　全液压汽车起重机结构

2. 全液压汽车起重机的性能参数

全液压汽车起重机的参数有结构参数和性能参数。结构参数表征整机及零部件的几何特征，车长、车宽和车高对道路通过性有着硬性要求；性能参数则体现了起重机的道路通过能力和起吊作业能力。

（1）性能参数主要有额定起重量、起重力矩、工作幅度、起吊高度、支腿距离、行驶速度、爬坡能力、最小转弯半径等。

（2）配电网架空线路施工工程选用汽车起重机必须考虑满足这些所有参数的要求。

（3）额定起重量：起重机的最大起吊重量，用 Q 表示，单位为吨（t）或千牛（kN）。

图 4－2　额定（最大）起重量状态

图 4－3　中间工作幅度状态

图 4－4　最大幅度工作状态

全液压汽车起重机为臂架类起重机，随着工作幅度的变大，其许可起吊重量是逐渐降低的，故其额定起重量为其最小作业幅度时的最大起吊重量。

表 4-1　　16t 全液压汽车起重机起重能力表

工作幅度（m）	主臂					主臂仰角（°）	主臂+副臂	
	臂长（m）						24m+7m	
	9.7m	13.3m	16.85m	20.4m	24m		副臂安装角度 0°	副臂安装角度 30°
3	16 000	12 000	10 000					
3.5	16 000	12 000	10 000	80 000		80	2000	1860
4	16 000	12 000	10 000	80 000	5500	78	2000	1810
4.5	15 000	12 000	10 000	80 000	5500	76	2000	1750
5	14 000	12 000	10 000	80 000	5500	74	2000	1700
5.5	13 400	12 000	10 000	7810	5500	72	2000	1650
6	11 810	11 660	9750	7320	5500	70	2000	1610
6.5	10 040	10 240	9150	6880	5500	68	2000	1570
7	8700	8880	8610	6480	5500	66	2000	1520
8	6750	6940	7030	5710	5250	64	2000	1500
9		5600	5700	5080	4690	62	2000	1480
10		4630	4730	4580	4220	60	2000	1450
11		3900	4000	4050	3820	58	2000	1430
12		3310	3410	3470	3480	56	1840	1410
13			2940	30 000	3050	54	1680	1400
14			2550	2610	2660	52	1530	1350
15			2230	2300	2340	50	1400	1250
16				2010	2060	45	1130	1030
17				1780	1820	40	940	870
18				1570	1610	35	790	750
19				1400	1430	30	680	640
20					1270	25	580	570
						20	510	510

（4）起重力矩：臂架类起重机的吊重与其到回转轴线距离的乘积称为起重力矩，用 M 表示，单位为牛·米或千牛·米（N·m 或 kN·m）。起重力矩是衡量全液压汽车起重机作业能力的重要参数，也是确定其在不同作业幅度下起重量的重要参考因素。

（5）工作幅度。臂架类起重机的吊钩钩口中心线到回转轴线的距离，用 R 表示，单位为米（m）。最大工作幅度和最小工作幅度间，为起重机的工作区间。由于全液压汽车起重机的车头部位禁止作业，故其作业范围为局部环状扇形。该范围（含配重回转区间）为作业禁区，禁止无关人员入内。

（6）起吊高度。在起重机作业区间，吊钩可以实现的垂直位移称为起吊高度。用 H 表示，单位为米（m）。起吊高度包含起重机支撑基础平面以上的上升高度和以下的下降高度。

（7）支腿距离。全液压汽车起重机支腿完全打开后，前后支腿和左右支腿间的距离是决定起重机作业稳定性的重要因素。支腿全部并完全打开后，起重机的稳定性最好。

（8）行驶速度、爬坡能力、最小转弯半径是衡量全液压汽车起重机道路通过性的重要参数，是进行起重机转场的主要参考因素。

3. 全液压汽车起重机的使用要求

全液压汽车起重机在使用中应注意以下使用要求：

（1）全液压汽车起重机道路行驶中载荷接近额定载荷，车辆重心较高，进场道路必须满足其通过性要求。配电网架空线路施工在进场道路条件许可，作业现场能够合理布置的情况下尽量选择使用起重机辅助作业。

（2）全液压汽车起重机现场作业布置时，注意避开车头方向在起重作业范围以内。

（3）起重作业支腿必须全部打开，应尽可能完全打开，作业侧支腿必须完全打开。在大起重量作业、最大幅度作业、大高度作业的任一工况下支腿必须全部完全打开。

图 4-5 作业侧支腿完全打开

图 4-6 支腿全部完全打开

（4）打开并支垫起重机支腿，调整车体水平后，方可开始起吊作业。支垫支腿一般采用方木支垫，它能够降低支腿直接触地的接触比压，防止地基强度不够压塌下陷；同时，能够增大支腿与地面间的摩擦力，防止回转制动的车体和吊物惯性力造成打滑。对于地质松软、湿滑、泥泞的情况，还应采用钢板进行支垫。

图 4－7　支腿支垫（枕木、钢板）状态

（5）吊车的支腿不得支撑在沟渠、地下管道、陡坡边沿等不牢固的地面上。

图 4－8　吊车支腿不得支撑在沟渠、管道、陡坡边沿等不牢固的地面上

（6）吊装过程必须保证吊物捆绑牢固，吊点位于吊物重心点的正上方，挂钩钢丝绳或吊带在受力后不得滑移。若使用双机抬吊作业时，过程中必须动作及行程一致，防止动作差别过大造成货物摆动失稳。

（7）重要吊装时必须先进行试吊。吊物离地 50cm，静置 3min，然后将吊物落地，检查捆绑、支腿、制动和其他结构是否正常，确认无误后方可开始正式吊装。

图 4－9　钢丝绳、纤维吊装带挂钩扣挂钩

1）试吊是所有重要吊装的关键步骤。试吊检测了吊车的实际起吊能力、绑扎可靠性、吊点选择是否正确等关键要素，有效提高了作业安全性。

2）重要吊装包含接近额定载荷吊装、大规格构件吊装、重要设备器件吊装。

（8）吊物接近或离开吊点时，安装人员必须离开安装作业点。待吊物就位不再移动时，安装人员方可接近进行工作。

起重作业中的吊物只受垂直方向上下两个方向的约束，其中的钢丝绳约束还是柔性约束，故吊物在吊装过程中还存在前后左右四个方向的自由度，由于风偏、惯性等其他外力作用就会发生偏摆运动，易造成对临近人员的直接打击或间接打击。

（9）吊物结构较大、重量较重、离地位置较高、就位间隙较小时，须在吊物上设置溜绳，安排专人进行控制。

（10）溜绳一般选用麻绳（尼龙绳、锦纶绳），栓系在起吊物的吊点最远端，用于约束吊物的摆动、调整吊物的方位、适当控制吊物与起吊轴线的距离。溜绳的数量与需要控制的约束要求有关。当溜绳的约束力量较大时，必须同时关注吊车的作业能力，确保作业稳定，不被溜翻。

（11）起重机作业专业性较强，相关作业人员应经专业技能培训，取得相应资质资格。

（12）吊装作业必须设置专人指挥。作业前，相关作业人员必须沟通并熟悉指挥信号意义。

（13）吊装作业时，起重机回转区域内，其他人员禁止停留，吊物和起重臂下严禁站人。

（14）选用起重机作业必须根据现场作业的最大吊重（或者组合吊重）、最大组合规格、最大吊高等来匹配对应的起重机。

二、起重作业要求

在配电网架空线路施工作业现场，使用起重机作业必须做到“十不吊”“两必须”。

1. 起重作业“十不吊”

（1）被吊物件的重量不明确不吊。超载会造成起重机倾覆；在作业现场对重量不能确认的吊物不可盲目起吊；可以通过试吊的方式测定吊物是否超出额定载荷；试吊一定要严格履行试吊操作流程。

（2）起重指挥信号不清楚不吊。起重指挥信号有手势信号、哨声信号、旗语信号、对讲信号，这些信号在传递过程中如果不清晰、不明了、不能被操作人员和司索人员确认理解或者有明显错误，不得执行。

（3）吊物捆绑不牢固不吊。散装物件、组合物件必须牢固捆绑和有效连接后，方可进行起吊；散料必须兜（盛）装并且不可溢出容器，方可进行起吊。

（4）被吊物件重心不在吊钩垂直中心线下方不吊。物件的重心是其重力作用的集合点，合成力矩为零。通过该点起吊的物件平稳，无扰动、晃动和摆动。吊点与重心点不重合，起吊伊始就存在偏心力矩，起吊过程就会发生偏离、摆动和晃动，易造成吊装事故。吊点在重心点的正下方起吊只是一个临界平衡，极易失稳，造成事故。只有吊点在重心点的正上方才是稳定平衡状态，可以实现平稳吊装。

（5）被吊物件被埋入地下或冻结在一起的不吊。被吊物件自身重量明确，如果被埋入地下或者与其他物件冻结，很明显增加了额外负载，造成重量改变，就变成了重量不明物件，不可吊装。

（6）施工现场照明不足不吊。照明不足、视线不好，不具备作业条件，不得进行吊装作业。

（7）六级以上大风，露天作业不吊。六级以上的大风，会对吊物、吊车造成较大的横向风偏载荷，增大倾翻力矩，造成超载，超出许可作业条件，不得进行吊装作业。

（8）被吊设备上站人或下方有人不吊。载人吊具具有较高的设计要求和强制的安全许可，普通吊车不具备吊人的安全要求，禁止进行人员吊运。吊物吊运空间的下方存在吊物坠落、散落及坠臂风险，对其范围内的所有物体均存在打击风险，必须进行人员清空。

（9）易燃易爆危险品没有安全作业票不吊。安全作业票针对被吊物件的危险性质编制了合理作业流程，确保了作业安全。

图 4－10　禁止使用吊车进行人员吊运

（10）超出额定负荷不吊。超载会造成吊车的稳定性不够，对吊车构件也会造成破坏。

图 4－11　过载造成的吊车倾覆事故案例

2. 电力设施现场起重作业“两必须”

（1）近电作业，起重机本体和吊物必须与带电体保证有足够的安全距离并具备一定的裕度，防止吊装过程中风偏或制动惯性的吊物偏摆，造成安全距离不够。

图 4－12　吊车作业时应与带电线路保持足够的安全距离

（2）进入电网作业现场，起重机必须设置可靠的接地，防止触电或感应电伤人。

图 4－13　电网生产区域范围的吊车作业应可靠接地

三、液压挖掘机

挖掘机有正铲和反铲挖掘机，驱动方式有绳索滑轮组和液压两种。配电网架空线路施工过程中使用的挖掘机是反铲液压挖掘机。

液压挖掘机有轮胎式和履带式两种，在作业现场均有使用，两者除行走机构不同以外，其他结构、性能大致相同。

1. 履带式液压挖掘机构成机件

（1）履带式液压挖掘机由履带行走机构、底盘、转台、挖掘臂、挖斗等构成。

图 4－14 履带液压挖掘机

（2）履带行走机构由履带板、承重轮、托链轮、导向轮、驱动轮构成，驱动为低速大扭矩液压马达。

（3）履带板的承载面积大，接地比压小，适合于软基地带工作；履带板抓地力强，马达驱动扭矩大，通过性能好；双侧承重轮线性布置，越障能力强。

图 4－15 轮胎液压挖掘机

履带式液压挖掘机整体为刚性结构，重心较低，具备较强的稳定性，加上其质量较大，抓地力较强，适合进行物体的牵引作业。特殊情况下，驻车制动状态时，可以作为临时地锚使用。

2. 举升作业所具备等效连接结构

转台、挖掘臂、挖斗及油缸间为铰接连接。其中：转台、主臂、主臂油缸构成了第一个三角形；主臂、副臂、副臂油缸构成了第二个三角形；副臂、挖斗、挖斗油缸构成了第三个三角形。

通过液压油缸驱动动作，使得主臂、副臂、挖斗产生外伸和向上的动作，具有将挖斗和挖斗容重进行举升的能力。当油缸动作停止，其参与构成的工作三角形固定，形成一个刚体，又具备动作维持的特点。

挖掘机的上述动作特点使得其具备将一定重量的物体进行举升到一定高度并进行稳定把持一定状态的能力。我们配电网架空线路工程施工还可以利用该特点进行相关物体的吊装。

利用挖掘机进行吊装必须在其专配吊耳上进行重物系挂。

图 4－16　挖掘机的吊耳系挂重物

图 4－17　挖斗的专配吊耳

对于在挖斗上焊配的吊耳，由于存在焊接质量欠缺及缺少负载验证的问题，不得进行吊装作业。

3. 履带式液压挖掘机的性能特点

履带式液压挖掘机挖斗容积及举升高度是其作业能力的主要参数。

表 4－2　各型挖掘机参数参考

挖掘机型号	铲斗容积（m^3）	举升质量（t）	举升高度	备注
（徐工）XE75DA	0.3	0.75		
XE155D	0.71	1.78		
XE200DA	0.93	2.33		

4. 履带式液压挖掘机的使用要求

（1）履带式液压挖掘机属于土方工程机械，无弹性悬挂。行驶速度慢，啃地力强，不得长距离自行移动，不得在标准道路上行驶。

（2）履带式液压挖掘机作业时，其回转范围为作业禁区，禁止任何人通行及停留。

（3）利用履带式液压挖掘机进行相关作业时，必须经过计算合理、试验可行、规范审批后方可实施。禁止超负荷使用。

（4）挖掘机进行电力设备设施吊装时，必须放置平稳（稳固）。禁止在有可能造成吊装过程失稳等地形场所进行作业。

（5）利用挖掘机进行吊装作业必须保证吊装重量与吊装高度的作业要求，并具有一定的裕度。

第二节　小　型　机　械

配电网架空线路施工过程中使用的小型机械比较多，有手动、电动、机动等多种驱动方式。主要品种有绞磨、链条葫芦、紧线器、抱杆、放线架、电焊机等。

一、绞磨

绞磨是一种牵引机械，其驱动动力一般有人力、电力和内燃机。

1. 绞磨的结构及原理

绞磨由鼓轮、绞磨支架和驱动系统构成。人力绞磨的鼓轮心轴是垂直于地面的，机动绞磨的鼓轮心轴是平行于地面的。

图 4－18　人力绞磨

图 4-19 机动绞磨

一般来说，绞磨是一种固定安装的牵引机械，其牵引绳和引出绳均是平行于地平面的。最新的科技文献和现场实用中，有一种绞磨是垂直于地表使用的，其可以沿着固定绳自行移动实现牵引作业，它具有楔形鼓轮（或者具有自背牵系统），其原理与固定安装的绞磨一样。

绞磨鼓轮是依靠摩擦产生牵引力。在一定的背牵力（S_b）作用下，绳索在鼓轮上缠绕圈数越多，产生的牵引力（S_q）越大。

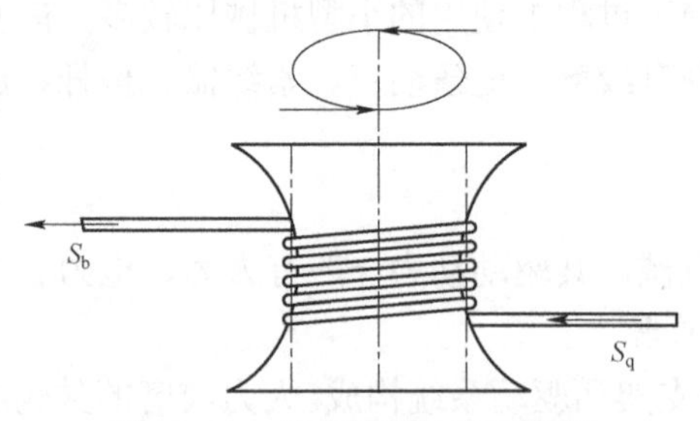

图 4-20 绞磨鼓轮计算示意图

根据欧拉公式

$$S_q / S_b = e^{2\pi n\mu}$$

式中 e ——自然对数，取 2.718 28；

π ——圆周率，取 3.14；

μ ——钢丝绳与鼓轮摩擦系数，取 0.3；

n ——绳索在鼓轮上的缠绕圈数。

《安规》要求的 n 值为 5，此时的 S_q/S_b 约为 8052。

在配电作业现场，由于泥水污染、钢丝绳出力后渗油污染，鼓轮与钢丝绳间的摩擦系数可能跌至 0.1 左右，在 n 值为 5 的情况下，此时的 S_q/S_b 约为 20。

2. 绞磨的设置、使用和注意事项

（1）绞磨应设置在平整坚实开阔的地面上，操作空间较大，视线良好。

（2）绞磨的固定牵引地锚锚固力必须与绞磨牵引力匹配并具有 2 倍以上的裕度。

（3）地锚、鼓轮及引出绳的第一个导向滑车必须在一条直线上，确保牵引过程中，绞磨不会发生偏摆移动和倾覆。第一个导向滑车距鼓轮 5m 以外。

（4）绞磨的牵引力以 t（或 kN）为单位，使用过程中不得让绞磨承受超出其许可范围的牵引力。配套使用的导向滑轮、地锚、钢丝绳及连接件必须满足载荷要求。

（5）实际使用过程中，如果绞磨牵引力不够，可以设置合理的滑轮组，提高牵引力，实现作业目标。

图 4－21　地锚、绞磨、导向滑轮布置图

（6）绞磨牵引绳要求，垂直鼓轮从鼓轮下部绕入，鼓轮上部绕出；水平鼓轮从减速器侧下方绕入，活动支架侧下方绕出。

（7）鼓轮上的绕绳圈数不得少于 5 圈。作业过程中，鼓轮绕绳不得发生压绳。

（8）绞磨作业过程中，引出尾绳必须设置专人控制，控制人员不得少于 2 人，且应位于锚桩后面、绳圈外侧，不得站在绳圈内，距绞磨不得小于 2.5m。严禁使用松尾绳的方式卸荷。绞磨受力过程中，不得撒手，防止起吊物失去控制。

（9）人力绞磨推磨人员偶数配置，对称施力，确保转矩平稳恒定。

（10）绞磨鼓轮是一种摩擦卷筒，不具有贮绳功能，配用的钢丝绳必须满足现场作业的长度、强度及曲率许可要求。钢绞线、铝绞线不得绕入鼓轮。

（11）受力绳作用区间（受力绳索的上方及转向滑车的内角侧）不得站人，防止牵引过程脱绳造成击打伤害。

（12）指挥、操作、尾绳控制人员应协调一致，保证信号准确、动作到位。

（13）利用绞磨进行牵引或组塔吊装，多滑轮变向后，许可载荷不得超出牵引力的 80%。

二、链条葫芦

葫芦是一种独立的轻小型起重机械，有电动葫芦、手拉葫芦、手扳葫芦。链条葫芦就是手拉葫芦，紧线器就是手扳葫芦。

1. 链条葫芦、紧线器的结构

链条葫芦俗称倒链，是由挂钩、挂板、手链条、传动减速机构、棘轮摩擦机构、起重链条、吊钩等构成。

链条葫芦的棘轮摩擦机构是其核心部件。棘爪固定在挂板上，棘轮空套在五齿长轴上。棘轮通过摩擦片、压盘、手链轮构成受力通道。当手链轮旋进，将压盘、摩擦片与棘轮压紧，驱动五齿长轴转动，实现起吊作业。手链轮停止曳引，压盘、摩擦片、棘轮、棘爪自锁，维持吊物悬停。反向曳引手链轮，手链轮在五齿长轴上旋出，解除压盘、摩擦片、棘轮的自锁，制动解除，重物下降。

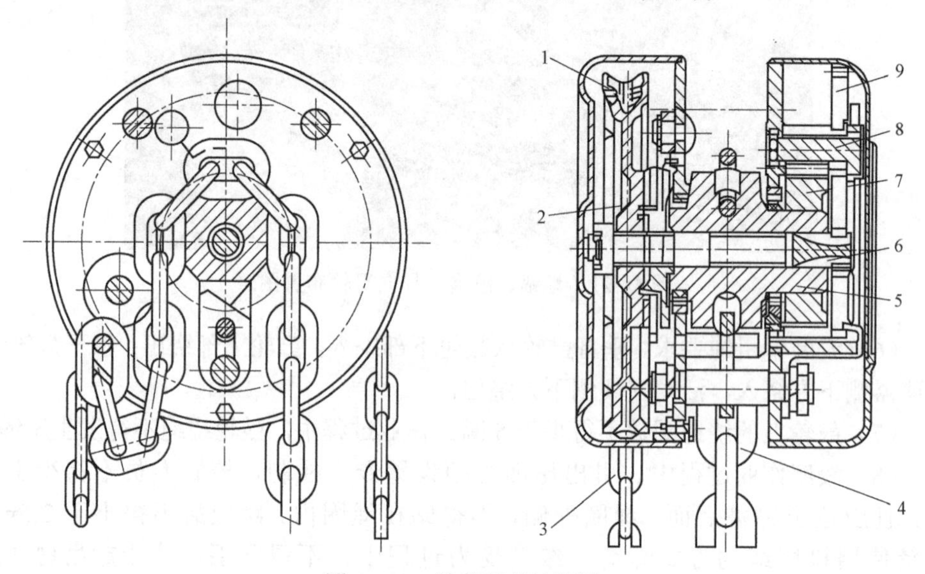

图 4-22　链条葫芦结构图

1—手链轮；2—棘轮摩擦机构；3—手链条；4—起重链条；5—起重链轮；6—五齿长轴；7、8、9—中间齿轮

表 4-3　　**HS 型链条葫芦参数表**

型号	HS 1/2	HS 1	HS1 1/2	HS 2	HS2 1/2	HS 3	HS 5
起重量（t）	0.5	1	1.5	2	2.5	3	5
标准吊高（m）	2.5	2.5	2.5	2.5	2.5	3	3
两钩最小距离（mm）	280	300	360	380	420	470	600
曳引力（N）	160	320	360	320	390	360	390
自重（kg）	9.5	10	15	14	28	24	36

手扳葫芦作为紧线器使用，是配电网工程施工的常见工具。手扳葫芦由挂钩、拉板、棘轮卷筒、棘爪、钢丝绳、扳手、卡线器等构成。

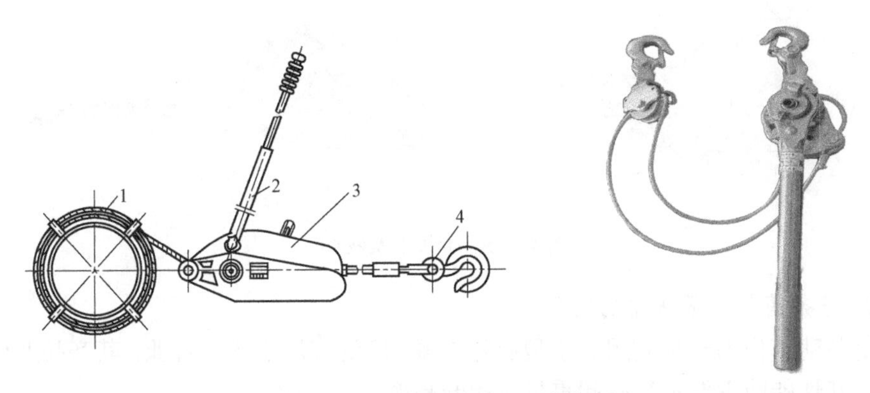

图 4－23 紧线器结构图及实物图

1—钢丝绳；2—手柄；3—棘轮卷筒；4—挂钩

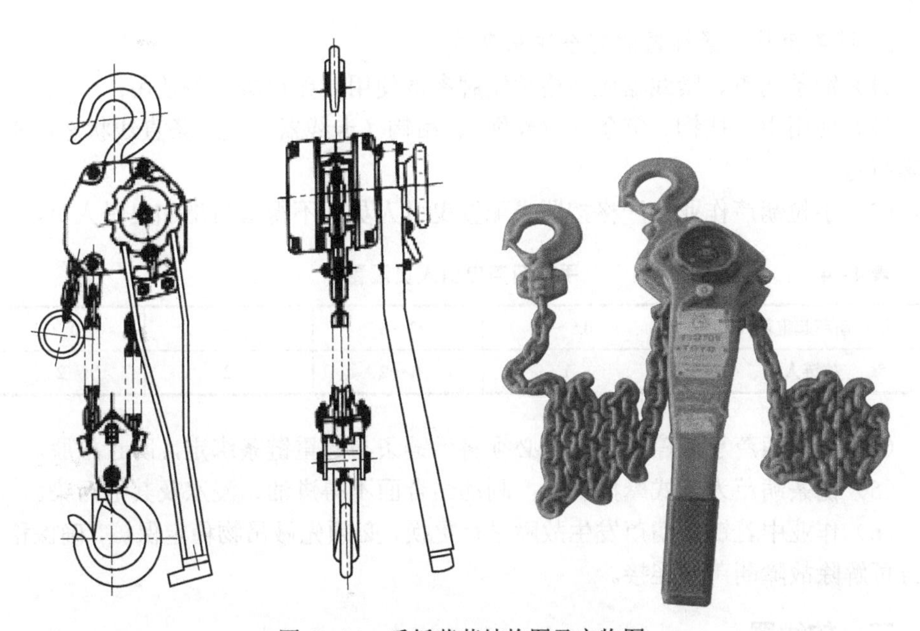

图 4－24 手扳葫芦结构图及实物图

卡线器其实就是一个夹钳，其沿导线长度方向在一定的长度上钳住导线，在钢丝绳牵引力作用下，实现钳压自锁，锁定导线。

将手扳葫芦的挂钩挂在牢固构件上，往复扳动扳手，将钢丝绳收贮在棘轮卷筒上，棘爪锁定反向运动，实现将导线收紧的作业目标。

收紧后的手扳葫芦只有解除棘爪控制，才能松脱，易产生冲击载荷。

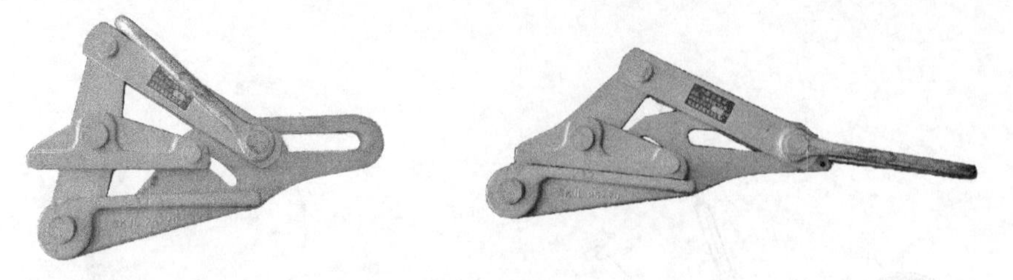

图 4－25　卡线器实物图

2. 链条葫芦、紧线器的使用

链条葫芦作为一种实用的小型起重机械，广泛应用于各行各业，其产品业已系列化。其性能的主要参数有起重量、起升高度。

链条葫芦的起重量 0.5～20t，作业高度分 3、6m，还可以定制其他高度的产品。

紧线器是一种实用性的手动张紧工具，其牵引力较小，主要用于导线、拉线的张紧。

3. 链条葫芦、紧线器的安全注意事项

（1）链条葫芦、紧线器应严格按铭牌参数使用，无铭牌不得使用。

（2）使用中，挂钩、链条（钢丝绳）、吊钩（卡线器）呈一条直线状态，不得绕障折弯。

（3）手拉葫芦作业，严格按要求配置曳引人员，不得盲目增加曳引人员。

表 4－4　　手拉葫芦曳引人员配置

手拉葫芦起重量（t）	0.5～2	3～5	5～8	10～15
拉链人数	1	1～2	2	2

（4）链条葫芦承载停歇期间，必须将手链条与起重链条绑定，防止松脱。

（5）链条葫芦为干式摩擦制动，制动结合面不得进油、浸水及其他污染。

（6）作业中若链条葫芦发生故障进行更换，必须先做吊物稳定保护，确保稳妥后方可解除故障葫芦的连接。

三、放线器

配电线路放线器有卧式放线托盘和立式放线架两种。利用放线器放线，能够有效消除放线扭拧，合理控制放线长度，保护导线不受损伤。

1. 放线器的结构构成

（1）卧式放线托盘。由基架、辊轮（或滚柱）、托盘、心轴构成。

放线时需借助起重机械将线缆盘轴心朝上吊入托盘，方可开始放线作业。放线终了，亦须借助起重机械将线缆盘吊下。

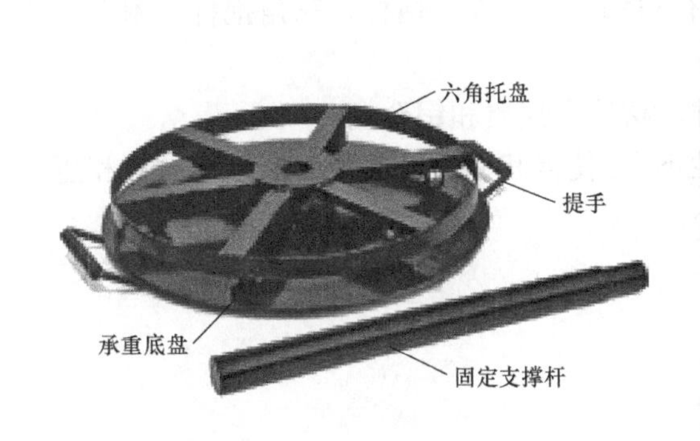

图 4－26 卧式放线托盘

（2）立式放线架。由两片放线支架、心轴构成，放线支架上安装有丝杠提升装置。放线时通过心轴将两片放线支架、线缆盘串接，利用丝杠提升装置将线缆盘吊立地面，即可开始放线。

图 4－27 立式放线架

2. 放线器的使用及注意事项

（1）利用放线器展放导线，必须将放线器放置在导线布放延长线上的合理位置，方便导线直接引入第一根混凝土杆的放线滑轮中。

（2）放线器摆放位置基础牢固，视野开阔，线缆盘放置横平竖直稳妥，不能歪斜。必要时需对放线架进行加固。

（3）展放导线时，牵引速度要稳定均匀，不宜过快。

（4）放线器位置设置控制人员，防止放线速度过快或放线终了惯性造成缠绕乱线。

四、抱杆

桅杆起重机俗称抱杆（扒杆），有独脚抱杆、人字抱杆、三角抱杆、附着式抱杆等。

抱杆的结构有管状和桁架式两种，材质有钢质和铝合金。

中心受压抱杆的结构横向稳定性不足，使得其受力过程中只能承受拉伸和压缩载荷，使用中应避免承受扭矩和弯矩。

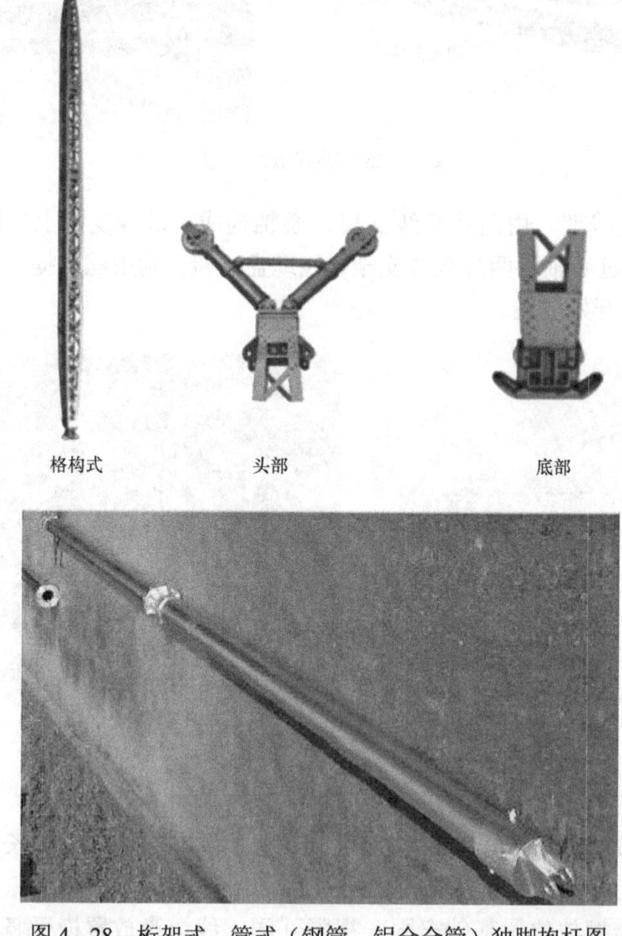

图4-28　桁架式、管式（钢管、铝合金管）独脚抱杆图

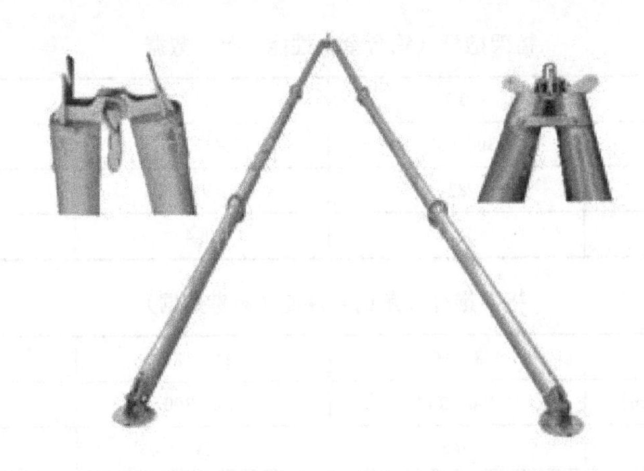

图 4－29　钢管（铝合金管）式人字抱杆

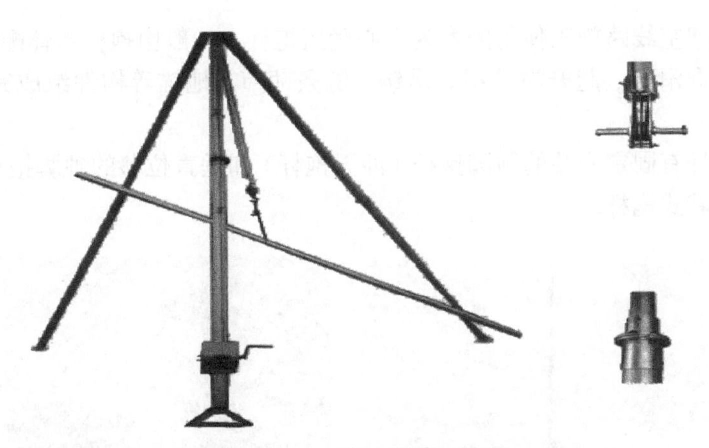

图 4－30　三角（三脚）抱杆

1. 抱杆的结构构成及性能

抱杆为起重构件，应使用专业厂家产品并按照产品规格进行拼装、布设、使用。实际选用抱杆时务必按照产品说明书的参数要求及布置方式进行使用及维护保养。

表 4－5　　　　钢管抱杆性能（参考数据）

许可载荷（kN）	抱杆长度（m）			
	8	10	15	20
30	159/6	159/6	275/8	325/8
50	219/8	219/8	273/8	325/8
100	219/8	219/8	273/8	325/8

表 4-6　　桁架抱杆（铝合金）性能（参考数据）

抱杆全长（m）	9.7	11	15
截面规格（mm）	300×300	350×350	500×500
自重（kg）	83	97	—
许可负载（kN）	78.4	78.4	118

表 4-7　　桁架抱杆（角钢）性能（参考数据）

抱杆全长（m）	8～16	11～18	12～20
截面规格（mm×mm）	300×300	300×300	400×400
自重（kg/m）	10.5	11	14.6
许可负载（kN）	13～38	15～40	14～43

配电网架空线路施工使用的多为中心受压抱杆，一般由抱杆本体配合缆风绳、卷扬机、导向滑轮、起升滑轮组、吊钩、链条葫芦、地锚等构件组成完整的作业系统。

独脚抱杆有固定安装的独脚抱杆（冲天抱杆）和垂直位移的独脚抱杆（悬浮抱杆）以及附着式抱杆。

图 4-31　组立后的独脚抱杆

图 4-32　组立后的悬浮抱杆、附着式抱杆

人字抱杆在使用中状态有直立人字抱杆和倾斜人字抱杆。

图 4-33　组立后的直立人字抱杆、倾斜人字抱杆

2. 抱杆的使用注意事项

（1）抱杆载荷按使用说明书规定选用，使用过程中不得超载。

（2）抱杆头部主缆风绳系结点与起重滑轮系结点尽量接近同一水平面，防止由于错位较大，起吊过程对抱杆产生较大弯矩。

（3）主缆风绳与地面夹角不大于 45°，否则在起吊过程中会对抱杆产生较大的轴向压力，造成抱杆失稳；主缆风绳与锚桩连接点尽量贴近地面，与锚桩栓系必须在两圈以上，然后将自由头与受力绳用两个倒背扣连接，再用绳卡将自由头与受力绳卡接，绳卡数量不得少于三个。

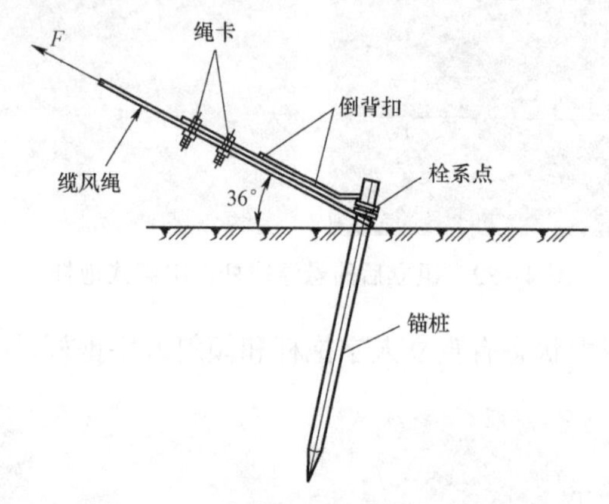

图 4－34　主缆风绳与地锚桩的栓系

（4）独脚抱杆起立后，杆根需设置防滑溜措施（锚固或坑洞）；直立人字抱杆起立后，必须设置系脚绳，防止受力后，杆根向外滑移；倾斜人字抱杆起立后，除设置系脚外，纵轴线方向还须设置双向点锚固并进行锚固系结。

（5）在抱杆根部进行起升绳导向滑车设置，必须反向锚固牵引，以平衡起升张力造成杆根位移。

（6）抱杆杆身受横向冲击载荷造成变形，会显著的降低抱杆稳定性。作业过程中严禁杆身横向受力。

（7）抱杆的金属结构、连接板、抱杆头部和回转部分等，应每年对其变形、腐蚀、铆、焊或螺栓连接部位进行一次全面检查。

抱杆在每次使用前，也应进行上述项目的检查。

（8）抱杆有下列情况之一者禁止使用。

1）圆木抱杆：木质腐朽、损伤严重或弯曲过大。

2）金属抱杆：整体弯曲超过杆长的 1/600。局部弯曲严重、磕瘪变形、表面严重腐蚀、缺少构件或螺栓、裂纹或脱焊。

3）抱杆脱帽环表面有裂纹或螺纹变形。

五、电焊机

配电网架空线路施工的焊接工作主要是手弧焊，采用的焊接设备有交流弧焊机、直流弧焊机；焊接电源有普通市电和自发电；焊接方式有普通焊接和保护焊接。

在配电网架空线路施工现场焊接，应注意如下事项：

（1）焊工应持证上岗，工作前应确保身体状况正常，登高焊接还须持有登高作业证。

（2）焊接作业时，焊工保护措施齐全，现场焊接和电气设备完好，现场消防防护齐备。

（3）作业中的焊机外壳要接地良好；焊把合格（外观及电流）；焊接龙头线绝缘良好，线径足够；焊接地线敷设符合标准要求。

（4）如果选用外接市电，请专业接通电源，配置标准线缆、标准电源箱、合格的线路控制及保护装置，按规范进行线路敷设。

（5）如果选用自备电源焊接，按照焊接容量进行发电机的配置。

（6）存在安全隐患的焊接作业现场必须办理动火许可，并做好消防、通风、隔离、清理等安全措施。

（7）焊接搭铁回路必须专门敷设，不得利用相关金属构件搭铁，禁止通过利用铝合金抱杆、钢丝绳等进行搭铁焊接。

第三节　施工器具及设施

配电网架空线路施工过程中，由于牵引、吊装、放线等工作的实施，除了机械参与作业以外，还使用了钢丝绳、钢丝绳套、卸扣、千斤绳、滑轮、桩锚、坑锚、牵引绳、绳卡、卡线器等工器具及设施。

一、钢丝绳

钢丝绳具有强度高、挠性好、运行平稳、破断先兆明显等特点，具有广泛的使用。在配电网工程施工中，多用于起吊电杆的绑扎、抱杆的缆风绳、临时拉线等。

（一）钢丝绳的性能及结构

1. 钢丝绳的强度等级

钢丝绳所用的钢丝是由中等含碳量的普通碳素钢经过冷拔拉制而成，由于冷作硬化，其强度由加工前的不到 300N/mm^2 上升至不低于 1400N/mm^2 而得到显著提高。具体强度等级有 1400、1550、1700、1850、2000N/mm^2 等五个等级。

绕制成型的钢丝绳强度和挠性与其使用的钢丝强度等级有关，强度等级越高，制成的钢丝绳强度越好，但挠性越差。配电网架空线路施工中一般推荐使用 1400、

1550、1700N/mm² 三个系列。

2. 钢丝绳的分类

钢丝绳的分类方法较多，如按股数、绕制方式、结构形式等进行分类。

（1）钢丝绳按照股数可以分为单股绳、多股绳。

1）将钢丝直接绕制成股构成的钢丝绳称为单股绳，俗称钢绞线。

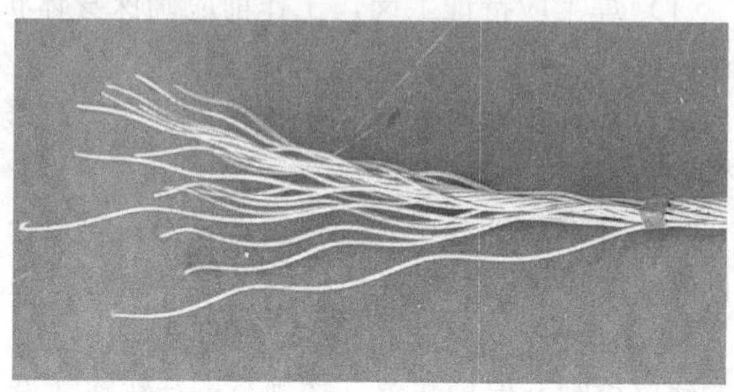

图 4－35　钢绞线结构

2）单股钢丝绳强度高，挠性差，主要用于固定承载。如造桥用的悬索、斜拉索，电力用的架空地线、拉线、钢芯铝绞线的钢芯等。

3）这种钢丝绳不适合用于运动场所，更不能串绕滑轮。固定场所使用的钢丝绳均需镀锌防腐，延长寿命。

4）将钢丝绕制成股，然后将股绕制成绳，并填入绳芯，称为多股绳。常用的多股绳为六股绳。

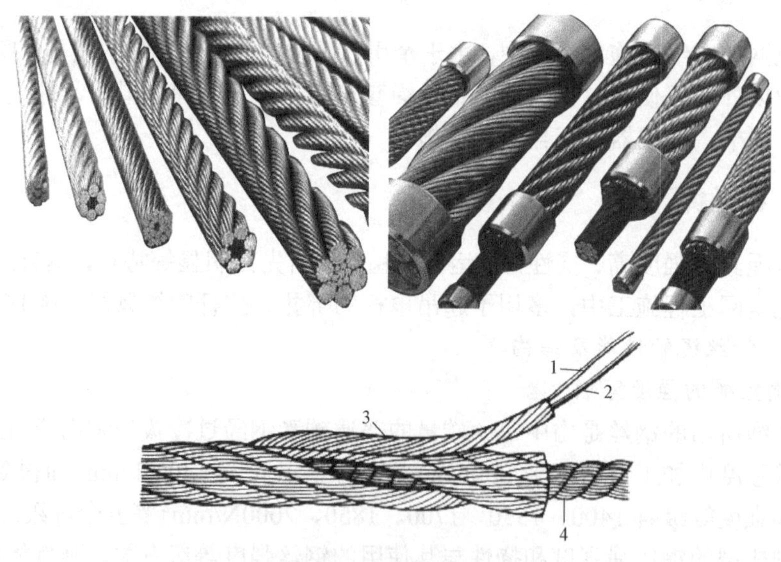

图 4－36　钢丝绳的结构

1、2—单根钢丝；3—钢丝绕制成股；4—绳芯多股钢丝绳，强度高、挠性好，绳芯含油润滑保养好，寿命还长。主要用于缆风绳、拖拉绳、起升绳。

钢丝绳绳芯具有含油、增加挠性的特点，是多股钢丝绳的重要组成结构。

（2）钢丝绳按照绕制方式分为同向绕、交互绕、混合绕钢丝绳。

1）同向绕。钢丝绕制成股，股绕制成绳的绕向相同，称为同向绕钢丝绳。

同向绕钢丝绳的钢丝间为线接触，接触比压小，磨损小，寿命长，挠性好，但是易松解，张紧后易扭转。适合作为变幅绳、电梯钢丝绳使用。

2）交互绕。钢丝绕制成股，股绕制成绳的绕向相反，称为交互绕钢丝绳。

交互绕钢丝绳的钢丝间为点接触，接触比压大，易磨损，影响寿命和挠性。但是其结绳稳定，不易松散和扭转。适合作为起升绳、牵引绳等使用。配网工程多使用交互绕钢丝绳。

3）混合绕。钢丝绕制成股一半为顺绕，一半为反绕，然后将其绕制成绳，称为混合绕钢丝绳。

混合绕钢丝绳兼具同向绕、交互绕钢丝绳的优缺点，造价较高，工艺复杂。

表 4-8　　配电网架空线路常用钢丝绳性能表

6×19 钢丝绳的重量和最小破断拉力								
钢丝绳直径（mm）	钢丝直径（mm）	钢丝绳断面积（mm^2）	每 100m 质量（kg）	钢丝抗拉强度（kg/mm^2）				
				140	155	170	185	200
				最小破断拉力（t）				
6.2	0.4	14.32	13.53	1.70	1.88	2.07	2.24	2.43
7.7	0.5	22.37	21.14	2.66	2.94	3.23	3.51	3.80
9.3	0.6	33.22	30.45	3.83	4.24	4.65	5.07	5.47
11.0	0.7	43.85	41.44	5.21	5.77	6.33	6.89	7.45
12.5	0.8	57.27	54.12	6.81	7.54	8.27	8.97	9.73
14.0	0.9	72.49	68.50	8.58	9.52	10.45	11.39	12.28
15.5	1.0	89.49	84.57	10.62	11.77	12.92	14.07	15.17
17.9	1.1	108.28	102.30	12.88	14.24	15.64	17.00	18.40
18.5	1.2	128.87	121.80	15.30	16.96	18.61	20.23	21.89
20.0	1.3	151.24	142.90	17.98	19.89	21.84	23.76	25.67
8.7	0.4	27.88	26.21	3.2	3.54	3.88	4.22	4.57
11.0	0.5	43.57	40.96	4.99	5.53	6.07	6.61	7.14

续表

6×37钢丝绳的重量和最小破断拉力

钢丝绳直径（mm）	钢丝直径（mm）	钢丝绳断面积（mm^2）	每100m质量（kg）	钢丝抗拉强度（kg/mm^2）				
				140	155	170	185	200
				最小破断拉力（t）				
13.0	0.6	62.74	58.98	7.20	7.97	8.73	9.51	10.25
15.0	0.7	85.39	80.27	9.8	10.82	11.89	12.91	13.98
17.5	0.8	111.53	104.80	12.79	14.14	15.54	16.89	18.29
19.5	0.9	141.16	132.70	16.19	17.92	19.64	21.40	23.12
21.5	1.0	174.27	163.80	19.97	22.14	24.27	26.40	28.58

（二）钢丝绳的安全使用

1. 选用钢丝绳的计算方法

钢丝绳使用中的最大静拉力 S_{max} 必须小于或等于钢丝绳的许用载荷［S］，即

$$S_{max} \leqslant [S] = S_P/K$$

式中 S_P——钢丝绳的最小破断拉力；

K——钢丝绳的安全系数。

表4-9　　钢丝绳的安全系数 *K* 值

钢丝绳的用途与性质			滑轮（滚筒）的最小容许直径 D（mm）	安全系数 K
缆风绳和拖拉绳			$12d$	3.5
起升绳（驱动方式）	人力		$16d$	4.5
	机械	轻级	$16d$	5
		中级	$18d$	5.5
		重级	$20d$	6
千斤绳	有绕曲		$2d$	6～8
	无绕曲		—	5～7
捆绑绳			—	10
载人升降机			$40d$	14

注　d 为钢丝绳直径（mm）。

【例4-1】利用独脚抱杆进行组塔作业，设定缆风绳张力为1.5t、吊装最大组合重量为1.2t，如何选择钢丝绳的结构、强度等级和钢丝绳直径。

（1）钢丝绳结构选择。

缆风绳为自由绳，不易松解及扭转，故选择交互绕钢丝绳；

起升绳为自由绳，不易松解及扭转，故选择交互绕钢丝绳。

（2）钢丝绳强度等级选择。

缆风绳、起升绳均可选择使用 $1400N/mm^2$、$1550N/mm^2$、$1700N/mm^2$ 三个系列。我们选用 $1550N/mm^2$ 等级的钢丝绳。

（3）缆风绳直径选择。

查表 4－9，得到缆风绳安全系数为 3.5，则

$$S_P=1.5\times3.5=5.25t$$

查表 4－8 选择钢丝绳为 6×19 丝、$1550N/mm^2$、直径 11mm；或者 6×37 丝、$1550N/mm^2$、钢丝绳直径 11mm。其最小破断拉力为 5.77t（5.53t），均满足缆风绳的破断拉力需要。

（4）起升绳直径选择。

查表 4－9，得到起升绳安全系数为 6，则

$$S_P=1.2\times6=7.2t$$

查表 4－8 选择钢丝绳为 6×19 丝、$1550N/mm^2$、直径 12.5mm；或者 6×37 丝、$1550N/mm^2$、直径 13mm。其最小破断拉力为 7.54t（7.97t），均满足根据该起升绳破断拉力要求。

2. 钢丝绳选用要求

（1）单股绳强度高、挠性差，用于固定连接场所，需镀锌防腐。多股钢丝绳强度高、挠性好、绳芯含油，用于运动场所，除防腐需要的特殊场所，一般为光面钢丝绕制而成。

（2）钢丝绳选用必须满足强度要求。其许可使用强度为钢丝绳的破断拉力除以安全系数。

（3）使用中的钢丝绳必须进行绳端固定，固定方法有楔键固定、插接固定、灌铅固定、绳卡固定、压板固定。

图 4－37　千斤绳扣（插接的绳扣）

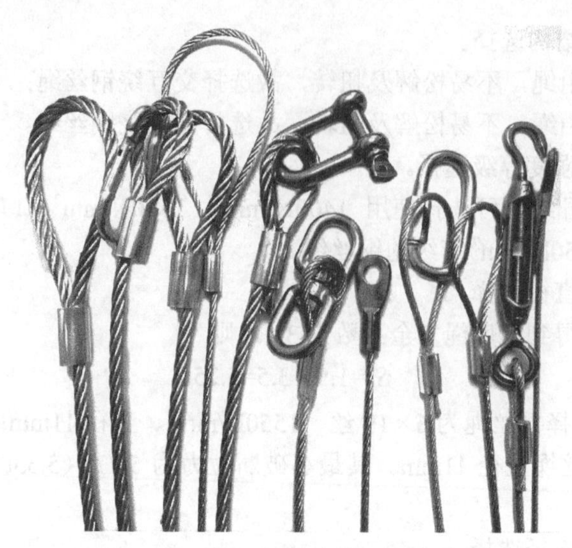

图 4-38 千斤绳扣（压接的绳扣）

（4）钢丝绳穿绕多个滑轮，尽量保证绕向相同，避免反向穿绕，造成疲劳破坏。

（5）钢丝绳使用中避免横向受力，防止锐角打折、死角扭拧。使用钢丝绳进行捆绑作业时，凡是锐边、尖角接触钢丝绳都必须进行包垫，防止对钢丝绳产生应力集中，造成破坏。

（6）使用后的钢丝绳必须除污摆放，环境干爽，定期油浴。

3. 钢丝绳报废

（1）过电、过火钢丝绳产生回火，强度显著降低，必须报废。

图 4-39 过火的钢丝绳

（2）断股钢丝绳、断丝数目超标钢丝绳必须报废。

（3）受到打折、死角扭拧并永久变形的钢丝绳必须报废。

（4）出现颈缩现象、绳芯外露钢丝绳必须报废。

图 4－40　断股、断丝超标的钢丝绳

图 4－41　局部弯折严重的钢丝绳

图 4－42　挤压变形严重、绳芯外露的钢丝绳

（5）锈蚀严重、失去弹性钢丝绳必须报废。

图 4－43　锈蚀失去弹性的钢丝绳

二、卸扣

卸扣也称卸卡、卡环，是一种起重工具，由普通碳素钢锻造制成。卸扣一般用于千斤绳、吊钩、吊物之间的连接。在配电网工程施工中，多用于配合钢丝绳的绑扎、绞磨的固定、临时拉线的固定、滑车的固定等。

1. 卸扣的结构及规格

卸扣由弯环和横销构成。弯环有直环形、马蹄形，横销有穿销和螺旋销。

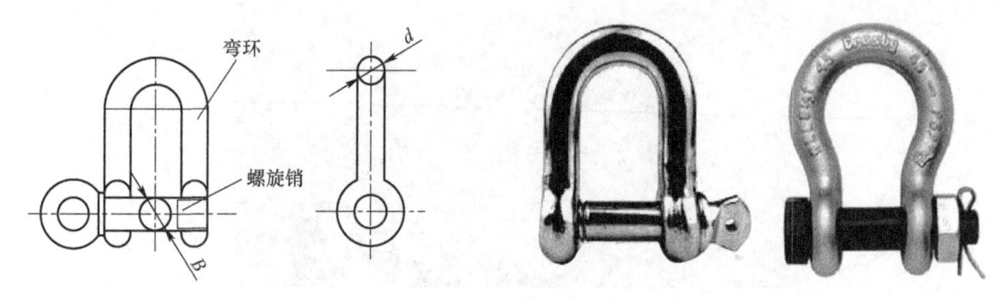

图 4－44　卸扣的结构

图 4－45　常见卸扣的种类及样式

表 4－10　　卸扣的规格及允许载荷（参考数值）

型号	1/4	5/16	3/8	7/16	1/2	5/8	3/4	7/8	1
额定载荷（t）	0.5	0.75	1	1.5	2	3.25	4.75	6.5	8.5
质量（kg）	0.05	0.08	0.13	0.20	0.27	0.57	1.19	1.43	2.15
销径 B（mm）	7.9	9.7	11.2	12.7	16	18.3	22.4	25.4	28.7
弯环直径 d（mm）	6.4	7.9	9.7	11.2	12.7	16.0	19.1	22.4	25.4

2. 卸扣的使用注意事项

卸扣在使用过程中应注意如下事项：

（1）卸扣使用前必须检查完好。有裂纹、变形、螺纹损坏等情况的卸卡禁止使用。卸扣不得焊接使用。

（2）卸扣必须按额定载荷使用，不得超载。

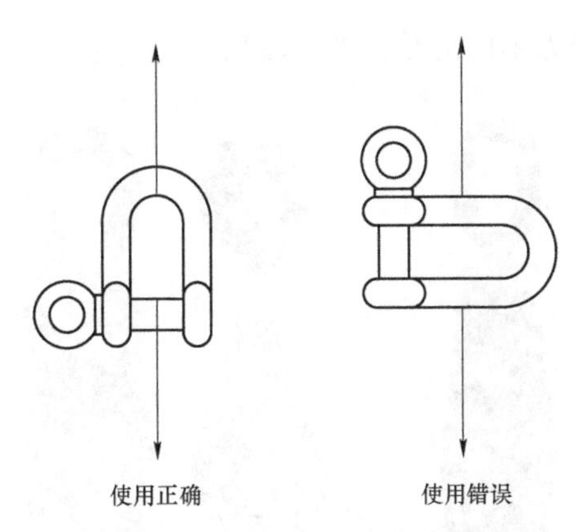

图 4－46　卸卡的受力图示

（3）卸扣只允许纵轴向受力，不得横向受力。

（4）卸扣穿销拧紧后，回转半圈。谨防受力后，螺纹卡涩难以松扣。

（5）卸扣不得承受冲击载荷；不用的卸扣应擦抹干净，摆放在干燥场所，防止生锈。

三、滑轮

滑轮也称滑车，使用在起重作业中的滑轮起着省力和导向的作用。

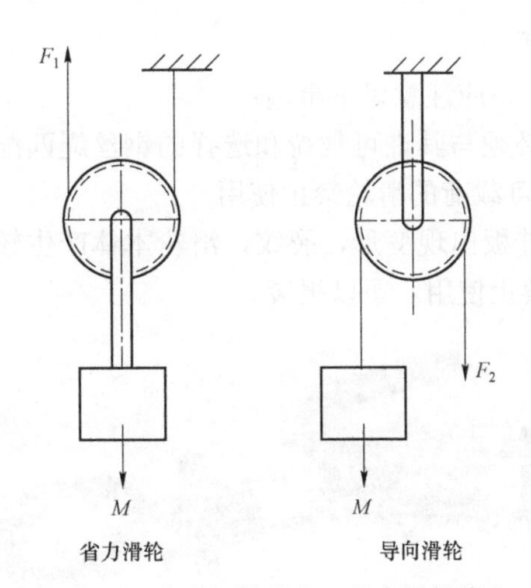

图 4－47　省力滑轮作业、导向滑轮作业

$$F_1 = \frac{1}{2}Mg \quad F_2 = Mg$$

1. 滑轮的结构与性能

滑轮一般按结构分为单门滑轮、多门滑轮。

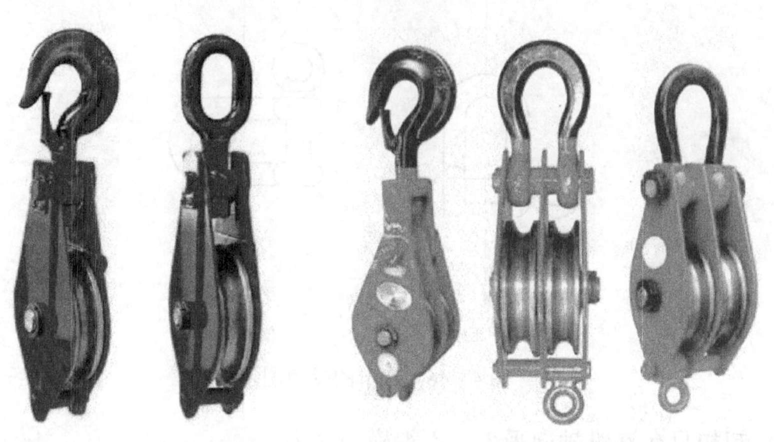

图 4-48　单门开口滑车　　　图 4-49　多门滑轮

滑轮由吊钩（吊环）、吊钩梁、挂板、滑轮、滑轮轴构成。

用于省力的滑轮称为动滑轮，作业过程中，滑轮随着作用力的方向移动。单门动滑轮省力一半，多门动滑轮省力倍数等于其承载绳的分支数（注意：承载绳只计算动滑轮的引入、引出绳）。

用于改变力的方向的滑轮称为定滑轮，作业过程中只改变牵引力的方向，本身不发生移位。

2. 滑轮的安全使用

滑轮在使用过程中，应注意以下事项：

（1）滑轮的选用必须与其许可载荷和选择的钢丝绳匹配（滑轮绳槽底径与钢丝绳直径相同），无许可载荷的滑轮禁止使用。

（2）滑轮吊钩、挂板出现变形、裂纹，滑轮本体产生较大磨损，滑轮轴变形弯曲等状况下，滑轮禁止使用，予以报废。

图 4-50　变形严重、应予报废的滑轮

（3）吊装重量较大，吊装过程受力变化较大，吊装过程动作较大时，选用吊环式滑轮。如若使用吊钩式滑轮，需做钩口封闭处理。

（4）绳索串绕滑轮组必须同向串绕，避免反向串绕。串绕过程必须保证绳索嵌入绳槽，防止卡滞于绳槽以外。

（5）注意滑轮保养、清污，定期加脂润滑，放置干燥清爽之处。

（6）放线滑轮为专用滑轮，曲率较大，便于保护导线，只用作放线使用。

四、绳卡

绳卡用于钢丝绳的绳端固定，也称卡头。

1. 绳卡种类与结构

（1）绳卡的种类有 L 形、骑马式、鸡心卡。

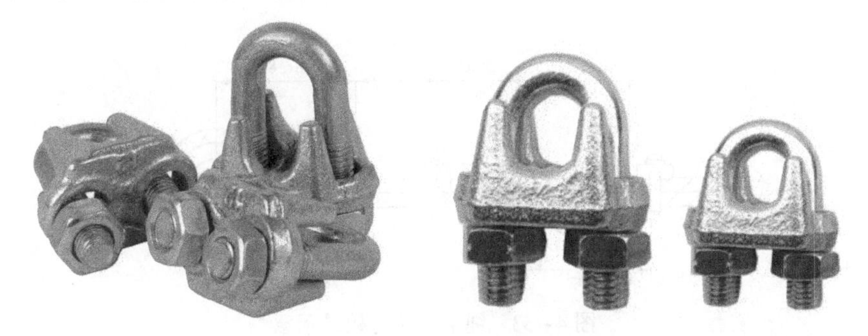

图 4－51　常用的骑马式钢丝绳卡

（2）绳卡的结构。配电网架空线路施工常用的绳卡为骑马式绳卡，由鞍座、U 形螺栓及螺母构成。

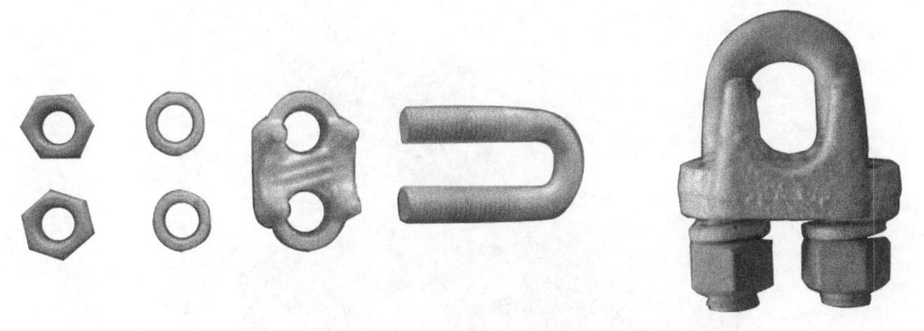

图 4－52　绳卡与结构

2. 绳卡的使用注意事项

（1）绳卡 U 形环间净空与卡接的钢丝绳直径相同，过大、过小均不可使用。

表 4-11　　骑马式绳卡技术规格

绳卡公称尺寸（钢丝绳公称直径）d	6	8	10	12	14	16	18	20
螺母（GB 5976—76）d	M6	M8	M10	M12	M14	M14	M16	M16
单组质量（kg）	0.034	0.073	0.140	0.243	0.372	0.402	0.601	0.624

（2）绳端卡接使用的绳卡数量与间距要求。

表 4-12　　卡接钢丝绳的绳卡数量与间距要求

钢丝绳直径（mm）	13	15	18	21	24	28
绳卡个数（骑马式）	3	3	3	4	4	4
绳卡间距（mm）	120	120	150	150	200	200

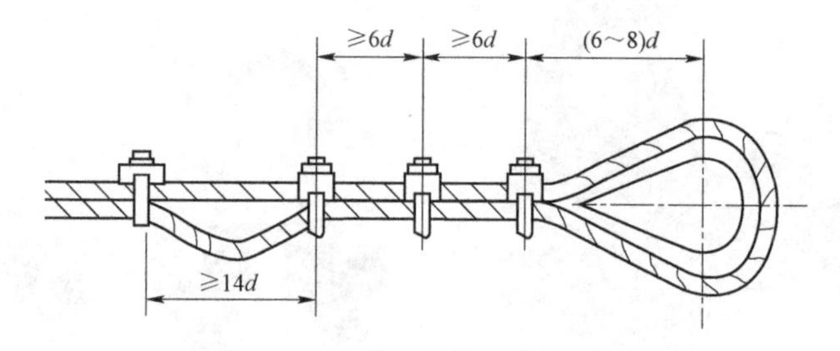

图 4-53　绳卡安装与数量示意

（3）使用绳卡时，鞍座套主绳，U 形环套出绳。U 形环压扁钢丝绳约 1/3 的直径量。

图 4-54　绳卡压紧钢丝绳至变形

（4）重要卡接，可以交错对称卡接。此种卡接对钢丝绳破坏较大，钢丝绳不能重复利用。

（5）固定使用场所或重要卡接时，需设置保安卡。

（6）不用的绳卡应干燥保存，防止锈蚀。

五、地锚

地锚也称地龙，用于拴系、牵绊、固定受力钢丝绳、导向滑轮、绞磨等。地锚要有足够的锚固力并具有一定的裕度，有便于系结绳端的拴挂点，使用前的地锚必须进行校核合格。

地锚按设置方式分有桩锚、坑锚、混凝土地锚、自然地锚等。配电网架空线路施工过程中使用的主要是桩锚和坑锚。

（一）桩锚

1. 桩锚的设置要求

（1）将合适强度、刚性、长度的杆件打入（埋入、旋入）地表所构成的锚固点称为桩锚。桩锚材料有角钢桩、钢管桩，长度一般为1.2～1.8m。入地桩锚地表留出0.2～0.3m的栓系长度。

（2）打入地下的桩锚称为打桩桩锚，埋入地下的桩锚称为埋桩桩锚，旋入地下的桩锚称为旋桩桩锚。

（3）桩锚入地角度与受力方向相反，垂直偏斜的角度值不超过15°。

2. 桩锚的力学特性及安全系数

桩锚的锚固力是由锚桩周边土壤的挡土力和抗拔力合成作用产生的。土壤密实度越大，土质的黏滞性越强，桩锚的锚固力就越牢靠。一般要求锚固力的安全系数不小于2。

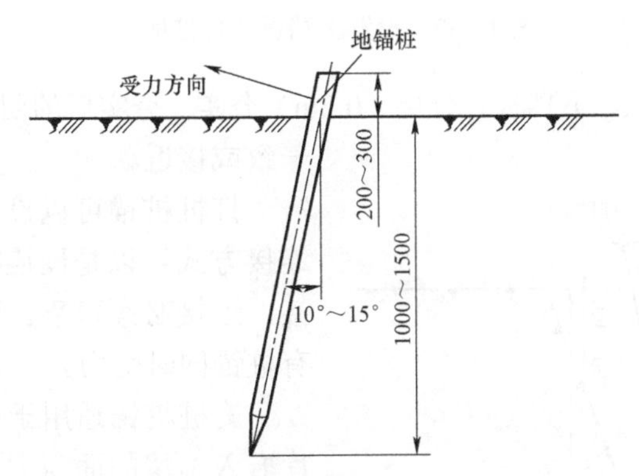

图4－55　地锚桩的结构（单位：mm）

3. 桩锚的补强

单桩桩锚强度不够的情况下，可以设置桩锚挡板或者设置成联合桩锚。

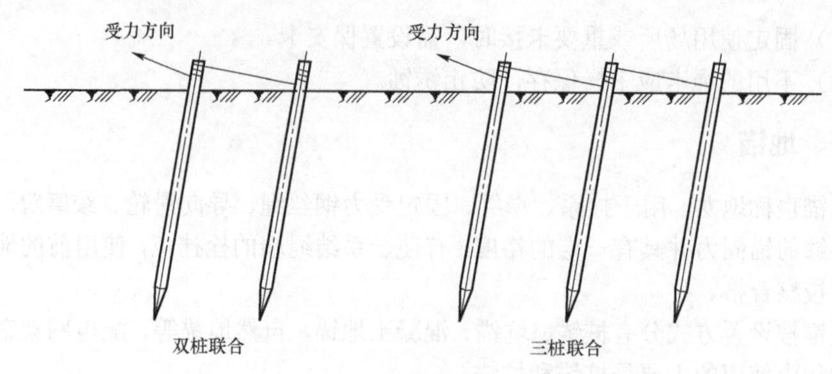

图 4－56　联合桩锚的设置

桩锚挡板能够有效增大挡土力，打桩桩锚只设置上挡板，长约 1m，其埋设深度约 0.3m，回填必须夯实，也可不设置挡板。

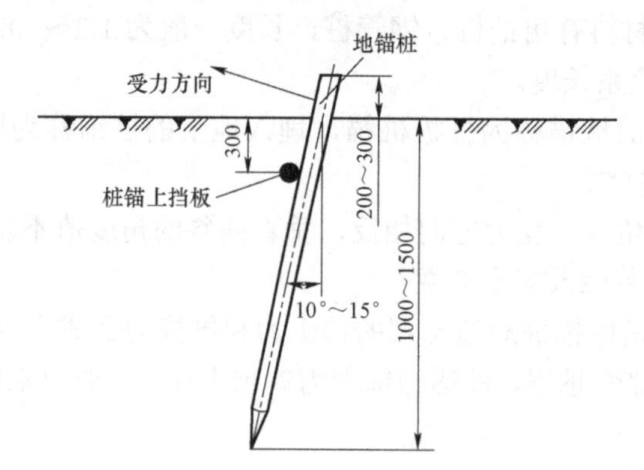

图 4－57　设置上挡板的打桩地锚

埋桩桩锚设置上、下挡板，分层（0.2m）夯实。夯实后的回填土密实度与母土一致或接近。

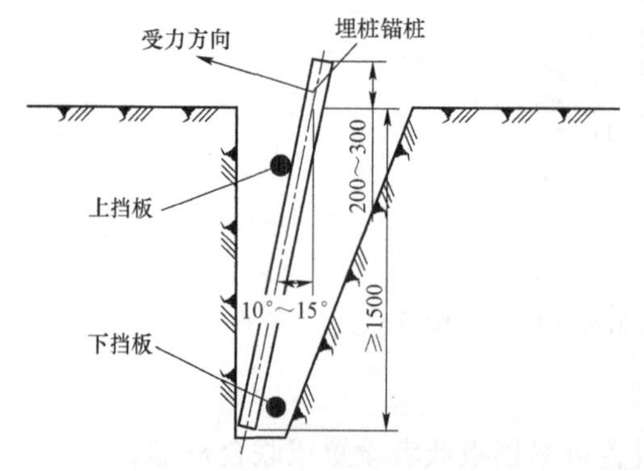

图 4－58　埋桩桩锚的设置

打桩桩锚可以设置成联合桩锚，其连接方式可以是硬连接，也可以是软连接，连接必须可靠。受力伊始，必须所有桩锚同时受力。

旋桩桩锚适用于松软地基。由于旋片嵌入土壤的面积大，使其具有较大的抗拔力。软土地基的挡土力较弱，受力后容易产生蠕变，故旋桩桩锚在使用过程中务必经常观察，防止蠕变位移脱锚。

桩锚的锚固力较弱，一般用于临时并

且力度要求不大的场所使用。重要锚固点或力度较大的锚固点，必须设置坑锚作业。

（二）坑锚

坑锚锚固力的大小是由锚坑的设置决定的。

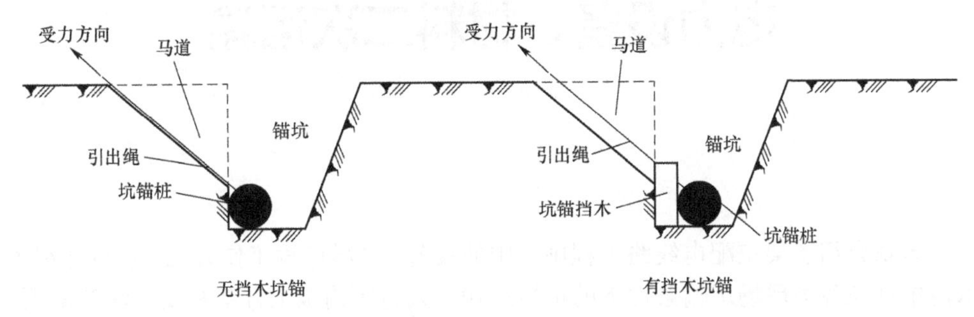

图 4－59　坑锚的结构

按照锚固要求进行锚坑开挖（深度及长宽），将坑锚引出钢丝绳一端两圈圈绕栓系在锚桩的腰部，将锚桩放置在坑底，设置垂直挡木，将钢丝绳的另一端通过马道引出地表，然后回填，分层夯实。回填土可以混加碎石、黏土，确保回填土方与母土力学性质一致。

坑锚是强力地锚，一般用于抱杆缆风绳、大重量牵引和起吊等重要场合。坑锚设置的马道需保证引出绳对地夹角为 30°～40°。

坑锚的布置必须完全按设计方案执行，布置完成的坑锚必须进行校核合格。

坑锚材料一般选用结实的枕木或钢质箱梁。其强度必须满足牵引力的需求。

（三）地锚的使用要求

地锚是起重、运输作业的重要保障，除了其锚固力有足够的安全裕度以外，还须做到以下几点：

（1）按施工要求布设地锚点并设置地锚。

（2）钢丝绳与地锚连接必须稳妥可靠，不得脱锚。

（3）一个地锚只能承受一个外力，且外力方向与地锚承力方向一致。禁止地锚承受与承力方向不一致的外力。

（4）地锚设置点不得受到雨水浸润，防止土壤力学特性变差，地锚失去应有的锚固能力。

（5）所有锚桩使用前必须检查，损伤锚桩必须修复后方可使用。

（6）锚桩、钢丝绳、挡木等地锚构件受力点必须符合强度要求，强度不够需进行补强。

（7）地锚在使用中，如果锚桩发生垂直位移和水平位移，地锚必须弃用。

第五章 ◎

电力设备、材料二次运输

本章介绍了架空配电线路工程施工中的设备、材料运输工作方法，重点介绍了水泥电杆在各类现场运输条件下的机械运输、人力运输施工方案及安全注意事项。

配电网工程施工的设备材料运输一般分为道路运输和现场运输（工地运输），也有习惯称为大运输和小运输。现场运输（工地运输）也称为二次运输或者称为二次倒运。

配电网工程的二次运输对象主要包括电杆、变压器、线盘等材料。

以运输的方式来分，常见的二次运输方式主要有机械运输（汽车、吊车、拖拉机、挖掘机等）、牵引运输（索道、绞磨牵引等）人力运输（炮车、人力抬运）。

第一节 设备材料装卸

设备、材料的装卸，主要是指将设备、材料装车或者从装运车辆上卸到地面，在当前的配电网工程中，尤其是在农村地区，设备、材料需要从材料站转运至施工现场。

一、混凝土电杆装卸

配电网工程中大量使用了混凝土电杆。混凝土电杆一般是整体结构，自重较重，同时由于混凝土属于脆性材料，其抗压能力很强，但抗拉、抗剪及抗裂强度都较差。因此混凝土杆在堆放与装卸过程中必须严格按照有关规定操作，以确保其不受损伤。

（一）装卸方法

混凝土电杆的装卸，主要是指将电杆装车或者从装运车辆上卸到地面，从实际应用来说，混凝土杆的装卸方法常用的有吊装法、滚动法，在工程实际中，常用的主要是吊装法。

吊装法在材料站可采用吊装机械设备或利用三脚支架挂链条葫芦，也可用绞磨牵引起吊。吊装时一般采用两点绑扎，在绑扎处应垫以麻袋或草袋，以免磨损混凝土杆件。

无论采用何种装卸方式必须注意选择适当吊点或支承方法，在满足载运杆件计算自重作用下，应使任何部位承受的弯曲力矩不超过规定数值，各支点的反力相等或接近相等。

1. 电杆水平起吊吊点选择

当采用汽车吊等设备对拔梢电杆进行水平起吊时，第一吊点位于距离杆根0.19H，第二吊点位于距离杆根（0.19+0.5）H，两吊点之间的间距约为0.5H。

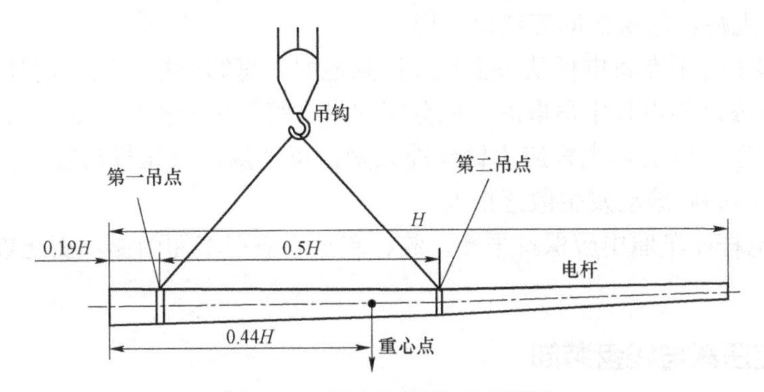

图 5－1　吊点位置确定示意图

对于等径电杆，可按电杆重心（中心）向两侧均匀分布。水平起吊时，起吊钢丝绳两端被吊电杆和起吊钢丝绳夹角相等，并应大于等于30°。

2. 杆根落地吊装吊点选择

利用三脚架和链条葫芦装大板车杆根落地起吊时，第一吊点位于距离杆根0.19l+0.5m，第二吊点位于距离杆梢0.19l－0.5m，两吊点之间的间距约为0.5l。

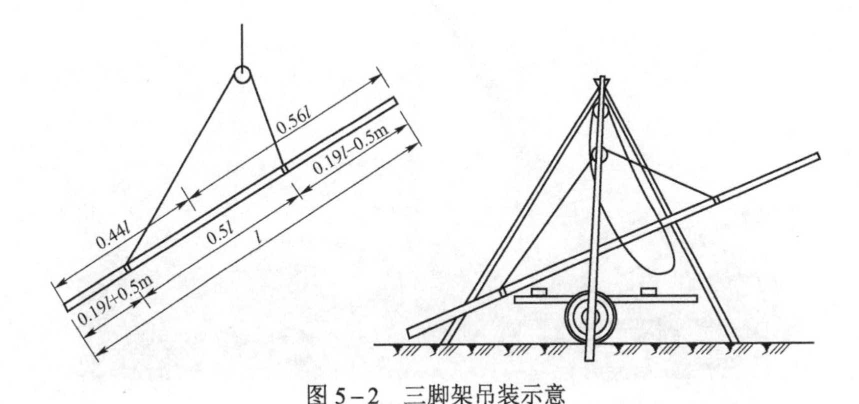

图 5－2　三脚架吊装示意

（二）装卸注意事项

（1）装卸工作开始前，必须检查装卸工具和起重设备是否完善和安全，检查装运车辆停放是否平稳，并检查场地或车厢是否满足要求。

（2）装卸吊装时，起吊钢丝绳应根据电杆荷重进行配置，绑扎点应牢固可靠。

（3）装车时，对超长的杆件应取得交通部门的同意后，方可运输。

（4）装卸车时，车辆不宜停在坡度较大的路面上。

（5）装卸工作过程中，作业范围内不得有无关人员逗留。作业人员不得站在已起吊电杆的正下方、不得站在滚动法装卸的电杆运动轨迹正前方。

（6）电杆在装运过程中，要保证杆身各部位受力均匀，不得使杆身产生裂纹。电杆装到车上后，每层之间应垫以木楔。

（7）卸车时不准将电杆从车上直接掀到地面。每卸一根，其余电杆应掩牢。

（8）从成堆的电杆中吊取时，应分层起吊，每吊出一根后，其余必须掩牢。

（9）装车完成后，电杆应用钢丝绳系紧，再用倒链或压杆捻紧，防止电杆在运输过程中因颠簸滚动发生散落伤人。

（10）电杆在车厢中应保持平衡，装、卸时均应在车厢两侧均衡配置或保留电杆数量。

二、变压器与线盘装卸

配电变压器是配电线路的主设备，其单体质量较大，且在装卸及运输过程中，需要特别注意对其各部分结构的保护，避免受到伤害。配电网工程中的各种导线均采用线缆盘封装出厂，线盘的结构大小和质量视出厂规格和长度决定，一般单体质量较大，同时在装卸运输过程中，也必须对其做好防护，避免损伤和变形。

图 5－3　吊装变压器

1. 装卸方法

变压器与线盘一般使用吊装机械设备或利用三脚支架挂葫芦进行装卸。

2. 装卸过程中的注意事项

（1）变压器和线盘装车时，其重心应与车厢承重中心基本一致，车厢底部加装支垫（如钢板、枕木等），以免车厢受损。

（2）变压器起吊时，钢丝绳应挂在吊耳上，钢丝绳受力后不得压迫套管、储油柜等附件；绑扎时，绳索也不能使散热片受力，避免变压器受损。

（3）线盘起吊时，钢丝绳应穿过线盘轴孔，确保线盘整体受力，不能直接系挂在线盘框架上。

（4）变压器和线盘吊装到位，应绑扎牢固，用绳索绞紧或专用紧绳器拴牢。线盘装载时，底部两边轮盘应用楔木固定好，防止上下坡时，线盘因重心移动，造成滚落伤人。

第二节　水泥电杆机械运输

机械运输效率高，安全性好，节省人力，是一种配电网工程施工中广泛使用的运输方式。水泥电杆的机械运输一般包括汽车运输、拖拉机运输和牵引运输。

一、汽车运输和随车式汽车吊运输

1. 基本条件

汽车运输和随车式汽车吊运输应严格遵守《中华人民共和国道路交通安全法》等相关法律规定。如运输的地形条件与环境复杂，应预先制定运输方案，采取必要的安全措施，经批准后方可实施。

图 5-4　随车式汽车吊运输

重大物件（如电杆、线盘、变压器、抱杆）等二次运输工作，应由有经验的专人负责，作业前应进行安全技术交底，熟悉运输方案和安全措施。工作时由一人负责统一指挥，指挥信号应简明、畅通，人员分工明确。

2. 基本要求和注意事项

（1）所有车辆（随车式汽车吊、农用车、货车等）应证照齐全，操作人员必须经过培训，持证上岗。

（2）随车式汽车吊应经检验检测机构检验合格，并在特种设备监督管理部门登记备案。

（3）运输途中车辆应保持匀速、慢行，转弯时减速行驶，注意来往车辆与行人。

（4）车辆禁止超载使用，严禁人员在车厢内与设备材料一起运输（客货混装）。

（5）装载电杆的车辆应符合电杆长度的要求，当电杆整体结构超出车厢范围时，应符合道路交通有关规定，同时对超车厢的尾部应设明显警示标志。

（6）运输中途进行卸车时，每卸完一处，剩余水泥电杆应绑扎牢固，方可继续运输。

（7）雨雪天气下运输时，运输车辆应采取必要的防滑措施。

二、拖拉机运输

1. 基本条件

使用拖拉机运输需要有一定的道路条件，在农村地区的农田、乡村小道中使用较多。使用拖拉机运输电杆时，一般配合加挂炮车进行。

图 5－5　拖拉机运输电杆

2. 基本要求和注意事项

（1）运输的材料、设备应在拖拉机拖斗内绑扎牢固，特别要充分考虑拖拉机在行进过程中的颠簸程度。

（2）使用拖拉机加挂炮车方式进行电杆运输时，需确保电杆与拖拉机拖斗连接稳固可靠，同时要考虑转向时的活动空间。

（3）拖拉机运输过程中，配合运输的人员应站立和行走在拖拉机及电杆两侧一定距离，随时监控电杆运输状况。

（4）严禁配合运输人员乘坐在拖拉机拖斗或电杆杆身上。

三、绞磨牵引运输

1. 基本条件

绞磨牵引运输电杆一般用于短距离地形条件比较复杂且车辆难以到达的地区。牵引运输过程中需配合使用的工器具包括绞磨、导向滑车、钢丝绳、卸扣、滑轮组、千斤绳、地锚等。

2. 基本要求和注意事项

（1）绞磨牵引前，选择合理牵引路线，提高工作效率。同时还应了解被牵引物的重量，合理配制工器具，严禁工器具超铭牌限额使用。

（2）绞磨布置及固定。钢丝绳的长度必须满足要求，在适当位置布置绞磨。设置地锚的锚固力应大于牵引力并具有一定的裕度。

（3）导向滑车及滑轮组布设。选择好电杆牵引路径，将导向滑车与被牵引电杆运输方向布设在一条直线上。如采用滑轮组增力牵引滑车组的定滑轮也应固定在电杆运输方向上。

（4）检查绞磨、滑轮组、钢丝绳等无问题后进行试牵引，试牵引结束再次检查各受力点情况，必要时可在电杆下方垫上圆木、竹竿等，减少摩擦阻力，提高牵引效率。

（5）使用绞磨牵引杆件时，应将杆身绑扎牢固，牵引钢丝绳不得直接与岩石或坚硬地面接触。

图 5－6　绞磨牵引运输

（6）牵引过程中应安排专人负责牵引通道两侧安全，牵引路线两侧 5m 以内、牵引钢丝绳上方及导向滑车内角侧受力方向、被牵引电杆的正后方不得有人逗留或通过。

（7）牵引过程中应安排专人跟踪电杆移动，与绞磨操作人员应保持信号畅通，当电杆被障碍物阻挡时，应通知绞磨操作人员立即停止牵引，不得盲目加大牵引绞磨出力。

第三节　水泥电杆人力运输

在配电线路工程施工中，部分区域因道路条件限制，车辆难以通行，需要人力对大物件（如电杆、变压器等）进行运输。

人力运输的方式一般包括利用人力炮车对电杆进行运输、人力抬运电杆、人力抬运变压器。

一、人力炮车运输电杆

1. 基本条件

一般适用于农村乡间、人流量少道路上运输，炮车运输可采用人力牵引拖运。

图 5－7　人力炮车运输

2. 基本要求和注意事项

（1）炮车运输电杆时，电杆应在炮车上绑扎牢固、保持平衡状态。

（2）用炮车牵引运输时，牵引人员应均匀分布于电杆两侧，由一人指挥并观察地形，步调一致，上坡时齐心协力，电杆后方禁止站人。

（3）下坡时，应调整牵引方向，使炮车行驶速度在可控范围内，电杆及炮车前方禁止站人。

（4）炮车运输行车速度不宜太快，转弯时减速缓慢行驶，注意来往车辆与行人。

二、人力抬运运输

1. 基本条件

人力抬运运输作业一般应用于工程机械难以到达的地区。人力抬运方式一般有双人抬、四人抬、六人抬甚至十二人抬等。

图 5－8　人力抬运运输

2. 基本要求和注意事项

（1）人力抬运前应勘察确认抬运路径，配置相应工器具。

（2）人力抬运前应清楚所抬物品重量，合理安排人员，单个抬运人员的最大承重不得超出 50kg。

（3）多人抬运时应有专人指挥、动作一致。抬运中同侧人员应同肩，保持步调一致、同起同落。

（4）抬运电杆时不得直接用肩扛运。

（5）雨雪后抬运物件时，应有防滑措施。

第六章 ◎

杆塔基础施工

本章针对配电线路各类基础形式以及现场施工典型工况，全面分析基础施工过程存在的安全风险，从防止坠落、落物打击、有限空间作业、电气工具和施工器具应用等方面，分析安全风险、提出防范措施和施工过程安全管理基本要求。

第一节 土壤特性与基础类型

一、土壤分类与鉴别

基础的施工作业，与土壤的特性有着直接的关系。一般地区的土壤大致分成黏性土、砂石类土和岩石三大类。黏性土可分为黏土、亚黏土、亚砂土三种。砂石类土可分为砂土和碎石，其中砂土又可分为砾砂、粗砂、中砂、细砂、粉砂，碎石又可分为大块碎石、卵石及砾石。岩石有灰岩、页岩和花岗岩之分。

各类土壤的现场鉴别方法可供施工时参考。

表 6－1 土壤的现场鉴别方法

土壤名称	现场鉴别方法				
	在手掌中搓捻的感觉	用放大镜或眼睛看的情况	土壤的情况		搓条情况
			干的时候	湿的时候	
黏土	不感觉有砂粒	大多是很细的粉末，一般没有砂粒	土块很坚硬，用锤可砸成碎块	塑性大，黏性很大，土团压成饼时，边上不起裂缝	能搓成直径为 1mm 的长条
亚黏土	感觉有砂粒，小土粒易用手指捻碎	细土粉末中有砂粒	土块需用力压碎	塑性小，黏结力大	能搓成直径为 2～3mm 的长条
亚砂土	干道有砂粒也有黏性	砂粒比黏土多	土块用手捏或抛扔时易碎	无塑性	搓不成土条
砂土	感到是砂粒	看到绝大部分是砂粒	松散	无塑性	搓不成土条

二、基础施工的基本类型

根据架空配电线路各类基础的形式，其基础施工主要包括杆洞、拉盘坑洞、基坑、人工挖孔（灌注）桩等。

（1）基坑。在基础设计位置按基底标高和基础平面尺寸所开挖的土坑。开挖不深者可用放边坡的办法，使土坡稳定，其坡度大小按有关施工工程规定确定。开挖较深及邻近有建筑物者，可用基坑壁支护方法，喷射混凝土护壁方法，大型基坑甚至采用地下连续墙和柱列式钻孔灌注桩连锁等方法，防护外侧土层坍入。

（2）人工挖孔桩。架空配电线路中使用的人工挖孔桩主要是指人工挖孔灌注桩，一般采用人工挖掘方法进行成孔，然后安放钢筋笼，浇注混凝土而成桩。

（3）杆洞、拉盘坑洞。是指架空配电线路中水泥电杆、拉盘的坑洞，一般开挖规模（孔径、坑口尺寸、深度）比较小。当开挖规模较大时，应按照基坑施工要求进行。

第二节 基 坑 施 工

一、开挖前的准备

（1）施工前应对杆塔定位再次复核，必要时应经过现场分坑、测量，进行精准定位。

图 6－1 基坑的现场测量、分坑

（2）在开挖前，应将基面及基面附近的障碍物清除干净，特别是应将大型块石、大型构件等移除开挖基面。

（3）施工前应检查待开挖基坑附近有无其他建筑物、构筑物可能因开挖造成稳定性影响。

（4）施工前应检查确认待开挖基坑位置有无预埋水、电、气管线以及通信光缆，采取必要的避让保护措施。

（5）施工前应根据设计图纸，明确待开挖基坑地质条件，有针对性地选择开挖方法和施工方案。

二、基础开挖工具

基础开挖中，需选择适应的工具。在配电网工程基础开挖施工中，一般可采用铁锹、锄头、洛阳铲、风镐、电钻、挖掘机等，少量地区需使用爆破方式进行开挖。

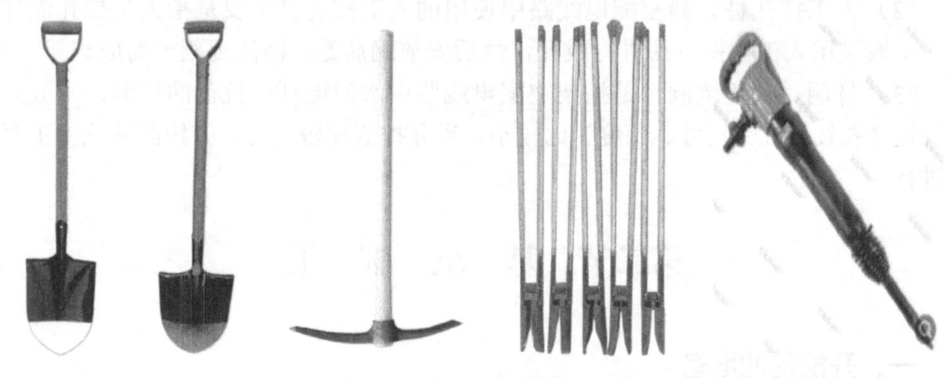

图 6－2　基础开挖的常用工具

因地质条件和地下水的影响，部分基础开挖施工中存在土质松软、流沙、渗水等情况，还需要根据实际情况采取相应的防护措施和抽水设备等。

三、防护围栏设置

根据 JGJ 180—2009《建筑施工土石方工程安全技术规范》，开挖深度超过 2m 的基坑周边必须安装防护栏杆。设置必要的安全警示标志，防止社会群众进入作业面和坠落基坑，同时也对现场施工作业人员形成必要的防护。

配电网工程基坑施工防护栏杆应符合下列规定：

（1）防护栏杆高度不应低于 1.2m。

（2）防护栏杆应由横杆及立杆组成。横杆应设 2～3 道，下杆离地高度宜为 0.3～0.6m，上杆离地高度宜为 1.2～1.5m；立杆间距不宜大于 2.0m，立杆离坡边距离宜大于 0.5m。

（3）防护栏杆宜设置挡脚板。挡脚板高度不应小于 180mm，挡脚板下沿离地高度不应大于 10mm。

（4）防护栏杆应安装牢固，材料应有足够的强度。

（5）夜间应设置悬挂警示红灯。

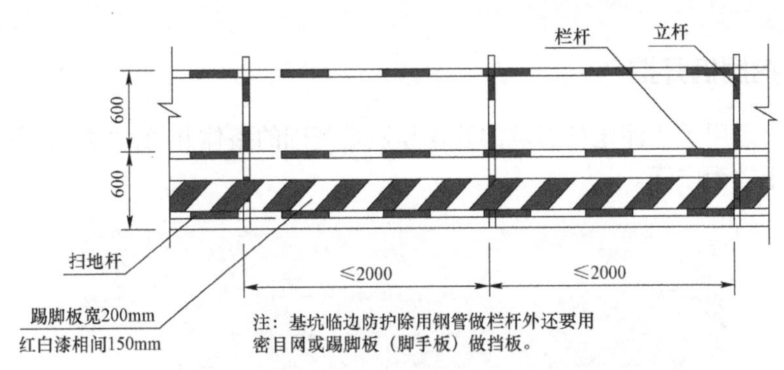

图 6－3　基坑防护围栏示意（单位：mm）

四、基坑边坡坡度

基坑边坡坡度又称安全坡度。基坑开挖时，坑壁应留有适当的坡度，以防止基坑出现坍塌。预留的基坑边坡坡度与土壤性质、地下水、开挖深度等有关。

在铁塔基础坑的剖视图中，D 为基础设计宽度，H 为基础设计高度（深度），e 为基坑底部施工的操作宽度，g 为基坑开挖时需要设置坡度时增加的宽度，a 为基坑开挖时地面放样的宽度，则

$$a=2e+D+2g=2e+D+2fH$$

边坡坡度 f（安全坡度）即坑口增加宽度 g 与基坑深度 H 的比值，即

$$f=g/H$$

$$g=fH$$

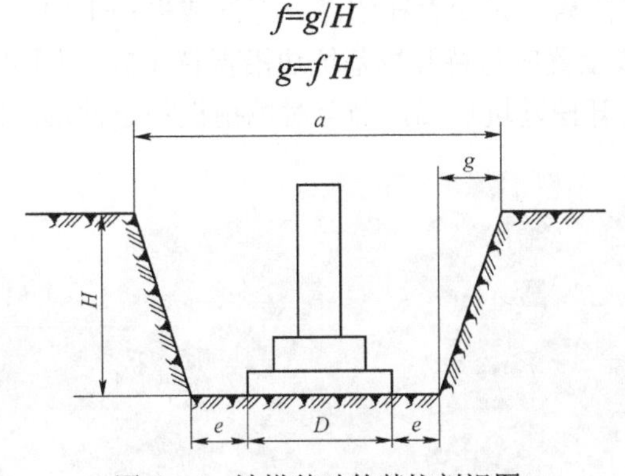

图 6－4　铁塔基础的基坑剖视图

表 6－2　　　　一般基坑开挖的边坡度

土质分类	砂土、砾土、淤泥	砂质黏土	黏土、黄土	坚土
坡度（深:宽）	1:0.75	1:0.5	1:0.3	1:0.15

另外，还需要在开挖过程中加强观察，如果遇到土质湿度较大、土质松散等特殊情况时，还应适当加大边坡坡度或者采取阶梯形开挖，避免基坑出现坍塌。

五、挖掘机开挖

挖掘机适用于水泥电杆基坑的开挖和铁塔基础的整体开挖。在配电网架空电力线路中使用较为广泛。

图 6-5　挖掘机开挖基坑

使用挖掘机开挖基坑时，应注意以下事项：

（1）根据现场施工环境，基坑深度、开挖面积等，合理选择挖掘机型号。

（2）施工前须进行现场勘查，明确挖掘机到达指定施工位置的通道是否存在桥梁、沟渠、陡坡等障碍，是否存在沼泽、泥泞或失稳土壤、岩石。

（3）挖掘机停放位置应与待开挖基坑边沿保持 1.5m 以上距离，防止因挖掘机自身重量压力造成已开挖基坑坍塌，乃至对挖掘机稳定性形成影响。

图 6-6　挖掘机开挖基坑时的位置

（4）作业前应检查挖掘机作业位置及其抓斗回转半径范围内有无建筑物、构筑物阻挡。

（5）作业前应检查挖掘机作业位置及其抓斗回转半径范围内有无高低压电力线路。如有高低压电力线路且不能保持安全距离时，应对电力线路采取停电措施或变更开挖方法。

（6）挖掘机开挖的土壤、岩石采取就地堆放时，应距离坑口 2m 以上，防止因堆土压力造成已开挖基坑坍塌。

图 6－7　挖掘机开挖基坑的弃土处理

（7）挖掘机操作人员应经过相关工程机械操作培训，并取得有效资格证书。

（8）挖掘机操作中，应设置监护人员进行全过程监护。

（9）挖掘机操作过程中，不得有人员进入基坑从事任何工作。

（10）不得使用挖掘机抓斗载人进行移动或进行登高作业。

六、人工开挖 3m 以内的基坑

在配电网架空电力线路工程施工中，由于部分区域不满足工程机械的使用条件，因此也广泛存在人工开挖基坑的情况。

配电网架空电力线路工程中的水泥电杆和铁塔基础的基坑深度一般不超过 3m，采用人工开挖时，可以借助工具在地面进行，也可由人工进入基坑内开挖。

（1）使用工具在地面上进行开挖时，应特别注意基坑附近有无高低压电力线路，防止较长的工器具在使用过程中造成触电。

（2）一般情况下，基坑内只允许一人进行作业，如果坑底超过 $2m^2$ 时，可由 2 人同时挖掘，但不得面对面工作。

图 6－8 人工开挖电杆基坑

（3）基坑内向外抛土时，应防止石块回落坑内造成人员受伤，较大的石块应专门抬出基坑、妥善放置在距离坑口较远的位置。

（4）挖出的土壤应堆积在距离坑口 1m 以外的位置，对于坑口存在坡度的，不应将土壤堆放在坑口的上坡侧。

（5）开挖达到一定深度时，坑内应设置方便上下的梯子。

（6）任何人不得在坑内休息。

七、人工挖孔（灌注）桩开挖

在配电网架空电力线路工程施工中，部分钢管塔或铁塔应用灌注桩基础，该类基础深度较大，一般深度可达 5～14m，作业风险较为突出。

1. 开挖现场布置

对于人工挖孔（灌注）桩的开挖，需在开挖前对工程机械位置、弃土堆放、人员防护措施、提土装置等进行合理布置，确保施工安全顺利进行。

（1）施工前应再次核实现场地质条件，对流沙、渗水地质进行预防措施准备，包括抽水设备、护壁设备等，现场应配备安全和抢救器具。

（2）施工前应确定开挖位置、堆土位置、相关机械放置位置等，开挖土壤的堆放以及相关机械的放置位置应与坑口保持 1.5m 以上距离。

2. 人工挖孔（灌注）桩开挖

人工挖孔（灌注）桩的作业风险较大，主要存在涉及有限空间作业时的坍塌、有毒有害气体伤害、高处坠落、落物打击等风险，需重点加强防护。

图 6－9　深基坑开挖的现场整体布置

（1）人工挖孔（灌注）桩作业时，施工前应设置用于坑内、坑口作业人员防止坠落的安全绳固定锚桩。

图 6－10　深基坑坑口作业人员的安全防护

（2）施工前应对坑口提土装置进行检查，确保其基座有足够的支撑点和机械强度，确保提土装置绞盘结构完整、有刹车装置或反向锁止装置，确保提土绳索牢固、满足提土篮满载重量，确保提土篮牢固。

（3）人工挖孔（灌注）桩开挖深度达到 3m 后，应采用气体检测仪对坑内有毒有害气体进行检测，对坑内采取通风措施，坚持“先通风、再检测、后作业”的原则，防止中毒窒息等事故发生。

图 6-11　人工挖孔（灌注）桩开挖的提土装置

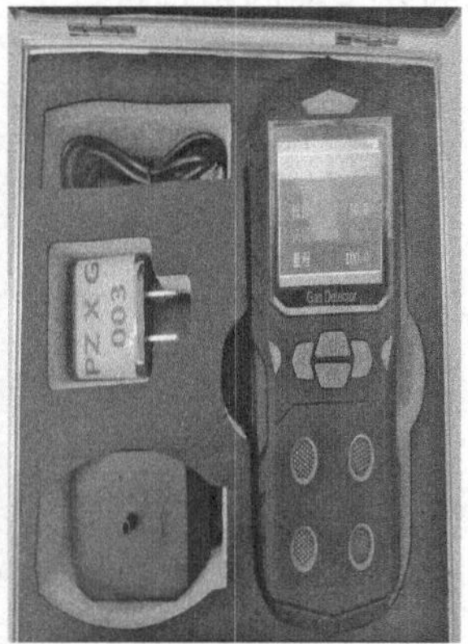

图 6-12　人工挖孔（灌注）桩的通风装置和检测仪器

表 6-3　　　　常见有毒有害气体检测项目及标准

序号	检测项目		浓度检测合格标准
1	可燃气体	氢气	＜0.4%
		柴油	＜0.2%
2	粉尘		＜20g/m³
3	硫化氢		＜10mg/m³
4	一氧化碳		时间加权平均容许浓度 20mg/m³，短时间接触容许浓度 30mg/m³
5	二氧化碳		时间加权平均容许浓度 9000mg/m³，短时间接触容许浓度 18 000mg/m³
6	氨		时间加权平均容许浓度 20mg/m³，短时间接触容许浓度 30mg/m³

续表

序号	检测项目	浓度检测合格标准
7	氯	最高容许浓度 $1mg/m^3$
8	乙醛	最高容许浓度 $45mg/m^3$
9	甲醛	最高容许浓度 0.5mg/m
10	甲苯	时间加权平均容许浓度 $50mg/m^3$，短时间接触容许浓度 $100mg/m^3$

（4）人工开挖时，应避免将柴油机等放置在坑内进行作业，防止其尾气造成人员窒息或中毒。

图 6－13　深基坑开挖的柴油机放置位置

（5）夏季作业时，应采取必要的防暑降温措施，同时可采取间断施工、多人员交替施工的方式，连续作业时间应不大于 2h。

（6）当坑内人员出现异常情况（如昏迷、呼救）时，不得盲目施救，应立即对坑内送风，并采取防护措施后方可施救。

（7）使用电气工具时，其临时电源应有漏电保护装置，手持式电动工具使用时应戴绝缘手套，潮湿环境下应穿绝缘鞋。作业人员一旦有触电现象时，应立即断开电源，并立即对触电人员采取必要的心肺复苏急救。

图 6－14　临时电源的设置及防护

（8）基坑内施工作业人员应佩戴安全帽，在提土装置提升时，应避开其正下方位置，靠基坑壁站立。

图 6-15　深基坑内作业人员站立位置

（9）基坑内施工作业人员在进出坑攀登时，应使用直梯或软梯，使用的软梯应固定在牢固的桩锚上，攀爬人员应有后备保护措施，禁止攀附坑壁上下。

图 6-16　深基坑内作业人员沿软梯上下

（10）人工开挖作业中，应设置监护人进行全过程监护，禁止坑内作业人员单独作业。

（11）在山坡上进行开挖时，不得将岩石、施工机具放置在坑口上坡侧，防止其失稳后滚落至基坑内。

图 6－17　深基坑作业的安全监护

3. 人工挖孔（灌注）桩护壁制作

对于深度大于 5m 的人工挖孔（灌注）桩，人工开挖深度达到 1.5m 后，应根据地质条件，设置基坑护壁；应根据开挖深度，逐段设置。

图 6－18　深基坑护壁

基坑护壁方法有现浇混凝土护壁、喷射混凝土护壁、砖砌体护壁、沉井护壁、钢套管护壁、型钢或模板桩工具护壁等多种，以现浇混凝土护壁应用最为广泛，应按照土质情况、基础深度及周边环境确定施工方法。

护壁制作过程中应随时观察基础壁的稳定性，严格预防渗水、坍塌等危险因素。

4. 人工挖孔（灌注）桩开挖的其他注意事项

（1）当坑内出现渗水、流沙时，应立即停止开挖作业，人员撤离地面，待采取可靠措施后方可继续进行施工作业。

（2）严禁采用底部掏挖的方式扩大基坑内径。

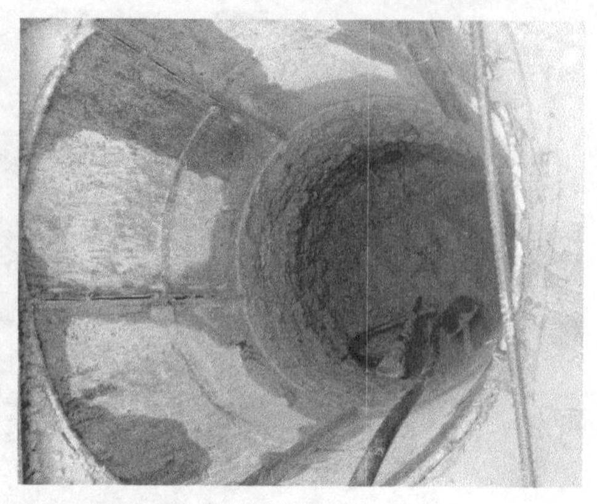

图 6－19　深基坑护壁的支模设置

（3）严禁作业人员在基坑内长时间休息或睡觉。

（4）开挖完成后或者开挖间歇、过夜期间，应对坑口采取遮蔽、防护措施。

图 6－20　基坑开挖完成后的坑口防护

5. 基础浇筑

（1）对于灌注桩基础，当采用地面扎制“钢筋笼”整体吊装时，应合理选择起吊工具，优先使用吊车、挖掘机等工程机械。吊装时应对“钢筋笼”采取必要的加固措施，确保吊点牢固。对于长度超过 10m 的“钢筋笼”，可采取分段方式吊装。

（2）对于灌注桩基础，当采用坑内直接扎制“钢筋笼”时，应采取主筋落地、由下而上的方式进行，进行中段箍筋扎制时，作业人员应使用防坠器和安全带（绳），防坠器应固定在坑口外固定锚桩上。

（3）模板支撑应牢固，并应对称布置，施工人员不得在立柱模板及钢筋笼上走动或上下坑。

（4）使用专用运输车辆进行成品混凝土灌注时，应确保混凝土输送泵车停放稳定、支腿全部支出并支垫牢固。

图 6－21　人工挖孔（灌注）桩内作业人员防坠落防护

（5）使用搅拌车现场搅拌时，应对搅拌车采取防护措施，防止人员肢体与其转动部分形成接触。

（6）设置混凝土模板进行浇筑的，在混凝土浇筑后，未达到养护期以前，不得拆除模板。

（7）台阶式基础进行模板装设、钢筋笼轧制时，应采取必要的脚手架、防高坠措施。

（8）现场使用的支模板应定点放置，不得随意丢弃，防止作业人员受到钉刺、碰擦伤害。

6. 水泥电杆基础安装

对于电杆基础基坑在开挖完成后，应按设计要求安装底盘，防止电杆下沉，应在基坑验收合格后进行，底盘安装后其圆槽面应与电杆轴线垂直，允许偏差，但应满足电杆组立后电杆的允许偏差规定。

（1）底盘置于基坑底时，基坑表面应平整，双杆两底盘中心的根开误差不应超过 30mm，两杆坑深度高差不应超过 20mm。

（2）底盘找正：单杆底盘找正法。底盘入坑后，采用钢丝（20 号或 22 号），在前后辅助桩中心点上连成一线，用钢尺在连线的钢丝上测出中心点，从中心点吊挂线锤，使线锤尖端对准底盘中心；若产生偏差应调整底盘，直到中心对准为止，然后用土将底盘四周填实，使底盘固定牢固。

（3）注意事项：底盘在安装过程中使用的辅助绳索、木板等器具应坚实牢固，防止断裂；作业人员之间应统一信号，相互呼应，防止底盘失稳对人员造成挤压、碰伤等。

第七章 ◎

杆 塔 组 立

本章主要介绍配电线路各类杆塔组立方式及要求，主要包括吊车组立、挖机辅助组立、抱杆组立等，全面分析杆塔组立施工过程中存在的安全风险，应采取的防范措施和施工过程安全管理基本要求。

第一节 杆塔组立的基本方法

一、水泥杆组立的基本方法

水泥电杆的组立方法一般包括吊车组立、挖掘机辅助组立、抱杆组立。

图 7－1 电杆组立的基本方法

（1）吊车组立，适用于交通条件好、地势平缓、地基稳定的区域。因其工作效率较高、安全风险较小，在施工中应优先使用。

（2）挖掘机辅助组立，适用于农田、丘陵等交通不便的区域。在施工中可根据现场实际环境选择应用。

（3）抱杆组立，适用于高大山区、交通困难的区域。因其组装方便，作业环境适应性强，能够在各种施工环境下使用，在施工中应用较为广泛。

二、铁塔组立的基本方法

铁塔（含钢管杆）的组立方法一般包括吊车组立、抱杆组立。

图 7－2　铁塔组立的基本方法

（1）吊车组立，适用于交通条件好、地势平缓、地基稳定的区域。

（2）悬浮抱杆组立，适用于根开、呼高较大且单根、单片荷重较大的铁塔组立施工，在 110kV 及以上输电线路中广泛应用，但在中低压配电线路施工中，相对应用较少。

（3）附着式抱杆组立，适用于根开、呼高较小且单根、单片荷重较小的铁塔组立施工。因其组装方便、设置简单，在中低压配电线路施工中应用较多。

第二节　水 泥 杆 组 立

一、水泥杆组立基本流程

电杆组立的一般流程为排杆—基坑检查—底盘安装—电杆组立—回填夯实—卡盘安装—电杆校正。

（1）排杆。排杆即是将运到现场的电杆或杆段，按照设计图纸的要求，沿线路排列在设计杆位附近的地面上，对分段电杆提前做好法兰连接或焊接，为后期的电杆组立做好准备。

（2）基坑检查。检查电杆基坑无人员和小动物，无浸水、砂石、坍塌等妨碍电杆组立的异常情况。

（3）底盘安装。在基坑中心位置安装底盘，对于未设计底盘的基坑应经垫层和夯实处理。

（4）电杆组立。采用吊车、挖掘机、抱杆等方式完成电杆组立。

（5）回填夯实。电杆基坑回填土时，应分层夯实，人工夯实每回填不大于0.2m夯实一次，机具夯实每回填不大于0.3m夯实一次。回填后的电杆应设置0.3m防沉土台，土台面积应大于坑口面积。

（6）卡盘安装。卡盘安装应距离地面50cm，直线杆的卡盘应顺线路方向交替安装；终端、转角等承力杆的卡盘应安装在受力侧。

（7）电杆校正。在电杆组立、回填夯实并安装好卡盘后，对电杆再次检查或者测量，对存在倾斜的电杆进行进一步校正。电杆校正过程中，应在顺线路方向及垂直线路方向同时进行观测，确保电杆处于垂直状态。

二、水泥电杆常用技术参数

1. 预应力与非预应力电杆

（1）非预应力电杆。就是采用传统的设计方法设计制造的电杆，不施加预应力，设计比较保守，加工多采用热轧钢筋生产，因为钢筋强度低，所以用钢量很大。

（2）预应力电杆。就是在荷载前就给他加上一部分反力荷载，这样加荷之后就可以抵消一部分荷载，预应力构件大多采用高强钢筋加工，因而可以大大节省钢材用量，还可以防止构件过早开裂。

（3）非预应力电线杆和预应力电线杆的区别。

1）预应力电线杆和非预应力水泥电线杆区别在于钢筋的粗细，非预应力电线杆为5.0加强钢筋，非预应力是指12、14、16、18、20螺纹钢筋。

2）生产过程区别。通俗来说，预应力电线杆是先给钢筋一定外力，然后再浇筑上混凝土，等混凝土凝固，断筋后水泥电线杆本身就处于受力状态了，从而提高构件的抗裂性能和刚度。而非预应力电线杆使用模子模具，用两个半圆形的模子，结合成一个圆形，放入已经混合好的混凝土然后放在高速离心机上高速旋转，使混凝土与钢筋能更好地结合，达到更密实的效果。

3）性能区别。预应力混凝土电杆抗裂性更好，所以钢筋不容易受到腐蚀，耐久性有所提高，截面尺寸一般也较小，既美观又能节约用料，而且预应力电杆一般用于重要的电力输电线路中，其杆件的抗弯抗扭刚度较大，抗风和抗冰雪荷载能力强，长度较长，适合高压等特种用途需要，安全性也能有所提高。

（4）应用场所。预应力电杆多用于直线杆塔，非预应力电杆多用于荷载较大和较重要的杆塔，如转角杆，终端杆，跨越杆塔。

2. 常规电杆规格与参数

电杆的技术参数主要包括梢径、壁厚、根径、杆长、参考重心、理论质量等。

表 7-1　　常用混凝土电杆规格型号及参数

型号	规格				参考中心 H（m）	理论质量（kg/根）
	梢径 d（mm）	壁厚 l（mm）	根径 D（mm）	杆长 h（m）		
预应力电杆	150	40	243	7	3.08	350
	150	40	257	8	3.52	425
	150	40	270	9	3.96	500
	150	40	283	10	4.40	600
	190	50	270	6	2.64	460
	190	50	310	9	3.96	765
	190	50	323	10	4.40	860
	190	50	337	11	4.84	980
	190	50	350	12	5.28	1120
	190	50	390	15	6.6	1525

表 7-2　　架空配电线路常用钢筋混凝土电杆荷载与单根质量

类型	技术规格及配置	技术参数	
		荷载（kN·m）	总质量（kg）
预应力电杆	150×7m，整根杆	11.1	370
	150×8m，整根杆	12.9	440
	150×10m，整根杆	16.1	620
	190×10m，整根杆	16.1	800
	190×12m，整根杆	19.5	1015
钢筋混凝土电杆	ϕ190×10m，整根杆	24.15	850
	ϕ190×12m，整根杆	58.5	1100
	ϕ190×15m，整根杆	73.5	1600
	ϕ230×12m，整根杆	68.25	1380
	ϕ230×15m，整根杆	85.25	1980
	ϕ190×18m，中间法兰	91.5	2080
	ϕ230×18m，中间法兰	106.25	2700

续表

类型	技术规格及配置	技术参数	
		荷载（kN·m）	总质量（kg）
高强度水泥杆	ϕ270×18m，中间法兰	122	3270
	ϕ270×12m，整根杆	78	1800
	ϕ270×15m，整根杆	98	2450
	ϕ350×12m，整根杆	146.25	2460
	ϕ390×12m，整根杆	175.5	2730
	ϕ350×15m，整根杆	183.75	3250
	ϕ390×15m，整根杆	220.5	3950
	ϕ350×18m，中间法兰	274.5	4320
	ϕ390×18m，中间法兰	320.25	4760
	ϕ230×12m，根部法兰含地脚螺栓	82.25	1380
	ϕ230×15m，根部法兰含地脚螺栓	103.25	1980
	ϕ230×18m，中间法兰，根部法兰含地脚螺栓	124.25	2700
	ϕ270×18m，中间法兰，根部法兰含地脚螺栓	142	3270
	ϕ350×12m，根部法兰含地脚螺栓	176.25	2460
	ϕ350×13m，根部法兰含地脚螺栓	191.25	2850
	ϕ390×13m，根部法兰含地脚螺栓	229.5	3170
	ϕ350×15m，根部法兰含地脚螺栓	221.25	3250
	ϕ390×15m，根部法兰含地脚螺栓	265.5	3950
	ϕ350×18m，中间法兰，根部法兰含地脚螺栓	319.5	4320
	ϕ390×18m，中间法兰，根部法兰含地脚螺栓	372.75	4750
	ϕ430×18m，中间法兰，根部法兰含地脚螺栓	532.5	5200
	ϕ470×18m，中间法兰，根部法兰含地脚螺栓	621.25	5640

3. 电杆埋设深度

电杆的埋设深度可按经验取杆高的1/6～1/5。为使电杆在运行中有足够的抗倾覆裕度，在设计未作具体规定时，可参照常规电杆埋深对照表进行确定。但对土质松软、流沙、地下水等特殊地质条件时，应按设计进行特殊对待。

表7－3　　常规电杆埋深对照表

杆长（m）	8.0	9.0	10.0	12.0	15.0	18.0
埋深（m）	1.5	1.6	1.7	2.0	2.5	3.0

4. 电杆起吊点位置查找

水泥电杆吊点的选择方法适用于吊车、挖机辅助、抱杆等电杆组立方式。吊点应位于电杆重心偏向杆梢方向一定距离，且钢丝绳不易滑动的位置。对于拔梢杆重心点可参考下列公式确定：

电杆重心点（距杆根）$Q=0.4L+0.5$（m）

例如 12m 电杆重心点位于 $0.4\times12+0.5=5.3$m，即钢丝绳应套在距杆根 5.3m 以上位置。

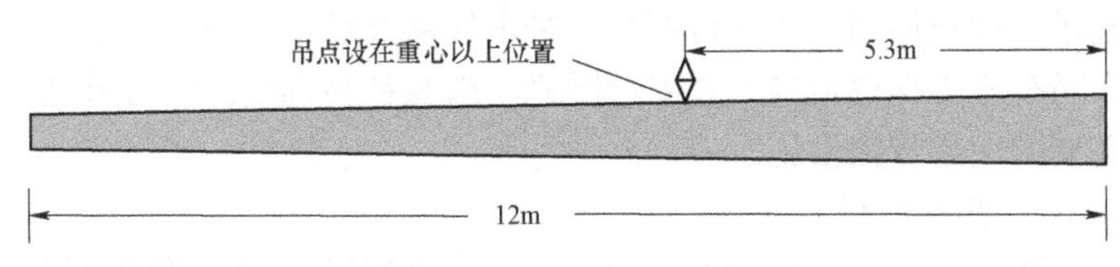

图 7－3　电杆重心示意

三、电杆组立方法及要求

（一）吊车组立

1. 吊车位置的选择

（1）吊车停放位置的选择应与现场勘察记录及施工方案相结合，停放位置应便于现场施工。吊车所处地面应平坦、坚实，不得停放在沟渠、地下管线等上面作业。

（2）吊车停放时，其车轮、支腿或履带的前端或外侧与沟、坑边缘的距离不得小于沟、坑深度的 1.2 倍；否则应采取防倾、防坍塌措施，防止吊车失衡倾覆。

图 7－4　吊车位置的选择

2. 起吊前的准备工作

（1）根据待起吊的电杆荷载、长度、移动距离等要素，合理选择合适的吊车型号以及配套使用的绑扎索具、器具（具体方式见本书第四章）。

（2）吊车操作人员和指挥人员必须持证上岗，工作前，现场指挥人员要与起重操作人员就立杆方法和注意事项进行沟通，明确指挥信号。

（3）起吊前，工作负责人都要对起重钢丝绳和卸扣及吊钩保险扣进行全面检查，发生损坏和变形不得使用。

（4）起吊前检查周围环境是否有临近带电线路及设备，吊车进行可靠接地。

（5）在吊车施工作业范围设置安全围栏，疏散社会群众。对占道施工作业的，还应采取必要的交通管控措施。

3. 吊车立杆基本流程

（1）起吊前，在电杆合适的吊点处绑上吊绳，应使用吊车和钢丝绳将电杆整体吊离地面进行试吊，确认电杆重心选择适当，吊车起吊能力、钢丝绳承重能力等无问题后方可开展组立电杆作业。

图 7－5　电杆吊点的选择与试吊

（2）试吊检查无异常后，缓慢平稳地将电杆吊起向杆坑移动，将杆根落入基坑内，放入底盘中心。

（3）工作负责人检查电杆扶立稳固不摆动后，及时安排机械或人员回填杆坑和安装卡盘。

（4）电杆校正后，再次回填夯实，拆除吊钩及控制绳。

4. 吊车立杆注意事项

（1）电杆绑扎绳应绑扎牢固可靠，规范使用卸扣等器具配合连接，严禁使用千斤绳直接穿绕。

图 7－6　吊车起吊电杆

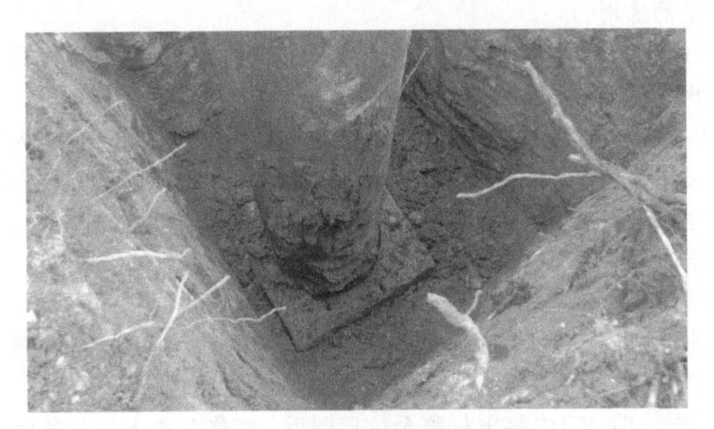

图 7－7　电杆放至底盘中心

图 7－8　电杆校正

（2）吊车起吊作业时应确保吊钩与起吊物重心保持垂直，不得偏拉斜吊，防止吊车倾倒或钢丝绳卷出滑轮槽外而卡死或挤伤。

（3）负责拉控制绳的人员应听从现场指挥的要求，配合吊车随时收放控制绳以便电杆准确就位。

（4）吊车的吊钩应设置保险装置，防止吊绳脱落。

（5）起吊时严禁任何人在吊钩、吊臂、被吊物件下方站立、通过和逗留，防止出现意外伤害事故。

（6）工作中严禁使用手直接矫正已被重物张紧的绳索等吊具，作业过程中发现捆绑松动或机械发生异样或异响，应立即停止作业。

（二）挖机辅助组立

对具备吊车立杆作业条件的施工地点，应优先使用吊车进行立杆作业。对不具备吊车作业条件的施工地点，可以采用挖掘机辅助立杆。挖掘机辅助立杆一般适用于结构尺寸较小的拔梢水泥电杆。

1. 挖掘机的选用

（1）现场施工挖掘机一般应选用液压履带式挖掘机，所选挖掘机钩斗背面具备原厂专用起吊环，吊环强度应满足起吊需要。

（2）使用挖机辅助立杆时应根据电杆长度选择合适的挖机，挖机的臂长及其举升高度应大于电杆重心至杆根的距离并留有一定裕度。挖机辅助立杆一般适用于中等长度以下的电杆，18m 及以上的电杆不宜使用挖掘机辅助立杆。

（3）电杆质量不得超过挖掘机举升能力，严禁超荷载使用。

2. 挖掘机辅助立杆基本流程

（1）挖掘机吊装电杆时，应设置在坚实的水平面上，挖掘机底盘履带方向、车身方向和吊点受力方向的夹角应尽量小，防止挖掘机倾覆。

（2）起吊电杆前，应先将电杆移至坑口附近，工作负责人检查各受力点绑扎牢固后，方可开始起吊。

图 7－9　电杆移至坑口附近并绑扎牢靠

（3）挖掘机操作人员应缓慢抬升斗臂，待杆身接近竖直状态时，缓慢移动并将杆根落入坑内。

图 7－10　提升斗臂将电杆落入坑内

（4）电杆杆根进坑时可以借助溜绳对电杆进行校正，确保电杆准确入坑，落在底盘中心，并使电杆保持垂直状态。

图 7－11　借助溜绳进行电杆校正

（5）工作负责人检查电杆扶立稳固不摆动后，及时安排机械或人员回填杆坑。回填土时，挖掘机不得熄火，不得松开电杆。

图 7－12　回填夯实前不应脱离起吊受力

3. 挖机辅助立杆的注意事项

（1）起吊钢丝绳的选用要合适，应满足荷载及长度要求，防止钢丝绳断裂及损伤电杆。

（2）起吊钢丝绳应规范使用卸扣与钩斗吊环连接，起吊中应避免钢丝绳与挖掘机钩斗边沿或抓齿形成剪切受力，严禁使用挖掘机抓齿作为起吊受力点。

（三）抱杆立杆

在架空配电线路施工中，用于立杆的抱杆常用的主要有独脚抱杆、人字抱杆（固定人字抱杆和倒落式人字抱杆）、三角抱杆等。抱杆的材质一般有管式抱杆（钢管、铝合金管）、桁架式抱杆（钢桁架、铝合金桁架）。

1. 独脚抱杆立杆

独脚抱杆起立电杆，一般适用于地形复杂，施工场地较小，不满足吊车、挖机等机械施工条件。独脚抱杆一般使用桁架式抱杆，每次只能起立一根电杆，一般适用于起立中等长度以下的电杆。

（1）现场布置及注意事项。独脚抱杆的布置一般应包括抱杆本体、缆风绳、地锚、牵引地锚及设备、转向滑车、滑轮组等。

1）合理选择抱杆的设置位置，应确保电杆的起吊绑扎点、抱杆的起吊滑轮均位于电杆基坑正上方。

2）抱杆的根部应采取防沉降措施，一般应在根部支垫枕木。

3）抱杆顶部应按角度均匀设置四根拉线，拉线对地夹角不宜大于 45°。抱杆最大倾斜角应不大于 15°，以减少水平方向受力，并充分发挥抱杆的起吊能力。

图 7－13　独脚抱杆立杆

4）抱杆上部与定滑轮连接，电杆与动滑轮连接，钢丝绳穿过抱杆底部的转向滑轮接到牵引设备。起吊滑轮组的起吊净高度必须大于电杆吊点至杆根的高度，以便电杆根部能够离开地面。

5）在合适位置设置牵引设备，牵引设备与抱杆根部和转向滑车的距离应大于 1.2 倍杆高。在抱杆根部设置的转向滑车应在其受力反方向设置平衡拉绳和桩锚。

6）在电杆顶部设置调节缆风绳。

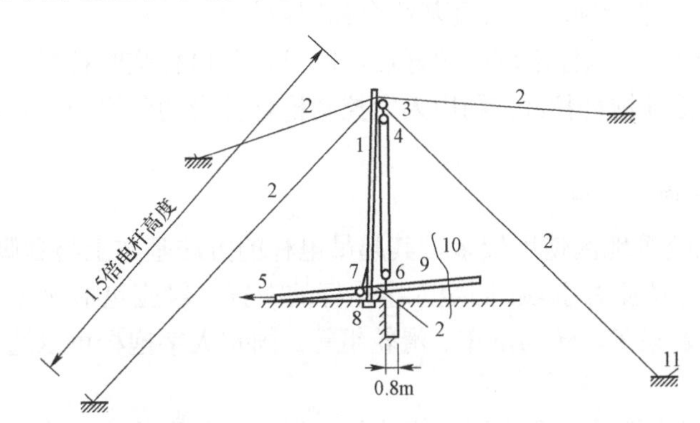

图 7－14　独脚抱杆立杆的现场布置示意图

1—抱杆；2—固定拉线；3—衬木；4—定滑轮；5—主牵引钢丝绳；6—动滑轮；7—转向滑轮；8—垫木；9—电杆；10—缆风绳；11—地锚

（2）独脚抱杆立杆的基本流程。

1）抱杆组装。根据待起吊电杆的杆长及其重心位置选择合适的抱杆长度（抱杆长度可按电杆起吊吊点高度＋1m 来控制），将抱杆在现场拼装好，在抱杆顶部固定好起吊滑车及牵引钢丝绳、四面拉线，并将抱杆移动至电杆基坑附近。

2）抱杆组立。在抱杆重心以上位置设置牵引绳索，采用人力推举将抱杆提升至一定高度和角度后，使用人力牵引、并由专人配合四面拉线将抱杆竖立至垂直状态后，及时将四面拉线固定在预先设置的桩锚上。

3）绞磨设置。根据现场地形环境，将绞磨设置在平整的地面上，绞磨的设置位置应与基坑中心保持 1.2 倍杆高以外。绞磨的锚桩应牢固可靠，一般可采用地锚或者联合桩锚。

4）转向滑车设置。从抱杆顶部起吊滑车引出的牵引钢丝绳应经转向滑车固定在绞磨磨盘上，转向滑车可设置在抱杆底部基座上，此时应在该处反方向设置拉绳和锚桩，以平衡该转向滑车在抱杆底座上的受力。

5）电杆绑扎。利用抱杆顶部起吊滑车引出的牵引绳端及卸扣与电杆的吊装千斤绳连接。电杆的绑扎可根据杆长选择单点或多点绑扎。电杆杆梢位置还应设置控制风绳，用于电杆起立后的稳定控制和电杆校正。

6）离地试吊。起动牵引设备，当电杆离地 50cm 时，进行一次全面检查，检查各连接受力点和锚桩受力情况，无问题后方可继续起吊。如发现问题，应将电杆放落地面，重新处理后方可起吊。

7）电杆起立。操作绞磨收紧牵引钢丝绳，当电杆缓慢起立到一定高度后，对准线路中心方向，将电杆杆根放入基坑底盘上，并分层进行回填土夯实。

8）调整与校正。当回填夯实到一定位置时，安装卡盘，利用电杆稍部临时风绳调直杆身，再次进行回填，直到基坑全部回填好。

9）抱杆拆除。在电杆基坑回填好后，即可拆除电杆临时拉线、牵引钢丝绳及电杆绑扎绳等，松开抱杆拉线，利用人力控制抱杆杆身的牵引绳及拉线将抱杆放至地面。

2. 固定人字抱杆立杆

在山区、丘陵等地区使用较多，其起吊电杆的方法基本上与独脚抱杆相同。

（1）现场布置及注意事项。固定人字抱杆的布置一般应包括抱杆本体、缆风绳、地锚、牵引地锚及设备、转向滑车、滑轮组等。固定人字抱杆可以选用管式或者桁架式抱杆。

1）合理选择抱杆的设置位置，应确保电杆的起吊绑扎点、抱杆的起吊滑轮均位于电杆基坑正上方。

2）人字抱杆根开一般为其高度的 1/3～1/2，两抱杆长度、材质、规格型号应相同，两脚布置在同一平面上。两个抱杆根之间用钢丝绳固定，以防两杆根移动。现场土质较差时，应在抱杆脚铺垫枕木，防止抱杆起吊后受力下沉。

3）抱杆顶部设置 2 根拉线，拉线方向应与抱杆根部连线的方向垂直，拉线对地夹角不宜大于 45°。抱杆最大倾斜角应不大于 15°，以减少水平方向受力，并充分发挥抱杆的起吊能力。

图 7－15　人字抱杆顶部设置两根拉线

4）人字抱杆中心、电杆坑位中心、前后拉线桩锚中心，四点应尽量在一条直线上，并使牵引绳与此中心平行。

5）抱杆上部与定滑轮连接，电杆与动滑轮连接，钢丝绳穿过抱杆底部的转向滑轮接到牵引设备。起吊滑轮组的起吊净高度必须大于电杆吊点至杆根的高度，以便电杆根部能够离开地面。

人字抱杆的滑轮组选择应根据起吊电杆的重量确定，按实际需要选择滑轮组的门数。

6）在合适位置设置牵引设备，牵引设备与抱杆根部和转向滑车的距离应大于 1.2 倍杆高。转向滑车的设置位置应合理，并与牵引绞磨保持 5m 以上距离。

7）应在待起立的电杆顶部设置调节缆风绳。

8）15m 以上的电杆单点起吊时，因吊点处承受弯矩较大，应采取补强措施来加强吊点处的抗弯强度。

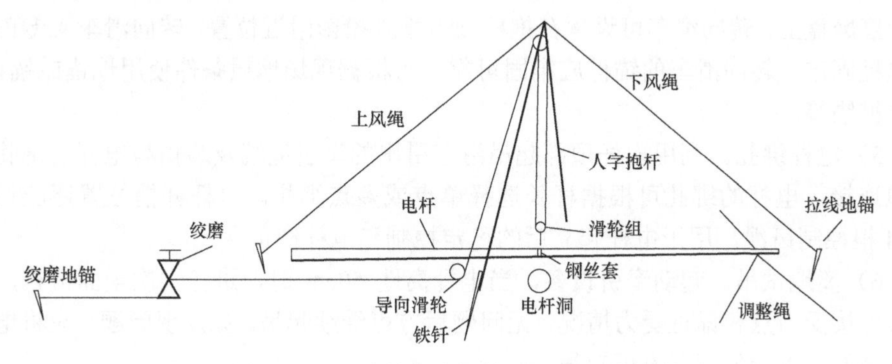

图 7－16　人字抱杆立杆的现场布置示意图

（2）固定人字抱杆立杆的基本流程。

1）抱杆组装。根据待起吊电杆的杆长及其重心位置选择合适的抱杆长度（抱杆长度可按人字结构顶部对地距离不小于电杆起吊吊点高度+1m 来控制），将抱杆在现场拼装好，确保人字抱杆顶部连接牢固。在抱杆顶部固定好起吊滑车及牵引钢丝绳、人字抱杆立面垂直方向的两根拉线（上风绳、下风绳），两根抱杆底部设置绊腿绳，并将抱杆移动至电杆基坑附近。

图 7－17　固定人字抱杆立杆现场布置

2）抱杆组立。在人字抱杆顶部位置设置牵引绳索，采用人力推举将抱杆提升至一定高度和角度后，使用人力牵引、并由专人配合控制拉线将抱杆竖立至垂直状态后，及时将拉线固定在预先设置的桩锚上。

3）绞磨设置。根据现场地形环境，将绞磨设置在平整的地面上，绞磨的设置位置应与基坑中心保持 1.2 倍杆高以外。绞磨的锚桩应牢固可靠，一般可采用地锚或者联合桩锚。

4）转向滑车设置。从抱杆顶部起吊滑车引出的牵引钢丝绳应经转向滑车固定在绞磨磨盘上，转向滑车可设置在抱杆顶点垂直投影附近位置，转向滑车应专门设置锚桩固定。转向滑车的锚桩应牢固可靠，可根据现场地质条件使用地锚或锚桩、联合桩锚等。

5）电杆绑扎。利用抱杆顶部起吊滑车引出的牵引绳端及卸扣与电杆的绑扎钢丝绳连接，电杆的绑扎可根据杆长选择单点或多点绑扎。电杆杆梢位置还应设置 3～4 根控制风绳，用于电杆起立后的稳定控制和电杆校正。

6）离地试吊。起动牵引设备，当电杆离地 50cm 时，进行一次全面检查，检查各连接受力点和锚桩受力情况，无问题后方可继续起吊。如发现问题，应将电杆放落地面，重新处理后方可起吊。

7）电杆起立。操作绞磨收紧牵引钢丝绳，当电杆缓慢起立到一定高度后，对准线路中心方向，将电杆杆根放入基坑底盘上，并分层进行回填土夯实。

图 7－18　固定人字抱杆起立电杆

8）调整与校正。当回填夯实到一定位置时，安装卡盘，利用电杆稍部临时风绳调直杆身，再次进行回填，直到基坑全部回填好。

9）抱杆拆除。在电杆基坑回填好后，即可拆除电杆临时拉线、牵引钢丝绳及电杆绑扎绳等，松开抱杆拉线，利用人力控制抱杆杆顶的牵引绳及拉线将抱杆放至地面。

3. 三角抱杆立杆

三角抱杆一般采用铝合金管，具有质量小、承载力强、组装、拆卸方便的特点。该抱杆利用三角形稳定性，即使不打地锚，也可直接用于立杆，受地形限制较少，在配电网工程施工中使用较为广泛。

（1）现场布置及注意事项。三角抱杆的布置一般应包括抱杆本体、牵引地锚及设备、转向滑车、滑轮组等。

1）合理选择抱杆的设置位置，应确保电杆的起吊绑扎点、抱杆的起吊滑轮均位于电杆基坑正上方。

2）采用三角形抱杆组立电杆，一般按照杆高的 1/2＋1 的方式选择三角抱杆（比如组立 12m 的电杆，宜选用 7m 的三角抱杆进行组立工作）。三角抱杆适用于组立 15m 及以下的整根电杆（如组立法兰杆应在地面完成对接后再吊立）。现场土质较差时，应在抱杆脚铺垫枕木，防止抱杆起吊后受力下沉。

3）可通过三名施工人员各自扶住一根杆体，用力上推将抱杆起立，抱杆的垂直中心点（垂直落下的吊钩）应尽量与坑洞中心垂直。

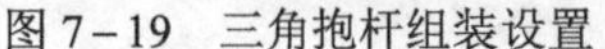

图 7-19　三角抱杆组装设置

图 7-20　三角抱杆起立电杆

4）抱杆顶部与定滑轮连接，电杆与动滑轮连接，钢丝绳穿过抱杆底部的转向滑轮接到牵引设备。起吊滑轮组的起吊净高度必须大于电杆吊点至杆根的高度，以便电杆根部能够离开地面。

5）在合适位置设置牵引设备，牵引设备与抱杆根部和转向滑车的距离应大于1.2 倍杆高。转向滑车的设置位置应合理，并与牵引绞磨保持 5m 以上距离。

6）应在待起立的电杆顶部设置调节缆风绳。

（2）三角抱杆立杆的基本流程。

1）抱杆组装。根据待起吊电杆的杆长及其重心位置选择合适的抱杆长度（抱杆长度可按三角结构顶部对地距离不小于电杆起吊吊点高度 + 1m 来控制），将抱杆在现场拼装好，确保三角抱杆顶部连接牢固。在抱杆顶部固定好起吊滑车及牵引钢丝绳或者链条葫芦，并将抱杆移动至电杆基坑附近。

2）抱杆组立。采用人力推举的方式将三角抱杆推升至一定高度，并调整抱杆三个单杆平衡且保持整体处于平稳状态。根据现场实际情况，可对三根抱杆的底脚采取支垫枕木、打帮桩等稳固措施，防止受力后支腿滑移。

3）绞磨设置。根据现场地形环境，将绞磨设置在平整的地面上，绞磨的设置位置应与基坑中心保持 1.2 倍杆高以外。绞磨的锚桩应牢固可靠，一般可采用地锚或者联合桩锚。

4）转向滑车设置。从抱杆顶部起吊滑车引出的牵引钢丝绳应经转向滑车固定在绞磨磨盘上，转向滑车可设置在抱杆顶点垂直投影附近位置，转向滑车应专门设置锚桩固定。转向滑车的锚桩应牢固可靠，可根据现场地质条件使用地锚或锚桩、联合桩锚等。

5）电杆绑扎。利用抱杆顶部起吊滑车引出的牵引绳端及卸扣与电杆的绑扎钢丝绳连接，或者将链条葫芦的吊钩与电杆绑扎绳连接。电杆的绑扎可根据杆长选择单点或多点绑扎。电杆杆梢位置还应设置控制风绳，用于电杆起立后的稳定控制和电杆校正。

6）离地试吊。起动牵引设备，当电杆离地 50cm 时，进行一次全面检查，检查各连接受力点和锚桩受力情况，无问题后方可继续起吊。如发现问题，应将电杆放落地面，重新处理后方可起吊。

7）电杆起立。操作绞磨收紧牵引钢丝绳，当电杆缓慢起立到一定高度后，对准线路中心方向，将电杆杆根放入基坑底盘上，并分层进行回填土夯实。

8）调整与校正。当回填夯实到一定位置时，安装卡盘，利用电杆稍部临时风绳调直杆身，再次进行回填，直到基坑全部回填好。

9）抱杆拆除。在电杆基坑回填好后，即可拆除电杆临时拉线、牵引钢丝绳及电杆绑扎绳等，利用人力拖移的方式将抱杆放至地面。拖移中注意应缓慢进行，不得抬举过高，防止三角抱杆在一角离地后倒落。

4. 倒落式人字抱杆立杆

倒落式人字抱杆立杆具有设备简单、起重量大、稳定性好的特点，适用于 15m 及以上的较大电杆的组立。根据所用抱杆的大小，在场地条件合适时，倒落式人字抱杆组立的方法适用于所有中小型杆塔的组立。该作业方法对场地要求较高，要求有足够布置所有工器具的场地，作业面较大。另外，该作业方法对施工人员的技能要求较高。

倒落式人字抱杆可选用管式抱杆或者桁架式抱杆，其组立电杆的方法在架空配电线路施工中有较广泛的使用。

（1）现场布置与注意事项。倒落式人字抱杆组立电杆的现场布置主要包括人字抱杆、牵引设备及地锚、滑车组、锁脚制动绳及制动设备、电杆控制风绳等。以下以单杆双吊点为例做具体介绍。

1）根据现场地形环境，将待起吊的电杆水平放置在地面，电杆根部应位于基坑中心正上方，电杆放置的轴线方向即为起立方向中心线。

2）按照总牵引地锚中心点、电杆重心点、抱杆座脚中心点、锁脚绳合力点四点的位置在平面上应处在同一直线上（起立方向中心线上）的原则，分别设置各起吊设备。

3）制动装置设置。

a）制动装置设在杆顶侧，一般距杆坑为 1.1～1.2 倍的杆高处。

b）制动钢绳的地锚位置应选在杆顶的延长线方向并距顶端 3m 处。对于双根开小于 3.0m 者，可以合用一个地锚。当双根开大于 3.0m 时，每根电杆应分别埋设地锚，并使制动钢绳与线路中心平行。

4）牵引装置设置。

a）绞磨牵引地锚与基坑中心距离一般为杆塔高度的 1.5～2.0 倍。牵引方向应与电杆的起立方向一致（若是双杆，则应与线路中心线的方向一致）。

b）主牵引绳的转向滑车与牵引地锚的距离应大于 5m，且应确保在抱杆起动时，总牵引钢绳的对地夹角不大于 30°。

c）牵引系统由牵引绳及复滑轮组两部分组成，总牵引绳受力的大小为杆重的 0.9～1.3 倍，为减少牵引力，多采用复滑轮组。

5）抱杆位置。

a）抱杆的高度可等于杆塔结构重心高度的 0.8～1.0 倍；抱杆起始对地面夹角一般取 55°～65°，抱杆失效时的对地面夹角（又称脱帽角），应以杆塔对地面的夹角不小于 50° 来确定，一般抱杆的脱帽角控制在 50°～60°。

b）抱杆根开一般取抱杆长度的 1/3，根开之间用钢绳连接，确保杆根稳定不滑移。

c）电杆长度不超过 18m 时，抱杆根部的座脚距杆根（基坑中心）2m 左右。

6）固定钢绳吊点的选择。

a）吊点的数目应按起吊过程中杆身承受的最大弯矩不超过杆身容许弯矩来确定。一般 15m 以下的电杆，可以采用单吊点方式起吊；对直径 300mm 的 18～24m 等径电杆，可采用双吊点方式起吊。

b）固定钢丝绳在电杆上的合力点应高于电杆的重心点。其绳长应以确保抱杆树立后的初始角为 60° 左右（在 55°～65° 内为宜）为标准。

7）电杆的控制风绳应均匀分布于电杆四周，地锚位置应距离基坑中心不小于 1.1～1.2 倍杆高。

8）人字抱杆、牵引设备、制动设备、牵引钢丝绳、滑车组等相关设备和器具，应根据起立电杆的重量进行合理选择。

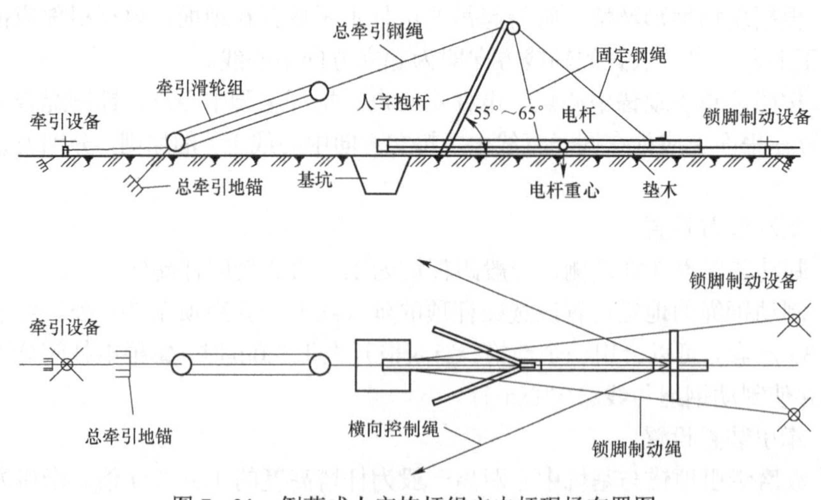

图 7－21　倒落式人字抱杆组立电杆现场布置图

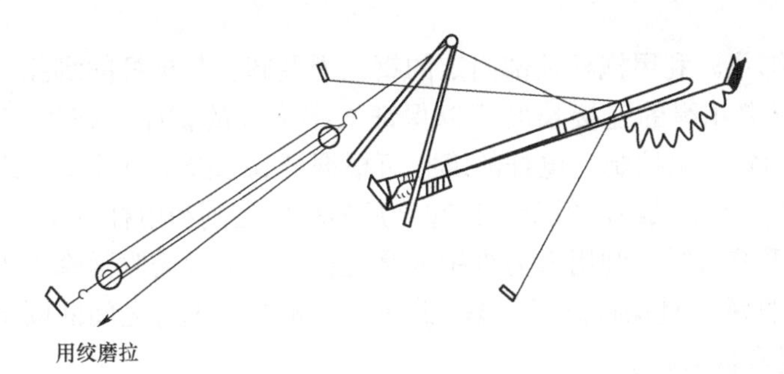

图 7－22　倒落式人字抱杆组立电杆示意

图 7－23　倒落式人字抱杆起立电杆

（2）倒落式人字抱杆立杆的基本流程。倒落式人字抱杆是利用两抱杆组成的平面，以两抱杆根部为支点旋转，并通过旋转带动杆塔旋转，从而达到将地面杆塔立起的目的。

1）抱杆设置。根据待起吊电杆的杆长及其重心位置选择合适的抱杆长度（抱杆的高度可等于杆塔结构重心高度的 0.8～1.0 倍），将抱杆在现场拼装好，确保人字抱杆顶部连接牢固，并将组装好的人字抱杆放置在待起吊电杆的杆身上，同时应在抱杆顶部固定好脱帽装置及牵引钢丝绳级滑轮组、电杆固定钢丝绳等。抱杆根部距离基坑中心距离约 2m，人字抱杆根部应加装绊腿绳。

2）绞磨设置。根据现场地形环境，将绞磨设置在平整的地面上，绞磨的设置位置应与基坑中心保持 1.5～2.0 倍杆高以外。绞磨的锚桩应牢固可靠，一般可采用地锚或者联合桩锚。

3）转向滑车设置。从抱杆顶部脱帽装置引出的牵引钢丝绳应经转向滑车固定在绞磨磨盘上，转向滑车应设置在起吊中心线上，并应确保专项滑车处牵引钢丝绳与地面夹角不大于 30°。转向滑车应专门设置锚桩固定。转向滑车的锚桩应牢固可靠，可根据现场地质条件使用地锚或锚桩、联合桩锚等。

4）电杆绑扎。利用抱杆顶部固定的钢丝绳及卸扣与电杆的绑扎钢丝绳连接，固定钢丝绳及绑扎绳的连接长度应以保证人字抱杆的初始角在为 60° 左右（在 55°～65° 内为宜）来控制。电杆的绑扎可根据杆长选择单点或多点绑扎。电杆杆梢位置还应设置控制风绳，用于电杆起立后的稳定控制和电杆校正。

5）牵引系统张紧。利用人力推举人字抱杆，启动绞磨收紧牵引钢丝绳及滑车组，使人字抱杆承力且保持倾斜状态，此时人字抱杆与电杆之间的固定钢丝绳及绑扎绳应处于绷紧状态。

6）电杆起立。

a）非立杆相关人员应离开杆塔高度 1.2 倍距离以外，指挥员立于杆塔正面居高处就位，当电杆起吊离开地面约 0.5～1m 时应停止起吊，检查各部件受力情况，各绳扣是否牢固，各锚桩是否走动，锚坑表层土壤是否松动，主杆是否正常，有无弯曲裂纹、是否偏斜，抱杆两侧受力是否均匀，抱杆脚有无滑动及下沉。如有偏移要及时调整侧面拉线，控制牵引绳。

b）继续牵引起吊，当电杆起吊到 40°～50° 时，应检查杆根是否对准底盘，如有偏移应及时调整。

c）持续牵引起吊，在抱杆脱落前，应使电杆根部进入底盘，抱杆脱落时，应事先发出信号，电杆起立暂时停止，要使抱杆缓缓落下，并注意各部受力情况有无异常。

d）电杆起吊到 70°～75° 时，要停磨，收紧稳好四面拉线，特别是制动方向拉线。以后的起吊速度要放慢，此时要从四面注意观察电杆在空间的位置，如有偏斜应及时调整，在起立到 80° 时，停止牵引。依靠电杆控制风绳调正杆身，收紧反向拉线，以防电杆翻倒。

7）调整与校正。当回填夯实到一定位置时，安装卡盘，利用电杆稍部临时风绳调直杆身，再次进行回填，直到基坑全部回填好。

第三节 铁 塔 组 立

铁塔由横担、塔身和塔基三部分组成。铁塔组立之前应先进行塔材清点，根据起吊铁塔的组装方式不同，铁塔地面组装可分为整体组装和分解组装铁塔。在架空配电线路工程施工中，较多采用分解组塔方式进行铁塔组立。

分解组装铁塔一般有分片组装和分段组装两种方式。分片组装是将铁塔按各段分面组装（通常称为组片）成一面一面进行组立；分段组装是将铁塔分段组装成一段一段进行组立。

按照使用工器具的不同，架空配电线路工程施工中常用的铁塔组立方法一般包括吊车组立、抱杆组立，其中抱杆组立的方法又包括附着式抱杆组立、悬浮式抱杆组立。

一、吊车组立铁塔

吊车组立铁塔一般适用于地形平坦结实，交通方便的现场，且塔形根开很小，安装就位方便。使用吊车进行铁塔组装可以减少高处作业量，在地面开展塔材组装及螺栓紧固，有利于降低安全分析和提高安装质量。该方式组塔使用的拉线地锚、工器具较少，施工方便快捷，利于工程进度。

（一）吊车位置的选择

（1）吊车的起吊系统中心选择在靠近中心桩的附近，车体应布置在预留出的撤出通道方向。吊车所处地面应平坦、坚实，不得停放在沟渠、地下管线等上面作业。对于地基存在泥泞、积水等情况时，还应事先支垫钢板，并将吊车支撑在钢板上。

（2）吊车停放或行驶时，其车轮、支腿或履带的前端或外侧与沟、坑边缘的距离不得小于沟、坑深度的 1.2 倍；否则应采取防倾、防坍塌措施，防止吊车失衡倾覆。

（二）组塔前的准备工作

（1）根据塔体高度、塔体分段或分片的重量、吊车大臂移动距离等要素，合理选择合适的吊车型号以及配套使用的绑扎索具、器具。具体方式见本书第四章。

（2）吊车操作人员和指挥人员必须持证上岗，工作前，现场指挥人员要与起重操作人员就立杆方法和注意事项进行沟通，明确指挥信号。

（3）吊车进入现场就位，并做好吊车支腿支撑。吊车的支腿应加垫木或者将其直接支撑在预先铺设的钢板上。

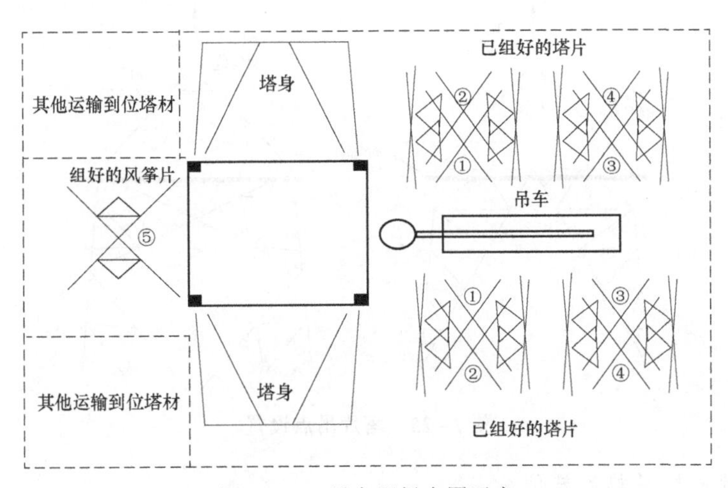

图 7－24　吊车现场布置示意

（4）对起重钢丝绳和卸扣及吊钩保险扣进行全面检查，发生损坏和变形不得使用。

（5）检查周围环境是否有临近带电线路及设备，吊车进行可靠接地。

（6）在吊车施工作业范围设置安全围栏，疏散社会群众。对占道施工作业的，还应采取必要的交通管控措施。

（7）预先完成塔体分段或分片组装，并将其放置在吊车允许起吊范围以内。

（三）吊车组立铁塔基本流程

吊车组立的铁塔的塔片或塔段的基本流程包括吊车就位、选择和设置吊点、起吊提升就位、安装检查、脱离吊钩。

1. 选择和设置吊点

现场应根据已组装的塔段或塔片，合理设置吊点。

（1）塔片的吊点应使用钢丝绳套固定在两侧的主材上，且应在处于塔片的主体上部位置，固定点应在辅材安装节点以下或者在主材安装螺孔内另行设置连接装置。使用两根钢丝绳套时，应保持两根钢丝绳引出部分长度相等，两绳间夹角应不大于 120°。必要时还应对塔片进行加固支撑，防止塔片受力后产生变形。

（2）塔段的吊点应使用钢丝绳套固定在塔段的四根主材上，且应在处于塔段的主体上部位置。系挂的四根钢丝绳套应保持其引出部分长度相等，以确保塔段在起吊过程中的整体平衡。

（3）塔片吊装时，除设置主吊点以外，还应在塔片的顶部位置设置控制风绳，用于控制塔片吊装过程中的控制，防止其摆动幅度过大。塔片安装就位后，还需要使用该控制风绳连接地面预先设置的锚桩，平衡塔片向塔体内侧的倾斜受力。

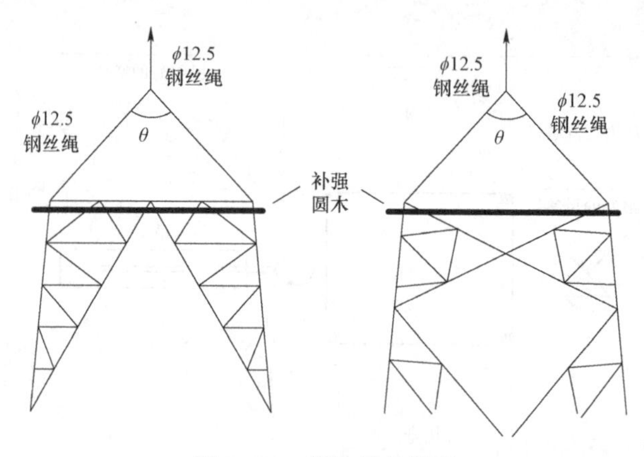

图 7－25　塔片吊点设置

2. 塔片或塔段起吊就位

（1）起吊前，对吊车支撑系统、吊点及钢丝绳套、塔片或塔段的组装等情况进行全面检查。

（2）正式起吊前，应进行离地试吊，确认电杆重心选择适当，吊车起吊能力、钢丝绳承重能力等无问题后方可开展起吊作业。

（3）试吊检查无异常后，缓慢平稳地将塔片或塔段吊起向安装位置移动，直至到达指定位置。

（4）起吊过程中，还应在塔片或塔段适当位置系挂控制绳或溜绳，用于对塔片或塔段在起吊过程中的控制，防止其摆动幅度过大。

图 7－26　塔片起吊过程

（5）塔片或塔段起吊接近至安装位置后，应暂时停止移动，待其稳定后，进行局部调整配合塔上安装人员完成连接螺栓安装。

（6）塔片就位安装时，可使用控制风绳对塔片进行控制和辅助调整，完全就位安装后，应将控制风绳固定在桩锚上，避免塔片向塔体内侧形成较大倾斜受力。

（7）检查各连接螺栓安装紧固到位、控制风绳设置完整后，方可使吊车解除吊点受力、拆除吊点钢丝绳。

二、附着式抱杆分解组塔

附着式抱杆分解组塔是将单抱杆附着在塔身单根主材上进行分解组立铁塔施工，该组塔方法使用的工器具相对较少，操作简单。适用于地形环境受限制，塔材单重较小的塔型，在架空配电线路工程施工中使用较为广泛。

图 7－27　附着式抱杆布置俯瞰图

1. 组塔前的准备工作

（1）合理选择抱杆规格及其组装结构。根据现场待组装铁塔的主材的结构高度和塔片的重量等要素选择核实规格型号的抱杆（抱杆的选择方法见本书第四章），将抱杆运至作业点，并完成抱杆各段及部件的连接和组装。

（2）合理选择抱杆的设置位置。一般可根据现场的实际环境，以方便现场塔片的组装和起吊为条件，选择在铁塔四角其中一侧的主材上设置附着抱杆。

（3）合理设置抱杆拉线及桩锚。根据选定的抱杆位置，以塔体组装需要的抱杆最大高度选择设置拉线锚桩。

1）拉线的锚桩应位于基础对角线延长线上，以较少抱杆拉线对塔片组装过程中的干扰和影响。

2）拉线锚桩的设置距离应以保证其最高位置时与地面水平面的夹角不大于45°。

（4）合理选择和设置牵引绞磨及其锚桩。根据现场地形环境条件，在距离塔基适当位置设置牵引地锚或锚桩，绞磨的放置位置应平稳并应避开抱杆起吊塔片的正下方或存在高处坠物伤害的范围，同时应满足其与转向滑车大于5m的要求。

2. 附着式抱杆分解组塔基本流程

使用附着式抱杆分解组塔应先完成塔体底部的组装，利用已组装塔身的主材安装附着式抱杆，逐层逐段完成塔片组装。

（1）完成塔体底部的组装。塔体底部塔段的整体尺寸较小，一般可采用人力方式进行单根塔材的组装，也可借助其他工器具对底部塔段进行分片组装。

（2）安装附着式抱杆。底部塔段组装完成后，即可按照预先选定的位置安装抱杆。

1）抱杆树立：采用人力将已组装完毕且设置好顶部拉线的抱杆树立并依靠在铁塔主材上，利用塔体结构设置起吊滑车，将抱杆拉升至适当高度（抱杆的高度应以大于待吊装塔片整体结构高度并留有一定裕度进行控制，不能小于该高度值，也不宜过高）。

2）抱杆根部承托与绑扎：用钢丝绳先与抱杆根部连接，然后在交叉材与主材的接点处缠绕、并使用卸扣进行绑扎。

3）四面拉线设置：将抱杆顶部的四根拉线牵引至已设置的拉线桩锚上，并采用葫芦或轮鼓等器具进行张紧和固定。

4）抱杆腰绳设置：在抱杆中段与塔体现有结构平齐位置设置腰绳，腰绳应考虑抱杆的倾斜角度，以其不完全受力为标准，调节好腰绳的松紧程度。

（3）设置起吊钢丝绳。在铁塔底部主材上设置转向滑车，并将抱杆的主起吊钢丝绳串入转向滑车后固定在牵引绞磨的磨盘上。起吊钢丝绳的端部通过卸扣连接引至地面。

（4）检查牵引系统及抱杆各部件。正式起吊前，对牵引绞磨及其地锚、牵引钢丝绳及转向滑车、抱杆及其拉线等各部件进行检查，确保各部位受力正常。

（5）选择和设置塔材或塔片吊点。可选择对塔材进行单根起吊或者组装成塔片进行起吊。塔片吊点的选择与吊车组塔的要求相同。当采用单根起吊方式吊装主材时，应使用梯形结扣方式对主材角钢进行绑扎，防止钢丝绳在起吊过程中脱落。

（6）起吊就位安装。系挂好吊点后，启动绞磨牵引钢丝绳，将塔材或塔片提升至安装位置，并通过调节控制绳的方式，调整塔材或塔片的吊装位置，配合安装人员完成连接螺栓的安装。

图 7－28　附着式抱杆起吊塔片

图 7-29　附着式抱杆吊装就位后塔片安装

（7）抱杆提升。在一段塔体安装完毕后，需将抱杆逐层提升，以进行下一塔段的组装。

1）利用已组装完成的塔体结构设置起吊滑车，将抱杆固定稳妥后，拆除抱杆四面拉线地面锚桩的连接、抱杆底部的承托钢丝绳以及腰绳，拆除主牵引绳在绞磨上的缠绕。

2）利用牵引系统提升抱杆。抱杆提升时，应有专人负责调整各外拉线，配合抱杆的提升缓慢松出拉线，保持抱杆处于垂直稳定状态。

3）将抱杆提升至适当位置后，恢复抱杆底部承托钢丝绳、腰绳的设置以及四面拉线与地面桩锚的连接，调整好抱杆的倾斜角和四面拉线的张紧程度。

4）恢复主牵引钢丝绳牵引绞磨磨盘上的固定。

图 7-30　附着式抱杆提升

（8）逐段完成塔体组装。重复以上（4）～（7）项工作流程，直至塔体全部完成组装（铁塔横担的组装可不使用抱杆，可根据实际情况直接在塔体上安装起重滑车进行起吊、安装）。

（9）抱杆拆除。塔体全部完成组装后，需将抱杆整体放落至地面。

1）利用已组装完成的塔体结构设置起吊滑车，将抱杆固定稳妥后，拆除抱杆底部的承托钢丝绳以及腰绳，拆除主牵引绳在绞磨上的缠绕。

2）缓缓松开四面拉线，配合牵引系统将抱杆整体转移到承力系统受力，确保抱杆整体处于垂直状态。待抱杆整体在起吊钢丝绳的固定下处于受力且保持垂直状态后，即可拆除四面拉线。

3）将抱杆整体放落至地面后，依托承力系统并由人力配合将抱杆根部移出塔体以外，使抱杆水平放置在地面。

4）拆除抱杆连接及各部件，进行回收运输。

三、内悬浮抱杆分解组塔

内悬浮抱杆组塔方式一般适用于地形受限制，无法使用吊车等大型起重设备的地区，按照工艺可分为内拉线和外拉线两种，适用 10kV 及以上各类铁塔的组立。

内悬浮内拉线抱杆与内悬浮外拉线抱杆的主要区别在于其拉线的设置方法不同。其中内悬浮内拉线抱杆因其拉线固定在已组塔体上端的主材节点处，能适应各种地形，但允许起吊荷载较小；内悬浮外拉线抱杆的拉线延伸至地面，即抱杆上拉线通过锚桩固定在铁塔以外的地面上，落地拉线具有易控制、操作灵活等特点；适用于较平坦地形，起吊荷载较大。

以下重点介绍内悬浮外拉线抱杆的使用。

（一）现场布置与注意事项

（1）内悬浮抱杆应布置在塔身中央，并保持其倾角不大于抱杆的允许倾角（10°～15°）。

（2）对内悬浮内拉线抱杆，其悬浮高度（即高出上拉线在塔身上绑扎点的高度）必须小于抱杆全高的 2/3。对内悬浮外拉线抱杆的露出塔身高度以保证抱杆提升时的稳定和满足承托设置要求为准。

（3）内悬浮抱杆的承托绳固定在铁塔主材节点上方，可采用专用夹具或缠绕方法，也可采用单根钢丝绳配合滑车、链条葫芦等进行调节；承托绳应长度相等，承托绳与抱杆轴线间夹角不大于 45°。

（4）除抱杆的承托系统、拉线以外，还应根据抱杆的整体结构高度，设置抱杆腰环，抱杆腰环一般设置在已完成组装塔段最上部主材节点位置，腰环也应与四根主材连接牢固。

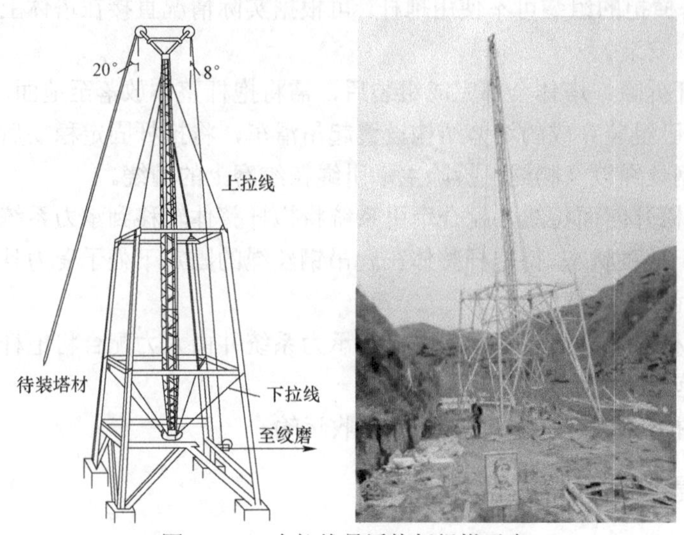

图 7－31　内拉线悬浮抱杆组塔示意

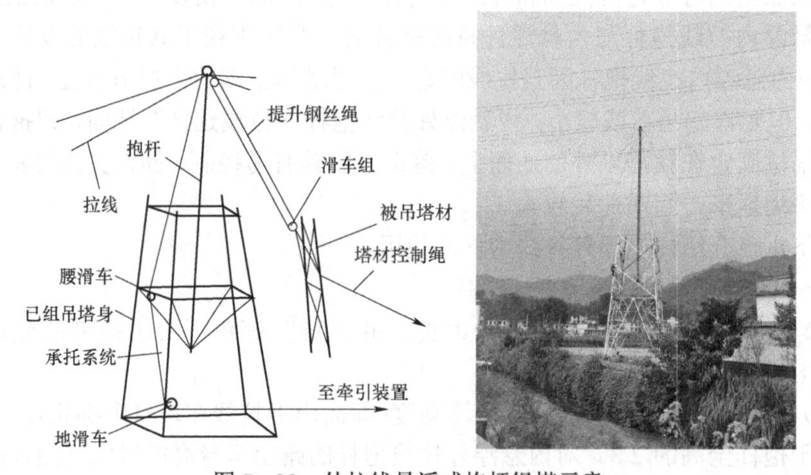

图 7－32　外拉线悬浮式抱杆组塔示意

（二）组塔前的准备工作

（1）合理选择抱杆规格及其组装结构。根据现场待组装铁塔的主材的结构高度和塔片的重量等要素选择合适规格型号的抱杆（抱杆的选择方法见本书第四章），将抱杆运至作业点，并完成抱杆各段及部件的连接和组装。

（2）合理设置抱杆拉线及桩锚。根据选定的抱杆位置，以塔体组装需要的抱杆最大高度选择设置拉线锚桩。

1）拉线的锚桩应位于基础对角线延长线上，以较少抱杆拉线对塔片组装过程中的干扰和影响。

2）拉线锚桩的设置距离应以保证其最高位置时与地面水平面的夹角不大于45°。

3）合理选择和设置牵引绞磨及其锚桩。根据现场地形环境条件，在距离塔基适当位置设置牵引地锚或锚桩，绞磨的放置位置应平稳并应避开抱杆起吊塔片的正下方或存在高处坠物伤害的范围，同时应满足其与转向滑车大于5m的要求。

（三）悬浮抱杆分解组塔基本流程

1. 抱杆竖立

（1）利用人字抱杆起立抱杆。

1）将起吊滑轮组等装入抱杆上，起吊绳串入起吊滑车内，外拉线与抱杆头部连接好；抱杆组装时，应注意将抱杆根部置于塔位中心，绊腿用两根$\phi12.5\times10$m的钢丝绳绊好，两边对称。

2）利用人字抱杆起立悬浮抱杆，其操作方法与倒落式人字抱杆组立电杆相同。

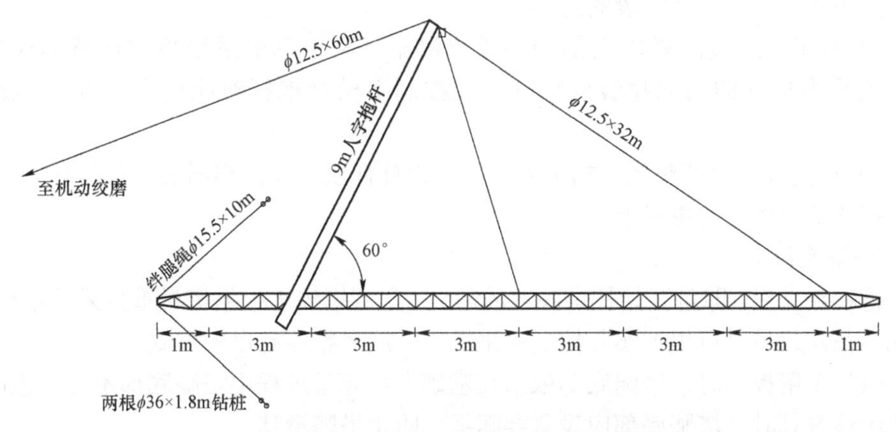

图7－33 利用人字抱杆起立抱杆示意

3）抱杆起立后，及时将抱杆的四面拉线与预先设置的锚桩连接固定。

（2）利用塔身下段整立抱杆。

1）完成塔体底部的组装。塔体底部塔段的整体尺寸较小，一般可采用人力方式进行单根塔材的组装，也可借助其他工器具对底部塔段进行分片组装。组装时留一个侧面的斜材暂不封（根据地形确定开口方向），待抱杆立起后再补装。

2）利用已组装完成塔体一侧的两根主材作为抱杆整立的承力点，在该点装设转向滑车，将抱杆起立钢丝绳经该转向滑车引入牵引绞磨，同时利用另一侧塔体的两个塔腿设置抱杆绊腿绳。

3）抱杆整立过程及其他注意事项与人字抱杆起立相同。

4）抱杆起立后，及时将抱杆的四面拉线与预先设置的锚桩连接固定。

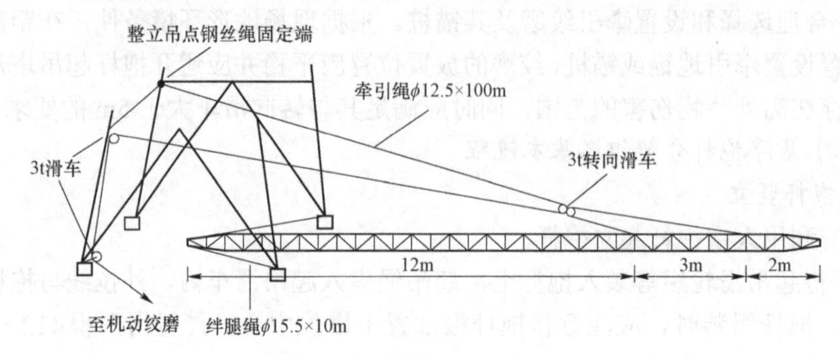

图 7－34　利用塔身整立抱杆

（3）倒装法加长抱杆。

1）根据地形条件，先按利用人字抱杆和塔身下段主材的方法，整立一段抱杆，并在此条件下完成下部塔段的组装。

2）利用已组装的塔段上部构件设置滑车，利用牵引系统将抱杆整体提升，提升过程中抱杆的四面拉线应松开并在控制下松至抱杆对应提升高度后，及时固定。

3）在提升的抱杆整体结构下方，加入抱杆杆段，连接牢固后，将抱杆承托系统连接在下部塔段的主材上。

2. 塔腿组立

抱杆起立后，即可开始杆塔底部的吊装。底部塔体可根据塔材重量采用单根起吊或片吊。起吊时可根据实际情况可采用扳立或者整体起吊的方式。

（1）采用扳立时，塔腿底部依附在基础上，起吊过程中塔腿底部不离开地面，在使用该方式时，塔腿底部应设置绊腿绳，防止塔腿滑移。

（2）采用片吊时，应在塔片上部设置向外的控制绳，控制绳应通过桩锚由专人控制，起吊过程中通过控制绳配合，使塔片就位。

（3）初始吊装时，抱杆底部在地面承力，应在抱杆底部设置垫木或者铺垫钢板。

3. 抱杆提升

（1）利用已组装完成的塔体结构设置起吊滑车，将抱杆固定稳妥后，拆除抱杆四面拉线地面锚桩的连接、抱杆底部的承托钢丝绳以及腰环，拆除主牵引绳在绞磨上的缠绕。

（2）利用牵引系统提升抱杆。抱杆提升时，应有专人负责调整各外拉线，配合抱杆的提升缓慢松出拉线，保持抱杆处于垂直稳定状态。

（3）将抱杆提升至适当位置后，恢复抱杆底部承托钢丝绳、腰环的设置以及四面拉线与地面桩锚的连接，调整好抱杆的倾斜角和四面拉线的张紧程度。

（4）恢复主牵引钢丝绳牵引绞磨磨盘上的固定。

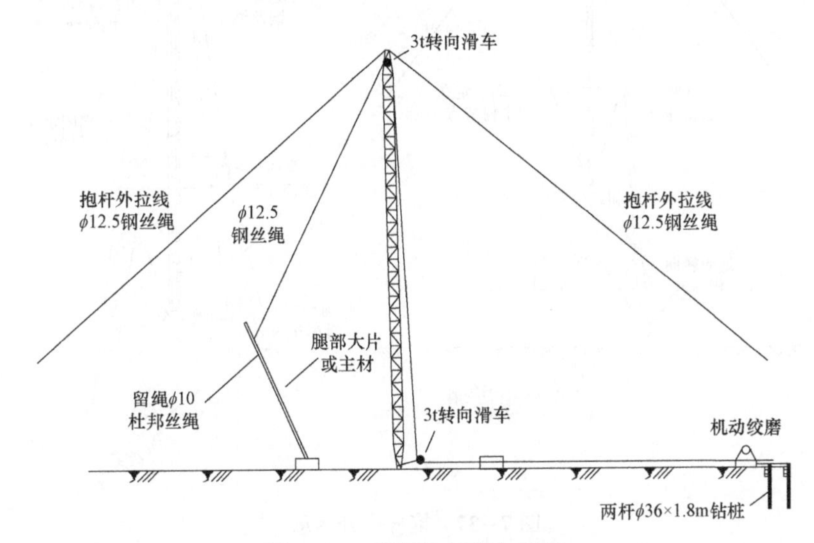

图 7－35　利用抱杆组立塔腿

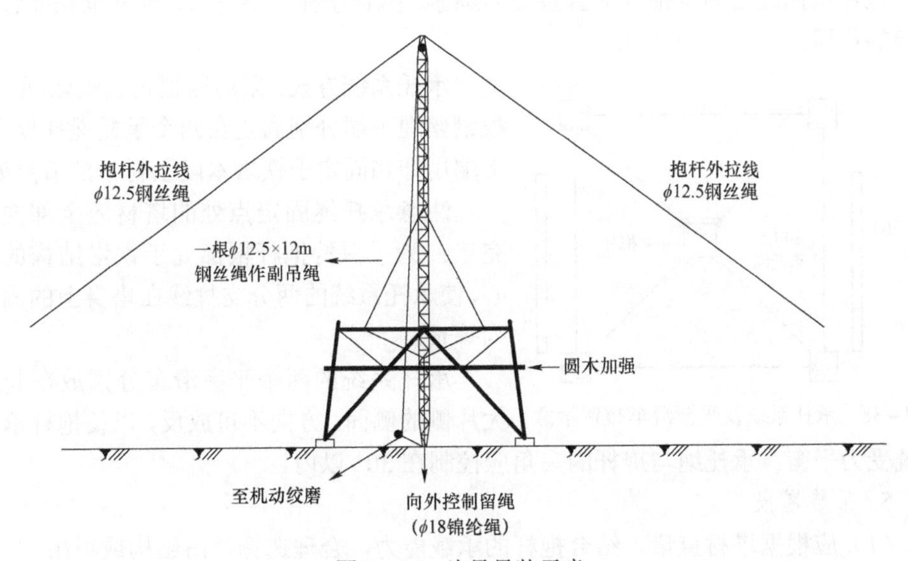

图 7－36　片吊吊装示意

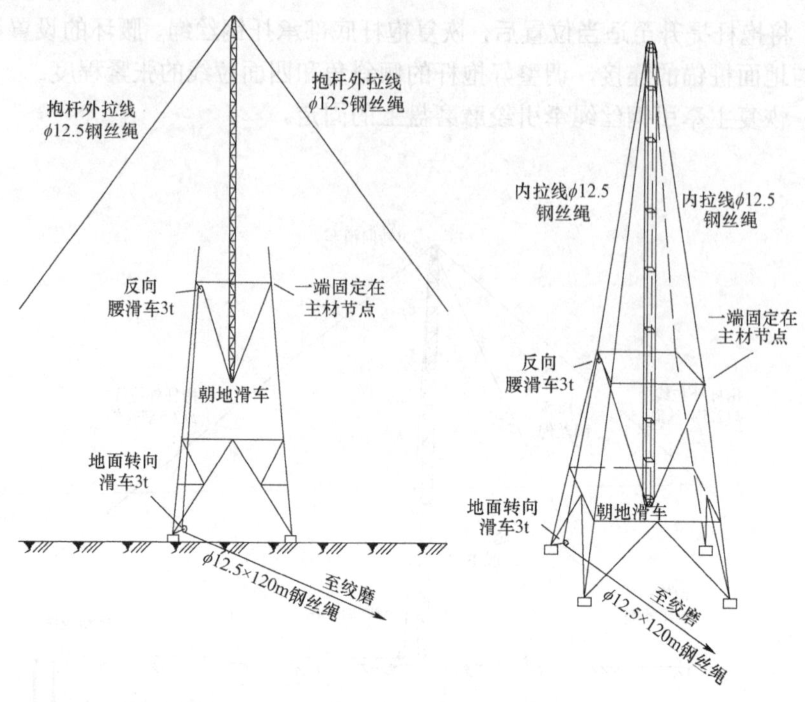

图 7－37　抱杆提升示意

4. 抱杆承托系统

抱杆承托绳是固定抱杆的直接受力绳索。抱杆承托可靠与否，抱杆承托绳起着关键的作用。

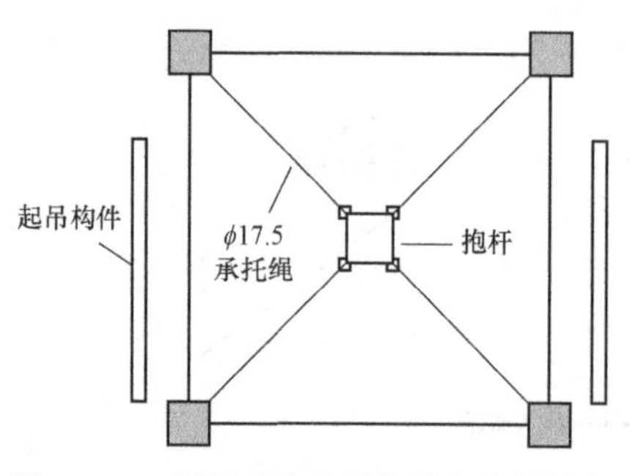

图 7－38　承托系统及平衡滑车布置示意

承托系统方式：采用四根定长钢丝绳，每根钢丝绳下端分别固定在四个承托绳挂板上，上端用卸扣固定于铁塔本段主材中部节点处。

注意承托绳固定点处的塔材应全部安装完毕；为了保持抱杆根部处于铁塔结构的中心，使承托系统的两分支拉线在塔身上的固定为等长。

承托系统的两个平衡滑车分别放在起吊大片侧的侧面，方向不可放反，以使抱杆承托系统受力平衡。承托绳与抱杆的夹角应控制在 30° 以内。

5. 吊装塔段

（1）应根据塔材重量，结合抱杆的承载能力，合理选择片吊结构或根吊。

（2）塔片的吊点应使用钢丝绳套固定在两侧的主材上，且应在处于塔片的主体上部位置，固定点应在辅材安装节点以下或者在主材安装螺孔内另行设置连接装置。使用两根钢丝绳套时，应保持两根钢丝绳引出部分长度相等，两绳间夹角应不大于 120°。必要时还应对塔片进行加固支撑，防止塔片受力后产生变形。

（3）吊装的塔构件应尽可能放置在吊点的下方；吊装时，起吊滑车组中心线对抱杆轴线的偏角不大于 15°。

（4）构件吊离地面后，应暂时停止起吊并进行检查，确认塔片绑扎牢固、各受力点平衡、牵引系统无异常后，方可继续起吊。

（5）起吊时抱杆可以向起吊件侧稍作倾斜，以便主材吊装就位，抱杆倾斜后，其主体与垂直线的夹角不应大于 5°，且抱杆顶点处的综合倾斜值不大于 1.5m。

（6）在起吊过程中，要随时注意调整控制风绳，使构件与塔身保持 0.3～0.5m，如发现异常，应查明原因及时处理。

6. 抱杆拆除

铁塔吊装完成后即可开始拆除抱杆。

（1）利用已组装完成的塔体结构设置起吊滑车，将抱杆固定稳妥后，拆除抱杆底部的承托钢丝绳以及腰绳，拆除主牵引绳在绞磨上的缠绕。

（2）缓缓松开四面拉线，配合牵引系统将抱杆整体转移到承力系统受力，确保抱杆整体处于垂直状态。待抱杆整体在起吊钢丝绳的固定下处于受力且保持垂直状态后，即可拆除四面拉线。

（3）继续回松牵引绳使抱杆落地。较短的抱杆可采用人力方式将其根部移出塔身，放落地面；对较长的抱杆，可采用倒装法的逆方式，将抱杆下段逐段拆除，拆除过程中应保持抱杆整体处于垂直状态。

（4）拆除所有工器具，回收运输。

四、铁塔组立的注意事项

1. 一般注意事项

（1）吊装作业前，参加铁塔吊装的吊车司机、绞磨操作人员、技术人员及施工负责人应熟悉吊车性能及被吊塔片的技术参数，例如质量、高度、重心高度等。

（2）起吊过程中必须设专人进行指挥，负责协调吊车、绞磨操作人员和塔上高处人员之间的沟通。指挥人员应处于现场适当位置，全面观察起吊过程及就位位置，并与吊车、绞磨操作人员、塔上安装人员保持通信畅通、及时。

（3）吊装塔片或塔材时，吊物下面严禁行人通过，更不允许在塔片下方进行作业。

（4）起吊时牵引应缓慢平稳，防止主材根部离地时弹起伤人。起吊的塔片或塔材上应设置控制风绳或溜绳，负责拉控制风绳的人员应听从现场指挥的要求，配合吊车、绞磨牵引随时收放控制风绳以便塔片或塔材的安装就位，严禁猛拉猛放。

（5）塔片或塔段吊装接近安装位置前，塔上安装人员应采取合理避让措施，待其稳定后方可到达安装位置进行安装作业。

（6）铁塔组立时，塔脚板安装后地脚螺栓应立即安装两帽一垫，组立三段后应及时将地脚螺栓进行打毛处理（8.8 级高锰钢螺栓不得采取打毛方式）。

2. 吊车组立铁塔的注意事项

（1）吊车的位置必须选择合理，支吊车的地面必须坚实、平整。吊车的各支腿应全部支出，并应使用垫木进行支撑，必要时应在吊车设置位置铺垫钢板。

（2）吊车吊装塔片或塔体时，在吊臂回转范围内，吊物下面严禁行人通过，同时吊件在吊装过程中，吊件严禁从吊车头上方经过。

（3）吊车伸臂与地平面的夹角应根据吊车的技术性能所规定的角度范围进行工作，不得盲目伸臂。

（4）利用吊车起吊塔片时，应严格按照选定的规格型号和其承载能力进行塔片吊装，严禁超吊车额定荷载起吊，严禁超抱杆倾斜角起吊。

3. 抱杆分解组塔的注意事项

（1）抱杆的四面拉线应设置牢固，拉线的桩锚应根据现场地质条件进行合理选择角钢桩、钻桩，必要时设置联桩或者设置地锚（桩锚的设置与选择见本书第四章）。起吊过程中，应安排专人对地锚进行看守，若发现地锚有松动现象时，应立即停止起吊，并将起吊塔片放落至地面。

（2）抱杆组塔时，塔身受力较大。塔材、螺栓必须安装完整并紧固到位，方能进行下一步吊装，否则塔材易变形。

（3）利用抱杆起吊塔片时，应严格按照选定的规格型号和其承载能力进行塔片吊装，严禁超抱杆额定荷载起吊，严禁超抱杆倾斜角起吊。

◎ 第八章

导线展放与架设

本章主要介绍常用的导线展放及架设方法，相关安全注意事项等。导线展放与架设工作在杆塔组立及附件、金具、绝缘子等安装完成之后，主要包括放线前准备、放线、导线连接、紧线、弧垂观测等内容。

第一节　放线前的准备工作

一、工器具准备

导线展放与架设前应准备相应的工器具，主要包括：

（1）放线工器具：牵引绞磨、牵引绳、放线滑车、放线架、钢丝绳套等。

（2）锚线工器具：锚线钢丝绳或钢绞线、地锚、卡线器、线卡子等。

（3）紧线工器具：机动绞磨或人工绞磨、紧线器、手扳葫芦等。

二、放线区段的确定

完成杆塔组立、经转序检查合格后，即可进入放线、紧线工序，放线的区段一般以线路耐张段为放线区段，对于地形限制、耐张段较短的情况，也可根据现场实际情况确定放线区段，两个耐张段中间的耐张杆可采取直接通过的方式进行放线。

三、线盘的布置

1. 位置选择

（1）根据放线区段的确定，一般将线盘放置在线路段的中间位置，以方便向放置地点两端展放导线，以减少线盘的二次运输次数。

（2）线盘的放置位置应选择在平坦、稳固的地面处，防止线盘在导线展放过程中造成倾翻、滚动。

图 8－1　放线盘设置位置选择

图 8－2　线盘放置方式

（3）运输到位的线盘必须卸放到地面，卸放到地面的线盘应采取防滚动措施。

（4）采用拖挂式放线盘架的线盘运输到位后，应及时将线盘架与拖运车辆脱离，并对放线盘架采取固定措施。

图 8－3　拖运式放线盘架放置方式

（5）占用通行道路设置放线盘架时，应在道路通行方向两侧设置交通警示标志，并对放线盘架设置安全围栏。

图 8－4　占道设置放线盘的安全防护

2. 线盘轴架

（1）带线盘的导线应采用放线架进行放线，一般情况下不允许采用直接在线盘上翻出导线的方式进行放线。

图 8－5　放线盘架的设置

（2）放线架一般有立式放线架（将放线盘轴平行于地面、使用两侧架体将放线轴架起一定高度）、盘式放线架（将放线盘轴垂直于地面，使用转盘将线盘承托起来并能够转动）。放线盘架应设置在平坦的地面上，并根据导线展放的牵引受力方向，采取必要的加固和防倾倒措施。

图 8-6　放线盘架的设置（立式、盘式）

（3）禁止将放线盘架设置在车厢内。禁止使用车辆拖运线盘进行导线展放。

（4）线盘的架设方向要对准放线方向，以免线盘产生过大摆动和走偏。当放线盘架架设方向与放线方向不一致时，应设置导线转向滑车，确保导线出线方向与放线方向一致。

（5）对于立式放线架，一般应将导线从线盘上端绕出。

（6）导线从线盘绕出时，应对出线通道上的障碍物（如石块、树木等）进行清理，并采取防止导线损伤的防护措施。

（7）放线轴架应设置刹车装置，防止线盘在牵引过程中形成“飞车”现象，并造成导线空圈、扭结。

四、放线通道

（1）导线展放前应开展现场勘察，充分了解放线通道内的临近带电线路、交叉跨越、障碍物等因素。

（2）配电线路通道内的高大树木及其他障碍物等，在架线施工前应进行清理。

（3）10kV 及以下架空配电线路不宜跨越铁路、高速公路、重要河流等通道，必要时可采取电缆地埋的方式通过。跨越普通公路、人口密集区、房屋时应设专人监护，并在道路两端安装警示标志。

图 8－7　放线通道检查及障碍清理

五、放线滑轮的固定

放线前应提前做好放线滑轮的固定，放线滑轮可固定在横担上，滑轮（轮槽底部）直径一般不小于裸导线直径的 10 倍。放线滑轮应牢靠，保证放线期间不能脱落，并应在滑车内放好牵引绳，以备牵引导线通过滑轮。放线滑车使用前应对外观进行检查，滚动轴承要良好，转动灵活，滑轮封口完整，各部件应齐全良好。

禁止将导线直接在横担上进行拖放。

图 8－8　直线杆、转角杆放线滑轮的安装

六、跨越架的搭设

当施工的线路经过不能中断的公路、铁路、通信线路和其他电力线路时，应在这些地点搭设跨越架。跨越架必须坚固可靠，保证与被跨越物的安全垂直距离和水平距离，并设专人看守。跨越架一般采用钢制跨越架或毛竹架，搭设成封闭式架体。

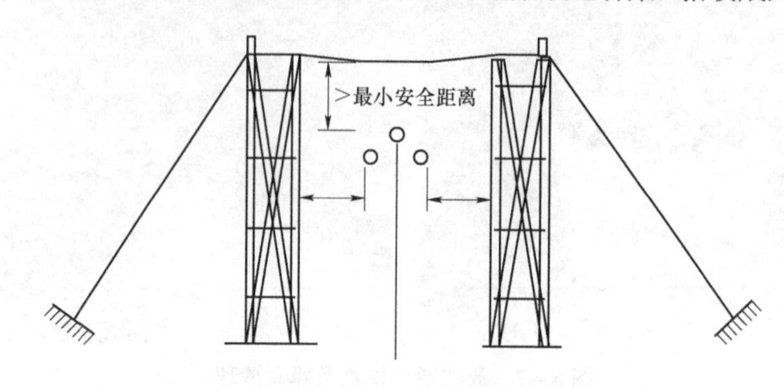

图 8-9　电力跨越架正面图

跨越架搭设方式及要求：

（1）在施工前，应对跨越点交叉角度、被跨架空线路在交叉点的对地高度、导线边线间宽度、地形情况进行复测。根据复测结果，选择跨越施工方案。

（2）搭设跨越架时，应派专人进行监护。搭设跨越架时及搭好后，在电力线路跨越架前后左右均需设置安全警示牌。

（3）跨越架搭设前应用仪器准确测量交叉角，定出跨越架的中心位置，以保证位置的准确。

（4）公路跨越架封顶横木下方应设置钢丝绳保险，电力线跨越架应用绝缘材料封顶。跨越架封顶线如俯视图布置，采用钢丝绳做封顶横向连线，用尼龙绳织网，再加盖安全网，封顶绳应尽量收紧。

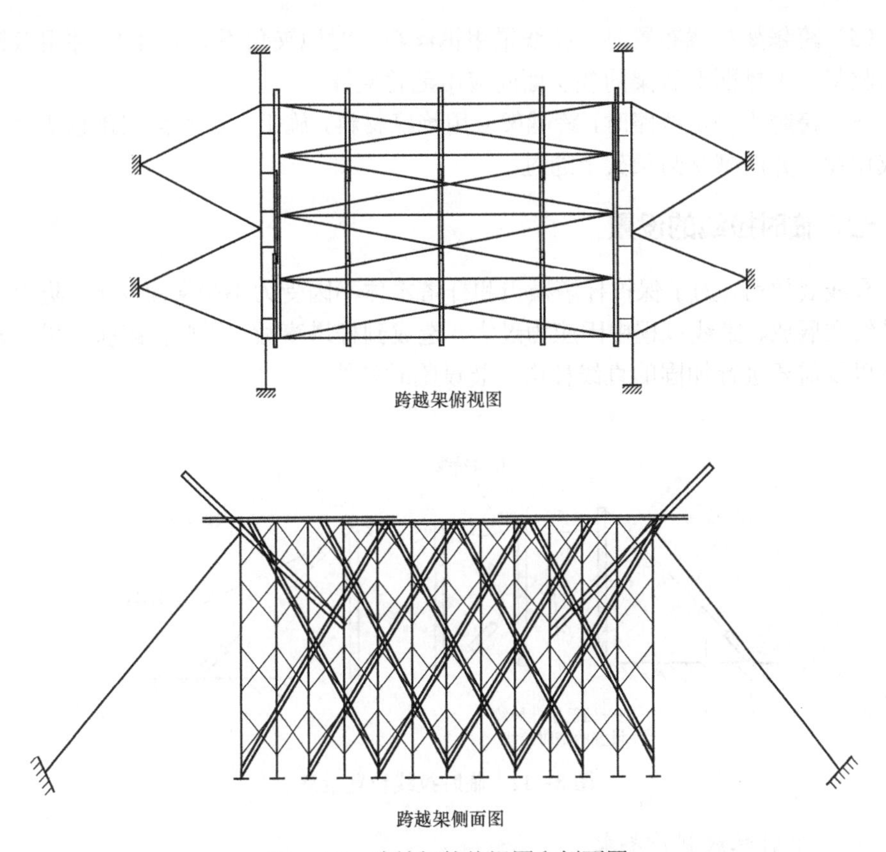

图 8－10　跨越架的俯视图和侧面图

图 8－11　跨越架搭设完成后的全景

（5）跨越架拉线布置时，拉线采用钢丝绳，对地夹角不大于 45°，并用双钩紧线器收紧。多排面毛竹架的各层面间应用毛竹支撑。

（6）跨越不停电线路时，跨越架应用绝缘材料，施工人员不得在跨越架内侧攀爬或作业，并严禁从封顶架上通过。

七、临时拉线的设置

导线展放前，为了保护杆塔横担和杆塔本体不因受力不平衡而变形，防止可能因导线在展放、紧线过程中因应力过大，造成到杆塔事故，需要在耐张杆塔、转角杆塔以及需要进行加固的直线杆塔上装设临时拉线。

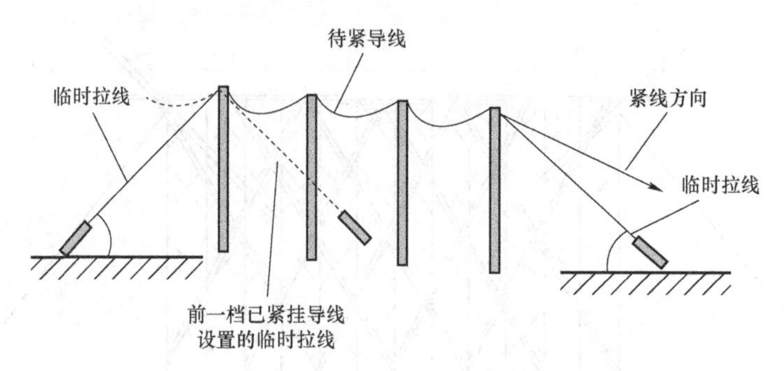

图 8－12　临时拉线设置示意

（一）临时拉线制作要求

（1）临时拉线一般采用钢丝绳或钢绞线，建议钢丝绳截面积不小于 $10mm^2$、钢绞线绳线径不小于 50mm，拉线对地夹角应不大于 45°。

图 8－13　耐张杆、转角杆临时拉线设置

（2）放线起始耐张杆临时拉线应设置在紧线的反向延长线上；中间转角杆的临时拉线应设置在转角平分线的反向延长线上。

（3）放线段的起始耐张杆或中间转角杆横担应在横担两侧分别设置两根临时拉线，防止紧线时横担偏转。

图 8－14 横担临时拉线设置

（4）临时拉线应装设在杆塔横担和杆塔本体受力处，在不影响导线展放的情况下，固定位置离挂线点越近越好，一般离导线挂线点不大于 20～30 cm。对 10kV 耐张杆的中相导线，临时拉线一般设置在顶架抱箍下端。

（二）临时拉线制作方法

1. 工器具选择

临时拉线制作时常用工器具包括钢丝绳、卸扣、锚桩、UT 线夹、楔形线夹、紧线器、卡线器、钢丝绳套、线卡（马蹄卡）、手锤等。

2. 临时拉线锚桩固定

在需打临时拉线的方向打好拉线锚桩，临时拉线的锚桩应有以下几点要求：

（1）锚桩与地面的夹角应为 70°～80°，其与杆塔的距离，应保证临时拉线做好后与地面的夹角不大于 45°，其打入地下深度为锚桩长度的 2/3 左右。

（2）锚桩根据现场地质条件选用角钢桩、实心圆桩或钻桩，部分特殊情况下还应设置地锚。锚桩的数量根据土质而定，可选用二联桩甚至三联桩。对二联桩，两桩的连线应在紧线受力反方向的延长线上；对三联桩，应呈等腰三角形。

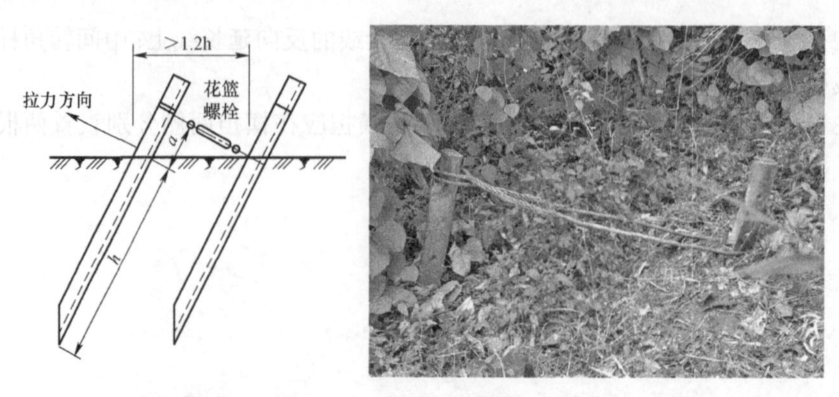

图 8－15　临时拉线锚桩示意

（3）各桩之间应用花篮螺栓式联扣或钢丝绳连接，前桩连接点靠近顶部，后桩连接点靠近底部，然后将联扣或钢丝绳紧固，必须确保连接可靠，且所有桩锚同时受力。

图 8－16　临时拉线三联桩设置

3. 固定临时拉线上端

施工人员带吊绳登杆至横担处后，确定临时拉线安装位置。杆上人员用吊绳吊起临时拉线，然后将临时拉线固定在杆身或横担上。用钢丝绳做临时拉线时，钢丝绳应在电杆或横担缠绕至少 2 圈，并通过钢丝绳绳环、卸扣可靠连接。用钢绞线做临时拉线时，应在电杆上合适位置安装拉线抱箍，并通过延长环与抱箍连接。

图 8－17　临时拉线上端制作

4. 临时拉线下把制作

先将地面拉线锚桩进行包垫，用钢丝绳做临时拉线时，然后将拉线钢丝绳拉紧后在锚桩上缠绕 2～3 圈并打背扣或链接在其扣环内，用线卡（马蹄卡）将尾绳与主绳卡紧，一般至少安装 3 个线卡，防止尾绳受力时松动。用钢绞线做临时拉线时，应按照永久拉线要求制作，先在地锚上绑扎固定千斤绳环，临时拉线通过楔形线夹和 UT 型线夹与钢丝绳套连接。

图 8－18　临时拉线下把制作

（三）安全注意事项

（1）水泥杆、钢管杆在紧线时均应设置临时拉线。耐张杆塔采取直接通过放线时，应考虑在其转角合力方向设置临时拉线。

（2）一个锚桩上的临时拉线不得超过两根，临时拉线不准固定在有可能移动或其他牢靠的物体上。

（3）临时拉线应在永久拉线全部安装完毕承力后方可拆除。

第二节　导　线　展　放

导线展放主要分为人工展放和机械展放两种方式。人工展放适用于放线段较短、地形平坦的区段，一般在平原、道路两侧、未耕种农田等环境中应用较多。机械展放适用于山区、丘陵、已耕作农田等障碍物较多的环境中。

一、人工展放

（1）先将导线运至线路首端（放线、紧线的起始耐张杆处），将线盘固定在放线架上，然后进行导线外观检查，检查导线无问题后，使用钢丝绳套对导线首端进行固定。

图 8－19　放线架布置

（2）人工牵引放线时，导线不得在地面、横担、杆塔、绝缘子或其他物体上拖拉，应使用滑轮，防止损伤绝缘层。在导线穿过电杆横担上的滑轮时，需要工作人员使用吊绳进行传递操作。

（3）放线时，导线接头处、跨越架处、每基杆塔下、交通路口、树木较多的地段等处均应设监护人员，对导线展放过程进行跟踪观察，防止导线因挂住或卡住而产生磨伤、断股或造成安全事故。杆塔下的人员要注意防止导线越出放线滑车的滑轮槽，卡在空隙内，发生这些情况要立即发出信号停止放线，处理完成后方可继续放线。

（4）拖线人员要分开站立，人与人之间的距离以使导线不拖地为宜。牵引线头应对准放线方向，不可走偏，注意线间不要相互交叉，经常瞭望后方信号，控制好拖线前进速度。

图 8－20　人工牵引放线

（5）展放导线时，路线很长，各作业点护线人员和指挥人之间应保持沟通联系，并适当配备对讲机，以使现场情况准确及时传递。

（6）导线展放到最后一根电杆后，施工人员先在地面做好耐张线夹，并登杆安装到横担上，将导线与耐张线夹连接稳固后剪掉余线，单根导线放线完成。

二、机械展放

1. 放线机械布置

（1）放线的机械一般选用绞磨机，应结合放线档距、导线的线径和型号来选择绞磨型号。绞磨应放置平稳，摆放位置距离杆塔高度 1.2 倍以外。

图 8-21　机械放线时的牵引设备现场布置

（2）结合放线方向调整好绞磨方位，设置地锚，并确保牢固稳定。所有润滑部分按规定加入润滑油，安装完毕检查无异常后，应进行空载试车，检查离合器、变速箱、制动器、减速器和各拨挡手柄是否灵活、准确可靠，无卡塞等现象。

图 8-22　机械放线时的牵引机械的设置

2. 牵引绳使用要求

牵引绳应由下而上顺时针方向绕进卷筒，牵引端靠近托架，尾绳端靠近变速器，卷筒必须与牵引绳垂直，绞磨卷筒与牵引绳最近的转向滑车应保持在 5m 以上的距离。牵引绳绞磨卷筒上缠绕不得少于 5 圈，并排列整齐，在绳尾处必须设置保险装置。

图 8－23　绞磨卷筒缠绕方式

3. 绞磨牵引放线

（1）绞磨牵引放线前先安排施工人员登杆布置牵引绳，牵引绳需沿放线路径挂入放线滑轮内。

（2）绞磨牵引时，需先用钢丝网套将牵引绳与导线连接稳固。绞磨操作人员应随时观察发动机、绞磨、磨绳和地锚的工作情况，发现异常情况时，应立即停止作业，向指挥人员报告。导线牵引过程中应派人监护，及时发现导线掉槽、滑轮卡滞等故障，发现异常情况后立即通知停机处理。

（3）拉磨尾绳不应少于 2 人，且应位于锚桩后面、绳圈外侧，不得站在绳圈内。

图 8－24　绞磨及尾绳控制

（4）使用绞磨牵引展放导线时，回收的牵引绳应使用专用盘架进行回收卷绕。

图 8-25 放线牵引绳回收

（5）牵引绳与导线连接的接头通过滑车时，应适当降低牵引速度，防止接头卡住。

（6）机动绞磨停止运转后，如还存在负荷应拉紧尾绳保险，以防止各传动件永久变形。

（7）当发生发动机异常响声、牵引力增加、拉不住尾绳等异常情况时，应立即停机，查明原因，不得强行牵引。

（8）使用中发现机动绞磨与被牵引物不在一直线上，严禁采用用手直接搬动调整，应采用杠棒进行调整，调整人员应站调整物的外侧，调整速度应缓慢；如果难以调整，必须停机进行处理。

（9）当导线已牵引至末端电杆后，安排人员登杆将牵引过来的导线通过耐张线夹与放线终端杆横担连接，单根导线牵引放线完成。

三、安全注意事项

（1）放线作业应设专人指挥，统一信号，并保证信号畅通。

（2）放线所使用的工具设备强度应合格、满足荷重要求。

（3）交叉跨越各种线路、铁路、公路，应先取得主管部门的同意，做好安全措施，如搭设跨越架、路口设专人信号旗看守；施工现场设置安全围栏及道路两端设置双向警示标志，防止无关人员进入施工区域。

（4）放线前应检查拉线、杆根、横担、滑轮等是否满足放线、紧线要求，工作人员不得跨在导线上或站在导线内角侧。

（5）当牵引绳索或导线发生卡、挂时，不得直接用手处理，应在其无张力的情况下进行处理；放线时，遇接线管或接线头过滑轮、横担、树枝、房屋等处有卡、挂现象，应松线后处理。处理时操作人员应站在卡线处外侧，采用工具、大绳等撬、拉导线，禁止用手直接拉、推导线。

（6）放线架应放置牢固，并有制动措施，设置专人看守。

（7）邻近带电线路工作时，人体、导线、施工机具等与带电线路的距离应满足规定，无法保证安全距离时应采取搭设跨越架等措施或停电。

第三节　紧线及弧垂观测

在配电网架空线路施工中，紧线方法通常采用单相紧线法，即每次只紧一相导、地线，这种方法的特点是所需的机具少，牵引力小，人员也较少，施工比较安全。根据现场施工环境和预放线档距等因素，一般采用紧线器紧线和绞磨紧线两种。紧挂导线的顺序一般是先紧挂中相导线，再紧挂两边相导线。

一、紧线前准备

（1）紧线操作应在白天进行，天气应无雾、雷、雨、雪及大风。紧线段的固杆塔已挂线完毕。现场施工负责人在紧线前应对施工人员要进行详细分工、安全交底。

（2）紧线前应再次检查导线是否有未解除的绑线，是否有附加物及损坏尚未处理，或接头未接续等情况，确保没有影响正常紧线的因素。

（3）紧线前应设置临时拉线，作为对杆塔及横担的补强，防止杆塔受损，横担歪斜或断裂（临时拉线的安装方法及要求参考本章第一节）。

（4）根据实际紧线采用的器具选择合适的棘轮紧线器、绞磨、卡线器、滑轮、钢丝绳、千斤头等工器具。

二、紧线方法及要求

导线展放到线路末端杆后，在地面位置制作耐张线夹，并与悬式绝缘子连接，制作完成后在电杆横担上安装，作为导线的耐张挂线端。耐张线夹与导线固定以后，从耐张线夹尾部向前量取600～800mm的导线并做标记，截断后作为导线回扎使用。

1. 采用紧线器紧线

将已展放导线在地面采用人力等方式预收紧至相应张力程度，杆上作业人员使用紧线器连接的卡线器卡住导线，扳动专用扳手，逐渐收紧导线，把收紧的导线制作固定在悬式绝缘子的耐张线夹上。

图 8－26　紧线器紧线

2. 采用绞磨紧线

（1）根据现场地形环境，选择地势平稳的绞磨摆放地点，紧线时牵引地锚的位置，对直线耐张杆塔应设置在线路中心线上，对转角杆塔应设置在紧线挡中相导线的延长线上。牵引地锚距离紧线杆塔的水平距离应不小于挂线点高的两倍。

图 8－27　绞磨牵引紧线

（2）牵引绳穿过杆上滑轮，连接卡线器，在地面卡住导线，进行绞磨牵引，杆上作业人员随时观测收紧的导线弧度，与杆下监护人员及绞磨操作人员保持通信畅通，牵引至设定弧度时，停止牵引，在横担上比对悬式绝缘子直角挂板的挂点，在导线上做耐张悬挂点标记，后导线松放至地面，依据标记在导线的前部制作耐张线夹，制作完成后，绞磨牵引至电杆横担上安装。

（3）导线回扎时，绝缘导线弯曲度不小于导线直径的 10 倍，扎线根据导线直径绑扎长度，最小绑扎长度不小于 150mm，扎线与导线尾线线头间余留 20mm；绑扎用的扎线使用直径不小于 2mm 的同金属绝缘导线。

（4）在紧线端，使用绞磨将导线牵引至适当位置后，布置紧线工具。

（5）紧线所用设备和工器具应符合最大牵引力要求，并检查质量是否合格完好。紧线牵引钢丝绳与导线的连接应牢固，常用的有卡线器及绳套等连接方法。所用的卡线器应与导线的型号规格配套，并防止损伤导线及滑动。

（6）紧线滑车应靠近导线悬挂点，使滑车尽量靠近横担。

（7）牵引设备处、转角过大以及交叉跨越处均应设监护人，以监视紧线情况，防止发生意外，时刻注意导线可能有磨损、掉槽及卡线等情况。各监视点通信可靠。

三、弧垂观测

（1）观测弧垂时应在导线处于稳定情况下进行观测，因为被牵引的导线受拉走动，会有跳动的情况，造成弧垂观测不准。

图 8－28　导线弧垂观测

（2）观测弧垂时应选择恰当的观测档，应选择档距较大，两侧悬点高差较小及接近代表档距的线档。一般情况下，对于 5 档及以下的耐张段，可选择靠近中间的大档距观测弧垂；对 6～12 档的耐张段，至少选择两档，且靠近两端的大档距观测弧垂，但不宜选在有耐张的档距内；对于 12 档以上的耐张段，在耐张段两端及中间至少各选一个较大的档距观测弧垂。弧垂观测档的数量可以根据现场条件适当增加，但不得减少。

（3）架线弧垂应在挂线后随即在观测档检查，配电网架空线路弧垂的允许偏差在±5%之间。水平排列相间弧垂相对误差不应超过 50mm。

◎ 第九章

电气设备安装

本章主要介绍了架空配电线路中配电变压器、柱上开关、高压熔断器等主要电气设备安装的作业方式及其安全注意事项。杆上变压器、柱上开关因其质量大、装设位置高，安装工作具有一定的复杂性和危险性。

第一节　变压器台组装

变压器台一般由变压器、JP柜（低压负荷开关）、高压熔断器、避雷器、连接导线及固定连接金具组成，因其结构简单、造价低廉，在配电网中广泛应用。杆上变压器一般采用油浸式变压器，也有用非晶合金的变压器。

一、变压器台组装类型

变压器台按照变压器形式分为单相变压器、三相变压器，按安装形式分为单杆变压器和双杆变压器；双杆变压器由于各地安装习惯也存在多种接线形式。

图9-1　常见双杆、三相安装方式的变压器台

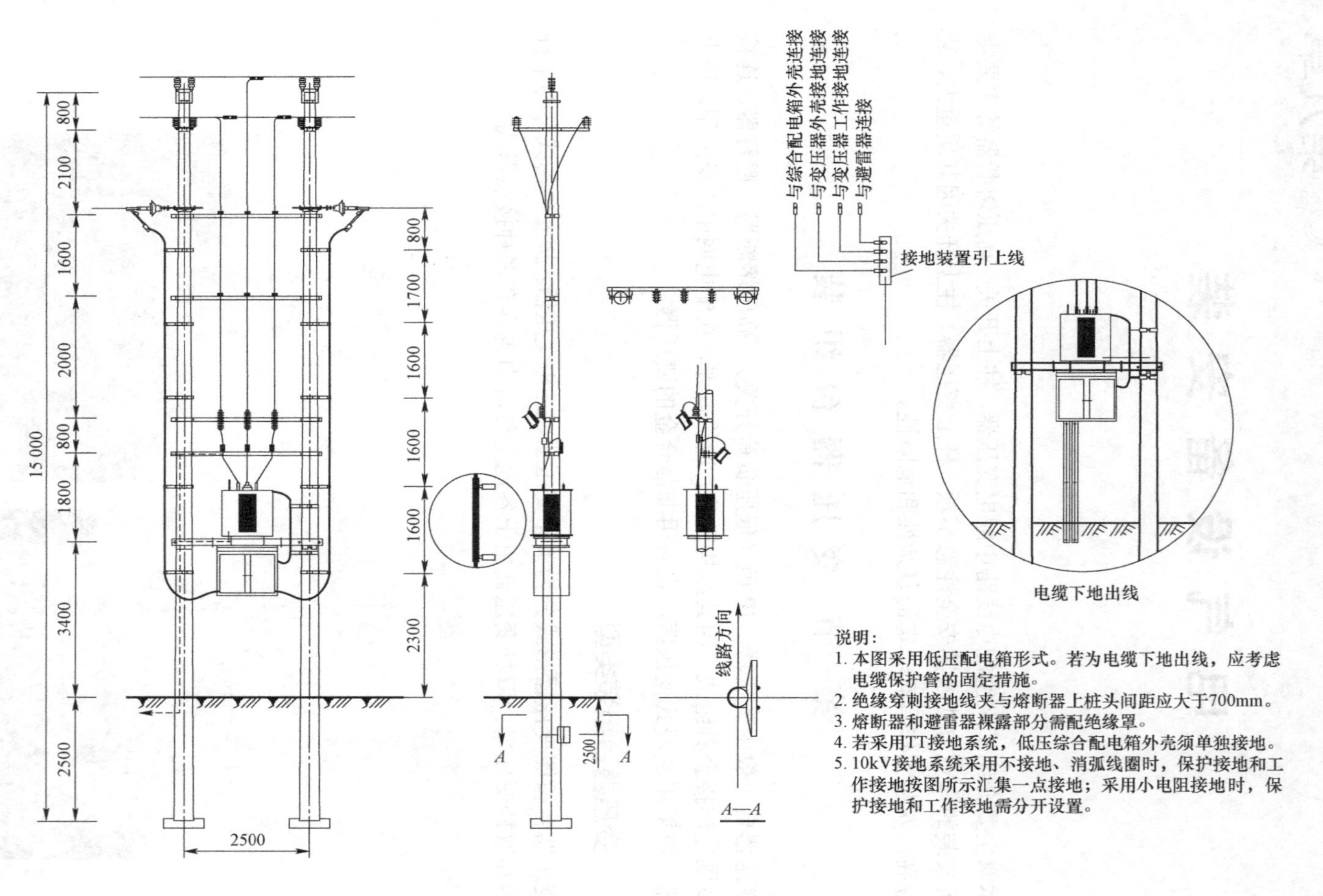

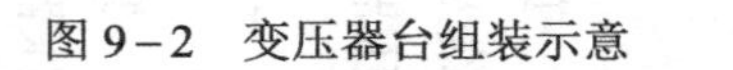
图 9-2　变压器台组装示意

变压器台安装因其吊装方式不同，其安装步骤及防控措施也各不相同，主要有吊车吊装和链条葫芦吊装。

变压器台安装前，须检查变压器排杆的根开、埋深及倾斜度应满足要求，变压器台接地系统安装完成。

吊车组装前须对工作现场进行勘察，确定合适的吊车摆放地点，配齐变压器台组装所必需的材料及工器具。工作前，在工作现场设置围栏，吊车起吊时要在吊车周围设置围栏，吊车前后设置交通警示牌，必要时封闭道路。

图 9－3 变压器台组装的现场布置

二、组装流程

变压器台组装优先选用吊车起吊方式，因吊车无法到达或无吊车操作空间而无法使用吊车吊装的，可根据现场情况选用链条葫芦吊装方式。变压器台起吊方式不同，其作业流程也稍有不同，作业时须予以考虑。

1. 变压器台吊装吊位和吊点设置

（1）吊车应设置在空旷区域，便于吊车支腿的打开。

图 9－4 吊车设置位置及支腿打开状态

（2）吊车起吊区域须设置在吊车的侧、后方，起吊区域不得从吊车驾驶室上方经过。

图 9-5　吊车起吊方向的设置

（3）吊车应摆放在平整区域，坡度过大处不宜设置为吊装地点。

（4）双链条葫芦抬吊变压器时，吊点设置须考虑将变压器吊到安装位置以上并留有一定安装托架的作业空间。

2. 变压器台组装注意事项

（1）设备吊装时，须由专人指挥，在起吊、牵引过程中，受力钢丝绳的周围、上下方、内角侧及吊物下方严禁无关人员逗留和通过。

（2）吊装时应两端水平起吊，千斤绳全部受力时，吊离地面 100mm 时须检查吊车支腿正常、吊点绑扎牢固。

（3）吊运不得从人员上方通过，吊臂下严禁站人。不得用手拉已受力的钢丝绳。

图 9-6　吊车起吊作业时吊臂及起重物下方人员的疏散

（4）变压器台吊装时须在变压器的下部设置溜绳，控制吊装方向。

（5）变压器吊装须缓慢平稳，防止变压器在起吊过程中摆动过大。

图 9－7 变压器平稳起吊及溜绳设置

（6）槽钢起吊应水平起吊，连接牢靠，防止槽钢起吊中倾斜滑落。

图 9－8 组装槽钢的水平起吊

（7）双链条葫芦抬吊变压器时，要提前在两电杆间做好支撑，防止吊装变压器时对电杆产生水平弯矩，损伤电杆。

（8）双链条葫芦吊装时，两个链条葫芦的吊装重量必须都大于变压器吊装重量。

（9）吊物未固定牢固前不得拆除吊绳。

（10）在邻近带电设备吊车起吊时须将吊车接地。

图 9-9 吊车进入邻近带电设备作业位置后应及时加装接地

（11）变压器台组装设备、工位、工序多，应避免垂直方向的交叉作业并须做好防高处落物的措施。

图 9-10 变压器台组装中的应规避垂直交叉作业

第二节 柱上开关组装

一、组装方式

柱上开关的吊装一般采用吊车吊装和滑轮组吊装两种方式。现场作业应优先选用吊车吊装，吊车无法到达时可选用滑轮组吊装。

二、组装流程

（一）吊车组装

（1）吊车组装前须对工作现场进行勘察，确定合适的吊车摆放地点，配齐组装所必需的材料及工器具。

（2）吊装要在有专人指挥下进行，起吊前将千斤绳分别套入柱上开关两个吊耳上，在开关托架上系上溜绳。

（3）起吊时当柱上开关吊离地面 100mm 时，检查吊车支腿正常、各吊点绑扎牢固。

（4）缓慢吊起柱上开关，此时应安排专人控制溜绳，控制柱上开关的方向及就位，防止柱上开关起吊过程中撞击电杆。

（5）待柱上开关至托架上安装位置附近时，安排两人登杆，调整柱上开关至合适位置，固定柱上开关托架抱箍。

（6）柱上开关未固定前不得拆除起吊绳。

（7）起吊过程中应禁止吊物下方有人逗留和通过。

（二）滑轮组组装

1. 滑轮组的选择与设置

（1）滑轮组吊装时，动滑轮、定滑轮必须满足额定载荷要求。滑轮组吊装可以选用成套滑轮组，也可以在现场按照选定的动滑轮、定滑轮的数量进行组装。

（2）滑轮组选定的动定滑轮均为闭口滑轮，连接吊物的动滑轮吊钩防脱装置应齐全。

（3）滑轮组起吊用吊绳的额定载荷应大于吊物重量。

（4）滑轮组定滑轮的固定点设置时，应考虑开关的安装高度及动、定滑轮间的合理间距。

2. 柱上开关吊装

（1）将动滑轮端连接钢丝绳套两端固定在柱上开关吊耳上。在开关托架上系上溜绳。主牵引绳可通过专项滑轮引出。

（2）起吊时当柱上开关吊离地面 50cm 时，检查各滑轮受力状况正常、各吊点绑扎牢固。

（3）由人力拉拽牵引绳，将柱上开关拉到装设的位置。

（4）起吊过程中需由专人控制溜绳，控制柱上开关的方向及就位，防止柱上开关起吊过程中撞击电杆。

（5）柱上开关吊至安装位置附近时，人员登杆调整柱上开关至合适位置，固定柱上开关托架抱箍。

图 9－11　开关吊装过程中使用溜绳进行控制

（6）柱上开关固定前，吊绳应始终处于受力状态。柱上开关固定后，方可拆除吊绳。

图 9－12　开关未安装牢固前不得拆除起吊绳索

◎ 第十章

废旧设备及线路拆除

本章针对配电网工程施工中，除新建相关线路设施以外，一般还包括对原有老旧设备的拆除工作。重点介绍了拆旧作业流程，导线的拆除、杆塔的拆除、电气设备拆除的作业方法及其安全注意事项。

第一节 拆旧作业流程

一、拆旧作业的基本内容

拆旧作业应包括已改造设备的所有部分，一般包括原有老旧线路的导线、杆塔、电气设备及相关附件。

拆除的方式包括报废拆除、回收拆除。其中报废拆除应根据现场实际情况选择合适的方案，报废拆除不能等同于暴力拆除，只是无需考虑相关设备、设施的重复利用。回收拆除需加强对相关设备、设施的保护，确保其完好无损，并能重复利用。

二、废旧设备及线路拆除流程

综合废旧设备及线路在电气运行状态、老旧设备工况、地理位置环境以及施工季节、施工方法等各方面的因素，废旧设备及线路的拆除应遵循以下基本流程：

（1）确认废旧线路电气运行状态。应在设备运行维护责任单位的主导下，确认相关线路及其设备已处于退役状态（与电网已完全脱离，且设备运维责任单位已经批准纳入报废范围）。

（2）明确拆旧范围。应根据设备运行维护责任单位的报废申请手续，结合现场实际情况，确定具体需要拆除的设备名称及编号、具体范围及数量。

（3）开展现场勘查。施工单位应对待拆除线路区段及其设备进行检查，确认各设备状况及存在的交叉跨越障碍等。

（4）制定拆旧作业施工方案。施工单位应根据实际工作任务和具体对象，编制施工方案，并报监理单位审核批准，向业主单位或设备运行维护责任单位备案。

（5）明确现场拆旧作业顺序。施工单位应根据现场实际情况，按照设备、设施相互关系，明确拆除的先后顺序。一般应按照先拆导线、再拆电气设备及附件、最后拆除杆塔、处置隐蔽工程构件的顺序进行。

（6）清理现场。施工单位应对拆除后的线路设施、设备进行清理，并将有关设备按照建设单位要求进行回收处理。同时，应对现场遗留的坑洞进行填埋，对遗留尖锐物、障碍物进行清除。

第二节　导　线　拆　除

一、拆除前的检查

在实施导线拆除前，必须对待拆除区段的线路、杆塔进行全面检查，检查的内容应包括：

（1）通道内有无交叉跨越障碍物，如带电的高低压线路、构筑物与建筑物、树木、公路、河流等。

（2）导线上有无附属设施或障碍，如连接的支线、线夹、验电接地环、导线接头等。

（3）各杆塔的设备状况，如电杆是否存在裂纹、倾斜、拉线破坏现象，铁塔是否存在构件缺失、倾斜现象，杆塔基础基是否存在沉降、空洞、水土流失、护坡破坏等现象。

（4）相邻区段线路设备状况是否正常，如线路是否已拆除、是否存在断线情况、杆塔是否稳固等。

（5）线路设备具体情况，如是否有同杆架设其他线路、是否有同杆架设弱电通信线路、是否有分支线路、是否有用户支线或下户线、是否有变台及柱上开关等。

二、防护措施设置

废旧线路拆除一般以线路耐张段为基本单元，在实施导线拆除前，必须对待拆除线路实施必要的加固措施，一般包括临时拉线的设置、杆塔基础的加固、部分杆塔的保护等。

1. 设置临时拉线的位置

拆除废旧线路时，应设置临时拉线的位置包括：

（1）待拆除线路耐张段两端耐张杆塔两侧导线延伸方向。

（2）待拆除线路耐张段内较大的支线转角杆外角侧。

（3）可能因拆除废旧线路对杆塔稳定性形成影响的杆塔。

（4）原有线路拉线被破坏的。

2. 临时拉线的设置原则和方法

废旧线路拆除作业时设置临时拉线的方法与架设线路时的方法基本相同，但在其设置要求方面有一定不同：

（1）如线路原有永久性拉线依然完好，且能满足拆除时的作业条件，可不另行设置拉线。

（2）如相邻区段线路已拆除，可仅在该耐张杆塔受力反方向设置临时拉线。

（3）拆除区段拆除前，两侧线路的耐张杆须在耐张杆塔受力反方向设置临时拉线。

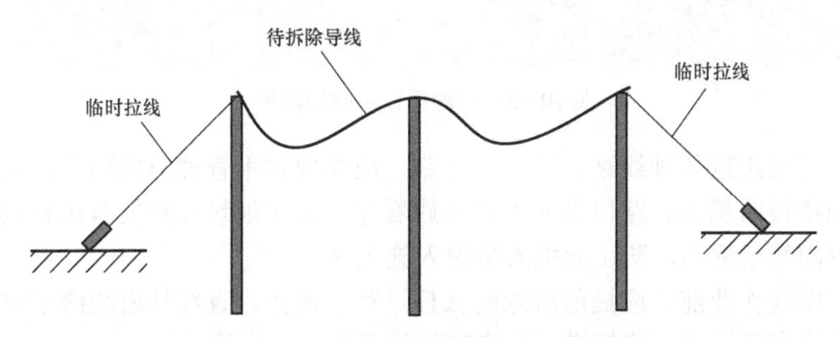

图 10－1　拆除旧导线的临时拉线设置

3. 杆塔基础加固与保护

对杆塔存在裂纹、倾斜、构件缺失，杆基存在沉降、空洞、水土流失、护坡破坏等情况时，应采取以下必要的加固措施：

（1）对杆基进行培土加固，培土应进行夯实。

（2）对护坡破坏情况进行评估，如基础已无法对杆塔形成稳定性保证，可考虑使用吊车、挖掘机等对杆塔进行受力保护；如基础仅有部分破坏且无法进行培土加固的，可考虑在其被破坏侧的受力方向设置临时拉线。

（3）对存在严重横向和纵向裂纹的水泥电杆或结构严重缺失的铁塔进行评估，如确已严重超标不能登杆作业的，可考虑使用吊车、挖掘机等对杆塔进行受力保护。

三、撤线作业的安全注意事项

（1）撤线前应再次检查确认待拆除线路区段内各临时拉线已设置完好、杆塔基础已培固或采取受力保护措施。

图 10－2　拆除旧设备时的防护

（2）交叉跨越各种线路、铁路、公路，应先取得主管部门的同意，做好安全措施，如搭设跨越架、路口设专人信号旗看守；施工现场设置安全围栏及道路两端设置双向警示标志，防止无关人员进入施工区域。

（3）撤线作业前，应提前解除耐张杆塔跳线连接、直线杆塔绝缘子绑扎线，采用悬垂线夹装设的直线杆塔，应安装放线滑车并将导线导入。

（4）撤线作业时，应根据设计弧垂值观测弧垂，尽量减少导线过牵引量值。

（5）禁止采用突然剪断导地线的方式进行松线。

（6）撤除旧导地线需做导地线临时锚固时，严禁以直线绝缘子串或支柱绝缘子固定导线。

（7）严禁将导地线直接落地进行临时锚固，严禁将 2 根以上导地线锚固在一根锚桩上。

（8）撤线时，遇接线管或接线头过滑轮、横担、树枝、房屋等处有卡、挂现象，应松线后处理。处理时操作人员应站在卡线处外侧，采用工具、大绳等撬、拉导线。禁止用手直接拉、推导线。

（9）撤线牵引过程中应安排专人跟踪新旧导线连接点，发现问题立即通知停止牵引。

图 10-3　严禁以直线绝缘子串或支柱绝缘子固定导线

图 10-4　严禁将导地线直接落地进行临时锚固

（10）当牵引绳索或导线发生卡、挂时，不得直接用手处理，应在其无张力的情况下进行处理。

（11）杆塔上有人时，不准调整或拆除拉线。

第三节 电气设备拆除

废旧线路的电气设备主要包括变压器、JP 柜、变压器台框架、柱上开关等。

一、变压器台电气设备的拆除

1. 拆除顺序

相对于电气设备安装来说，变压器台架的拆除需根据使用的拆除机械或工具考虑相关设备的拆除顺序。

若使用吊车拆除变压器时，可先拆除其上部引线、附属设施和框架，再拆除变压器，后续拆除 JP 柜和变压器支撑槽钢，最后拆除电杆。

若使用链条葫芦或滑轮组拆除变压器时，可先拆除其上部引线、附属设施和框架，再拆除 JP 柜，再使用链条葫芦或滑轮组起吊变压器后，再拆除变压器支撑槽钢，后续将变压器放落至地面，最后拆除电杆。

2. 变压器台电气设备拆除的注意事项

（1）使用吊车拆除变压器和 JP 柜。

1）拟起吊的变压器或 JP 柜应绑扎牢固，一般应使用千斤绳与变压器两个吊耳连接，并系挂在吊车吊钩上，千斤绳吊点应位于变压器的重心正上方。

2）变压器或 JP 柜起吊时应设置溜绳进行控制，防止变压器晃动、倾斜。起吊过程中，台架上的作业人员应撤离至地面。

图 10－5　吊车拆除变压器

（2）使用链条葫芦或滑轮组拆除变压器。

1）起吊时应使用二套链条葫芦或滑轮组，且应分别在变压器台的两根电杆相同等高的适当位置拴系，系挂的千斤绳与混凝土杆连接必须楔紧，防止滑脱。

2）台架上作业人员在完成变压器系挂、松开变压器固定螺栓后，应撤离至地面。

3）曳引手链条或拉动滑轮组起吊变压器后，应吊离原位高度100mm进行检查，确无问题后，方可拆除变压器支撑槽钢。

4）变压器或和JP柜起吊过程中，严禁任何人员进入其正下方的范围。

（3）变压器台框架拆除。

1）拆除变压器台框架前，先行拆除框架上所装的其他设备器材及线缆。

2）变压器台框架的拆除，应由2名作业人员分别在两根砼杆上同时配合进行。

3）变压器台框架各构件拆除时，应先在电杆上部系挂传递绳，并对待拆除框架进行固定、控制后，方可拆除固定螺栓。传递绳对框架构件的控制应牢固，不得留有较大的裕度。

4）变压器台框架结构拆除时，应避免下方作业人员形成交叉作业，传递绳控制人员应站在框架结构以外。

二、柱上开关的拆除

柱上开关的拆除一般有吊车拆除和滑轮组拆除两种方案，作业时优先采用吊车拆除方式进行。

1. 拆除顺序

安装有柱上开关的电杆，必须在拆除电杆前完成柱上开关的拆除。

柱上开关附带有其他计量设备的，还应将相关附属设备先行拆除。

2. 柱上开关拆除的注意事项

（1）使用吊车拆除柱上开关。

1）拟起吊的柱上开关应使用钢丝绳或吊带绑扎牢固，若连同其支架一同拆除的，应将支架和开关本体一同绑扎牢固。

2）待吊车起吊承力并经检查无异常后，杆上作业人员方可拆卸开关的固定支架。拆卸时应先拆除下支架抱箍连接，再拆除上支架抱箍连接。

3）杆上作业人员在拆除开关支架时，应在开关侧面进行操作，严禁在其正下方位置进行拆卸作业。

4）全部支架的抱箍连接拆除完毕后，方可指挥吊车将开关吊离杆身。此时杆上作业人员应站立在开关位置对应的电杆另一侧面或先行下杆。

（2）使用滑轮组拆除柱上开关。

1）使用滑轮组拆除柱上开关，必须先确认柱上开关的重量，牵引溜放人员的数量，合理设置滑轮组的倍率，选用滑轮组。

图 10－6　吊车拆除柱上开关

2）充分考虑滑轮组的倍率和拆除高度，选用锦纶绳的直径和长度。确保索具的强度具有大于 5 的安全系数，作业长度有大于杆高的裕度。

3）滑轮组的定滑轮应固定在主杆身上，不得直接悬挂在上部横担上，且其固定位置应满足开关拆除的活动空间要求，一般至少应在开关安装位置以上约 1m 的位置。

4）拟起吊的柱上开关应使用钢丝绳或吊带绑扎牢固，若连同其支架一同拆除的，应将支架和开关本体一同绑扎牢固。

5）滑轮组安装完毕后，应由地面人员进行试吊，检查各部分无异常情况后，方可开始拆卸开关的固定支架。

6）杆上作业人员在拆除开关支架时，应在开关侧面进行操作，严禁在其正下方位置进行拆卸作业。

7）全部支架的抱箍连接拆除完毕后，方可指挥曳引人员将开关落放到地面。此时杆上作业人员应站立在开关位置对应的电杆另一侧面或先行下杆。

第四节　杆塔（混凝土杆、钢管杆、铁塔）拆除

因配电线路老旧杆塔使用时间较长，不宜再次使用。故拆除过程中主要考虑作业人员、作业设备及涉及区域的物件安全。一般拆除的方法包括吊车拆除、倒落拆除、抱杆拆除等。

一、吊车拆除混凝土杆

吊车拆除混凝土杆的作业方法适用于交通条件良好，吊车能够直接到达指定作业位置，且待拆除电杆所在位置地势平整，符合吊车支撑条件。

图 10－7　吊车拆除电杆

1. 拆除前的准备

（1）设置围栏。对施工区域设置安全围栏，通行道路两端设置醒目的施工标示牌，安排专人看守，疏散作业区域内社会群众、车辆。

（2）吊车进场。吊车进场并设置支撑钢板、垫木，伸开吊车支脚并确保牢固可靠。

（3）作业人员就位。由起吊作业指挥人员会同吊车司机、辅助操作人员再次说明起吊作业方案，组织无关人员撤离至电杆高度 1.2 倍距离之外。

2. 吊点设置

作业人员登杆，在水泥杆顶部适当位置绑扎钢丝绳，并与吊车连接。吊点设置完毕后，杆上作业人员应立即下杆。或在地面处系挂电杆起吊绳套，系挂在吊车吊钩上，起升吊钩，溜绳随钩移动至合适位置，回拽溜绳，锁定绳套。

电杆的起吊绑扎点要求在电杆重心高度以上，且应考虑电杆附着的横担等其他构件对电杆重心的影响。

3. 起吊前检查

吊车收紧起吊钩至钢丝绳受力状态，检查各部分受力状况和吊车稳定状况。

4. 检查和清理杆根

检查电杆根部有无安装卡盘、浇筑混凝土。若有安装卡盘的，应进行开挖，直至所有卡盘外露；若有浇筑混凝土的，应进行开挖，直至所有浇筑混凝土结构外露或对电杆采取根部截断措施。

严禁不经检查、盲目带卡盘直接拔除电杆。

5. 松开电杆拉线

缓慢松开电杆所有拉线（如有）。

6. 电杆拔除

指挥吊车缓缓受力进行试拔，确认无其他障碍后继续拔起电杆。电杆起吊后，要用拉绳进行固定，防止电杆转动、倾斜。吊车拔除旧电杆到指定位置转运或堆放，防止对第三者产生妨害。

二、抱杆拆除混凝土杆

抱杆拆除混凝土杆适用于山区、圩区等吊车（机械）无法直接到达作业位置的情况。与电杆组立相同，拆除混凝土杆的抱杆一般包括独脚抱杆、人字抱杆、三角抱杆等。各种抱杆拆除混凝土杆的技术措施与组立电杆的要求基本相同（见本书第七章），以下仅以独脚抱杆拆除混凝土杆为例，说明操作流程和有关注意事项。

1. 拆除前的准备

（1）设置围栏。对施工区域设置安全围栏，通行道路两端设置醒目的施工标示牌，安排专人看守，疏散作业区域内社会群众、车辆。

（2）抱杆就位。抱杆的主牵引绳、尾绳，杆塔中心及抱杆顶应在一条直线上。抱杆下部应固定牢固，视土壤情况，采取防沉陷措施，抱杆顶部应设临时拉线控制，临时拉线应均匀调节并由有经验的人员控制。抱杆应受力均匀，两侧拉绳应拉好，不得左右倾斜。固定临时拉线时，不得固定在可能移动的物体或其他不可靠的物体上。

（3）绞磨及转向滑车设置。根据现场实际环境，选择合理位置设置绞磨固定位置，绞磨应放置平稳，锚固可靠，受力前方不准有人，操作位置要有良好的视野。

（4）作业人员就位。起吊作业应设专人统一指挥，明确指挥信号，绞磨操作人员和现场指挥人员要密切配合，操作人员必须得到指挥人员的指挥信号后方能开始操作。无关人员撤离至电杆高度 1.2 倍距离之外。

2. 吊点设置

在水泥电杆顶部（电杆整体结构重心位置以上部位）绑扎钢丝绳，并与吊钩连接，在杆身合适位置系好吊绳。

3. 起吊前检查

绞磨收紧起吊钢丝绳至受力状态，进行试吊，检查各部分受力状况和吊车稳定状况。

4. 检查和清理杆根

检查电杆根部有无安装卡盘、浇筑混凝土。若有安装卡盘的，应进行开挖，直至所有卡盘外露；若有浇筑混凝土的，应进行开挖，直至所有浇筑混凝土结构外露或对电杆采取根部截断措施。

严禁不经检查、盲目带卡盘直接拔除电杆。

5. 松开电杆拉线

缓慢松开电杆所有拉线（如有）。

6. 电杆拔除

指挥绞磨缓缓受力进行试拔，确认无其他障碍后继续拔起电杆。电杆起吊后，要用拉绳进行固定，防止电杆转动、倾斜。旧电杆拔出后就地放置在地面。

三、整体倒落拆除自立式铁塔

整体倒落拆除自立式铁塔的作业方法适用于地势平坦、周围无电力线路、通信线、通航河流、公路、房屋、林场等重要设施的场所。

1. 倒塔前准备

（1）设置围栏。对施工区域设置安全围栏，通行道路两端设置醒目的施工标示牌，安排专人看守，疏散作业区域内社会群众、车辆。

（2）控制拉线设置。铁塔倒落前，应在铁塔横线路两侧、铁塔倾倒方向一侧立面的主材上设置临时拉线（防止铁塔倾倒后引起拉线绷紧或拽出临时拉线地锚造成拉线飞扫），临时拉线应使用地锚或锚桩固定牢固，两根侧向拉线应均匀设置（对地夹角不得大于 45°）、固定点应位于铁塔倒落方向一侧塔身稍向倒落方向偏移，并确保两侧受力均衡，控制铁塔顺线路方向倾倒。

（3）主牵引设置。在铁塔顺线路倾倒方向一侧铁塔主材与导线横担节点处绑扎好 V 字钢丝绳套，并通过滑轮组连接至绞磨。绞磨（或采用转向滑车）所处位置必须大于铁塔高度的 2 倍以上，且处于待倾倒铁塔顺线路方向。

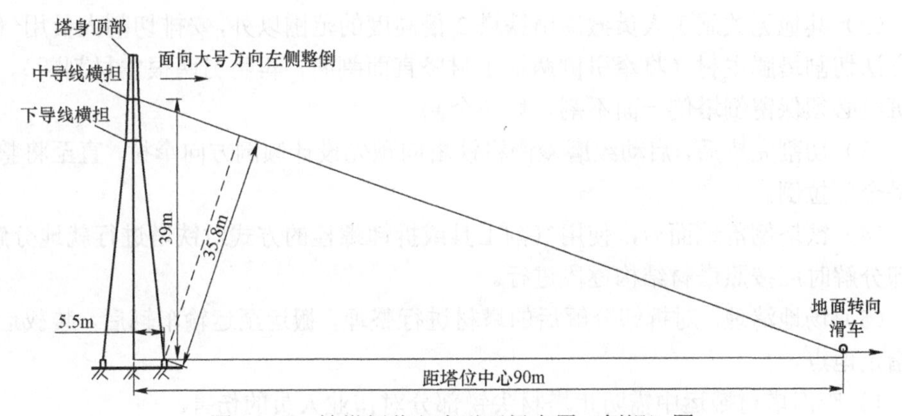

图 10－8　铁塔倒落主牵引现场布置（侧视）图

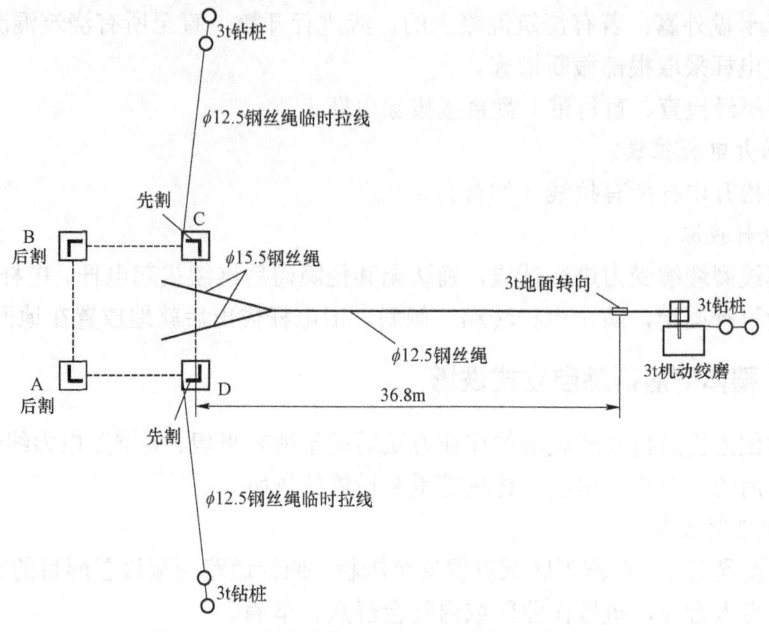

图 10－9　铁塔倒落主牵引现场布置（俯视）图

（4）清理铁塔附着物。安排人员对铁塔上的绝缘子串、导线等有可能影响倾倒方向或因铁塔倒地后碎裂飞溅、弹跳飞扫的附着物进行清理。

（5）对铁塔基础周围的易燃物进行清理，必要时对周边的植被进行隔离带开挖。防止进行气割作业时引起火灾。

2. 倒塔作业

（1）启动牵引绞磨，使主牵引绳稍稍受力，对各受力点（主地锚、绑扎点、转向滑车等）进行检查确认。

（2）其他无关施工人员撤离出铁塔 2 倍高度的范围以外，安排切割人员用气割的方法切割塔腿主材（将牵引侧两根主材竖直面割断，再将另两根主材割断）。施工班组必须保留倒塔侧一面不割，切勿全割。

（3）切割完毕后，启动绞磨慢慢将铁塔向预先设计倾倒方向牵拉，直至将整个铁塔全部拉倒。

（4）铁塔倒落地面后，使用气割工具或拆卸螺栓的方式对铁塔进行就地分解，拆卸分解时应按照塔材结构逐段进行。

（5）场地清理。对拆卸分解后的塔材进行整理，搬运至运输车辆后，装载运输至指定地点。

1）废旧塔材搬运中需防止塔材尖锐部分对作业人员的伤害。

2）废旧塔材装载运输车辆应满足装载运输管理要求，严禁客货混装。

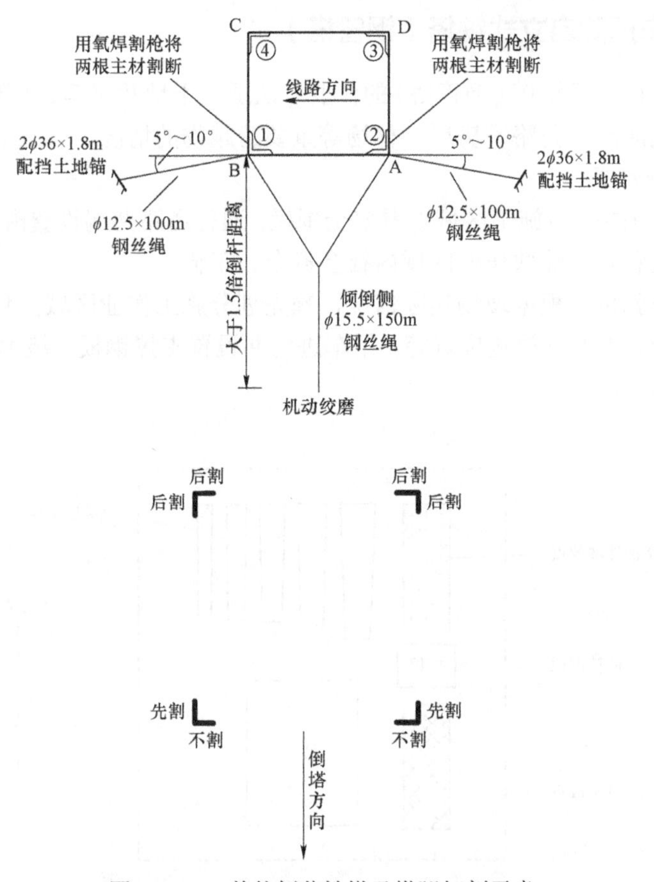

图 10－10　整体倒落铁塔及塔腿切割示意

注：气割顺序①、②、③、④。

图 10－11　整体倒落铁塔的塔腿切割

四、吊车拆除自立式铁塔（钢管塔）

吊车拆除自立式铁塔（钢管塔）的作业方法适用于地势平坦、周围无电力线路、通信线、通航河流、公路、房屋、林场等重要跨越物的情况。

1. 拆除前准备

（1）设置围栏。对施工区域设置安全围栏，通行道路两端设置醒目的施工标示牌，安排专人看守，疏散作业区域内社会群众、车辆。

（2）吊车就位。根据现场实际情况，预先划分施工作业区域，包括吊车位置、材料堆放区域、工器具放置位置等。吊车进场并设置支撑钢板、垫木，伸开吊车支脚并确保牢固可靠。

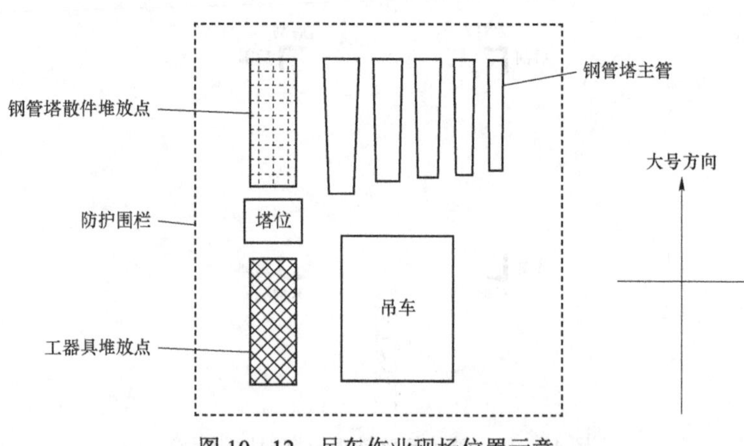

图 10－12　吊车作业现场位置示意

（3）清理铁塔附着物：安排人员对铁塔上的绝缘子串、导线等有可能影响拆除吊装的附着物进行清理。

（4）明确拆除吊装分段位置。认真阅读铁塔结构图，明确塔材分段拆除位置和连接拆除方式，确保待拆除结构满足吊车起重能力和安全系数。

（5）检查工器具。清理检查拆除钢管塔施工的各类施工机具、索具、吊具以及作业人员安全工器具。

2. 拆除吊装作业

（1）设置塔材吊点。根据拆除分段情况，在待拆除塔段上部设置捆绑钢丝绳（钢丝绳应采用双点设置，并确保其长度一致，确保塔段起吊后处于悬垂状态），钢丝绳宜使用卸扣连接，固定在预设吊耳或者其他固定结构的节点位置。必要时对塔材分段结构采取补强措施。待拆除塔段结构下部应设置控制绳，用于防止塔段摆动。

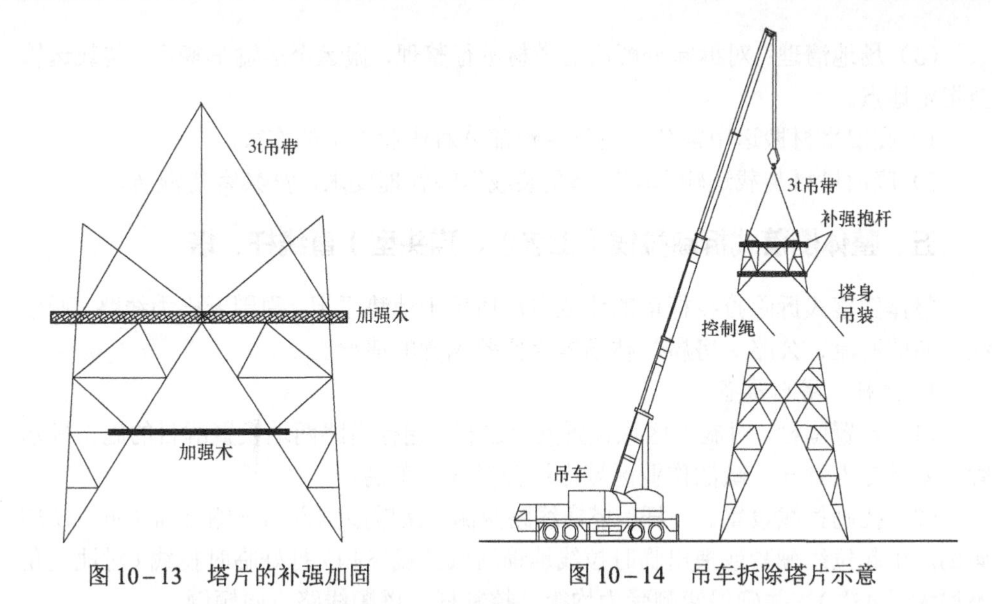

图 10－13　塔片的补强加固　　　　图 10－14　吊车拆除塔片示意

（2）拆除连接。使用吊车对待拆除塔段进行起吊受力张紧后，塔上作业人员拆除法兰螺栓或其他连接螺栓（拆除连接点螺栓的作业人员不得超出连接点位置）。待所有连接螺栓拆除后、塔上作业人员撤离作业位置，指挥吊车缓慢将待拆除杆段吊至地面指定位置。

图 10－15　吊车拆除铁塔

（3）场地清理：对拆卸分解后的塔材进行整理，搬运至运输车辆后，装载运输至指定地点。

1）废旧塔材搬运中需防止塔材尖锐部分对作业人员的伤害。

2）废旧塔材装载运输车辆应满足装载运输管理要求，严禁客货混装。

五、整体倒落式拆除拉线（上字型、猫头型）直线杆、塔

整体倒落式拆除拉线杆塔的作业方法适用于地势平坦、周围无电力线路、通信线、通航河流、公路、房屋、林场等重要跨越物的情况。

1. 倒杆、塔前准备

（1）设置围栏。对施工区域设置安全围栏，通行道路两端设置醒目的施工标示牌，安排专人看守，疏散作业区域内社会群众、车辆。

（2）控制拉线设置。在杆、塔横线路两侧、铁塔倾倒方向一侧立面（防止铁塔倾倒后引起拉线绷紧或拽出临时拉线地锚造成拉线飞扫）打好临时拉线（对地夹角不得大于45°），并确保两侧受力均衡，控制杆、塔顺线路方向倾倒。

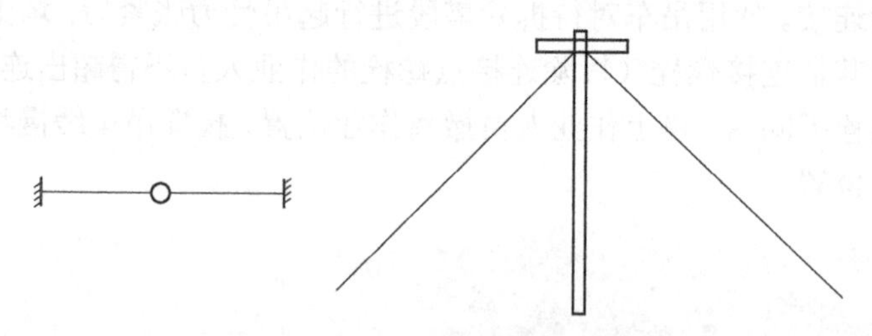

图10－16　整体倒落杆塔拉线设置示意

（3）主牵引设置。在杆、塔顺线路倾倒方向侧铁塔主材或电杆杆身上栓系牵引绳（一般采用人力牵拉、可不设置牵引绞磨等设备）。

（4）设置倒杆、塔反方向控制绳。在倒杆、塔反方向（顺线路铁塔中心、顶部位置）设置反向控制绳及松线器和固定桩锚，安排专人进行控制，以确保反方向拉线拆除时不因杆塔向倒落方向倾倒而导致拉线始终受力。

（5）清理铁塔附着物。安排人员对铁塔上的绝缘子串、导线等有可能影响倾倒方向或因铁塔倒地后碎裂飞溅、弹跳飞扫的附着物进行清理。

（6）开挖马道。对待倒落的电杆在倒落方向上开挖马道。

2. 倒杆、塔作业

（1）牵拉倒杆、塔反方向控制绳，使杆塔向倒杆、塔反方向受力，安排人员拆除倒杆、塔反方向各拉线（各拉线应同时进行，并确保速度均衡）。

（2）倒杆、塔反方向各拉线拆除完毕后，松开倒杆、塔反方向控制绳。所有人员撤离倒塔1.5倍杆高距离以外。安排人员对塔脚部位角钢进行切割（切割应保留

倒塔方向立面主材不做切割）。

（3）牵拉倒塔方向主牵引绳，直至铁塔整体倒落。

（4）场地清理。对拆卸分解后的塔材进行整理，搬运至运输车辆后，装载运输至指定地点。

1）废旧塔材搬运中需防止塔材尖锐部分对作业人员的伤害。

2）废旧塔材装载运输车辆应满足装载运输管理要求，严禁客货混装。

第十一章 ◎

邻近带电设备作业

本章针对配电网工程施工中邻近带电设备作业的方式、安全距离的识别与作业方式选择、现场安全风险防控等方面进行了具体介绍。重点强调邻近带电设备作业存在一定安全风险。在邻近带电设备作业时，存在误碰带电体造成触电和感应电伤害等事故风险；在停电作业时，存在误登带电线路、自备电源反送电、光伏发电等而造成触电事故风险。

第一节 邻近带电设备作业方式及选择

一、邻近带电设备作业

1. 邻近带电设备作业含义

在配电网工程施工中，施工区段或者杆位以及各档导线均可能与现有各电压等级电力设施存在一定的相邻位置关系，在这些范围内进行的相关作业，称为邻近带电设备作业。

2. 邻近带电设备位置关系类型

从施工过程中的各种工况与现有电力设施的相互关系来看，其相邻关系包括靠近（地上靠近、地下靠近）、平行、交叉（跨越、钻越）。

施工中存在的各种典型相邻关系示例如下：

（1）靠近。吊车组立电杆的工作位置与10kV ××××线路靠近，最近距离3 m。

图11－1 吊车立杆作业靠近带电线路

（2）平行。新建 10kV ××××线路 10～15 号段与 10kV ××××线路平行架设，平行距离 4.5m；新建 10kV ××××线路 10 号基坑与 10kV ××××电缆线路靠近，距离 1.2m。

图 11－2　放线施工时与带电线路平行

（3）跨越。新建 10kV ××××线路 10～11 号段跨越 10kV ××××线路 20～21 号段，跨越净空距离 3.1m。

图 11－3　放线施工跨越带电线路

（4）钻越。新建 10kV ××××线路 10～11 号段钻越 10kV ××××线路 20～21 号段，钻越净空距离 2.3m。

图 11－4　放线施工钻越带电线路

3. 邻近带电设备的作业类型

在日常工程施工中，邻近带电作业主要包括邻近高压带电设备或线路作业和邻近低压带电设备或线路作业。

根据电压等级，对高、低压设备进行区分：

（1）高压设备。电压等级在 1000V 以上者。

（2）低压设备。电压等级在 1000V 及以下者。

二、安全距离

（1）电气安全距离。是指为了防止人体触及或过分接近带电体，或防止车辆和其他物体碰撞带电体，以及避免发生各种短路、火灾和爆炸事故，在人体与带电体之间、带电体与地面之间、带电体和带电体之间、带电体与其他物体和设施之间，都必须保持一定的距离。

（2）作业人员正常活动时与高压线路、设备不停电时的最小安全距离。

表 11－1　　设备不停电时最小安全距离

电压等级（kV）	安全距离（m）	电压等级（kV）	安全距离（m）
10 及以下	0.7	330	4.0
20、35	1.0	500	5.0
66、110	1.5	750	8.0
220	3.0	1000	9.5
±50	1.5	±660	9.0
±400	7.2	±800	10.1
±500	6.8		

注　表中未列电压应选用高一电压等级的安全距离，后表同。750kV 数据按海拔 2000m 校正，±400kV 数据按海拔 5300m 校正，其他电压等级数据按海拔 1000m 校正。

（3）导线架设、检修时与邻近或交叉其他高压电力线工作的安全距离。

表 11-2　　邻近或交叉其他高压电力线工作的安全距离表

电压等级（kV）	安全距离（m）	电压等级（kV）	安全距离（m）
10 及以下	1.0	330	5.0
20、35	2.5	500	6.0
66、110	3.0	750	9.0
220	4.0	1000	10.5
±50	3.0	±660	10.0
±400	8.2	±800	11.1
±500	7.8		

（4）在带电线路、设备附近立、撤杆塔，杆塔、拉线、临时拉线、起重设备、起重绳索应与带电线路、设备保持安全距离，且应有防止立、撤杆过程中拉线跳动和杆塔倾斜接近带电导线的措施（设置专人监护，防止移动作业设备与带电设备过分接近；设置溜绳，防止被吊装设备的惯性、风偏造成与带电设备的距离过近）。

表 11-3　　与架空输电线及其他带电体的最小安全距离

电压（kV）	<1	10、20	35、66	110	220	330	500
最小安全距离（m）	1.5	2.0	4.0	5.0	6.0	7.0	8.5

（5）生产区域范围。凡是作业地点与运行线路的水平垂直距离小于杆塔高度的作业区域，均应视为生产区域。

三、邻近带电设备作业方式选择

（一）邻近带电设备作业的基本方式

在邻近带电设备的情况下，其作业方式根据带电设备的运行状态可分为停电作业和不停电作业。其中不停电作业又可根据其作业工况分为邻近带电设备的作业、带电作业。

（二）邻近带电设备作业方式的选择

当施工过程中存在邻近的带电设备时，如何选择作业方式，其最根本的选择依据就是“安全距离”，根据各种相邻状态和安全距离数据，选择作业方式分类如下：

1. 作业方式选择

邻近带电设备作业方式的选择，取决于施工过程中人员活动、工器具、材料等与相邻带电设备的安全距离[见《国家电网公司电力安全工作规程（配电部分）》表 5-1]的限制。

当不能满足《国家电网公司电力安全工作规程（配电部分）》表5－1规定值时，应停电进行施工作业或由专业人员进行带电作业。

当能满足《国家电网公司电力安全工作规程（配电部分）》表5－1规定值时，可保留带电设备进行施工作业。

2. 工作票应用选择

（1）当必须采取停电方式才能实施作业的，应对停电设备及作业任务执行“第一种工作票”（含输电、变电、配电）。

（2）当采取不停电方式实施作业的，应根据其是否满足生产区域范围的要求，选择应用带电作业工作票、第二种工作票、低压工作票或是施工作业票。

链 接

工作票：是准许在电气设备上进行检修、安装、土建等工作的书面命令，也是明确安全职责，向工作班人员进行安全交底，履行工作许可、监护、间断、转移和终结手续及实施保证安全技术措施的书面依据和记录载体。根据作业类型可分为第一种工作票、第二种工作票、带电作业工作票、低压工作票、施工作业票。

工作票应用范围：以配电线路的工作票的应用为例，具体说明如下：

（1）填用配电第一种工作票的工作：配电工作，需要将高压线路、设备停电或做安全措施者。

高低压同杆架设配电线路，下层低压线路停电工作，该停电线路与上层10kV线路之间应大于2m的安全距离，且工作过程中人体与10kV设备保持1m安全距离。不满足上述要求的，上层10kV线路应停电，并使用配电第一种工作票。

配电工作（含低压工作及新建工程施工），因作业人员、设备、工器具、材料等与带电线路或配电设备之间安全距离不能满足安全要求，导致带电作业无法完成或开展的，需要将高压线路、设备停电或做安全措施者，应填用配电第一种工作票。

（2）填用配电第二种工作票的工作：高压配电工作（含相关场所及二次系统工作），与邻近带电高压线路或设备的距离大于《国家电网公司电力安全工作规程（配电部分）》表3－1规定，不需要将高压线路、设备停电或做安全措施者。

《国家电网公司电力安全工作规程（配电部分）》表3－1规定：

1）10kV及以下高压线路、设备不停电时的安全距离0.7m。

2）35kV高压线路、设备不停电时的安全距离1.0m。

（3）填用配电带电作业工作票的工作：

1）高压配电带电作业。

2）与邻近带电高压线路或设备的距离大于《国家电网公司电力安全工作规程（配电部分）》表3－2、小于表3－1规定的不停电作业。

《国家电网公司电力安全工作规程（配电部分）》表3－2规定：

a）在 10kV 及以下高压线路、设备上从事不停电作业时人体与带电体的安全距离为 0.4m；

b）在 35kV 及以下高压线路、设备上从事不停电作业时人体与带电体的安全距离为 0.6m。

（4）填用低压工作票的工作：低压配电工作，不需要将高压线路、设备停电或做安全措施者。

1）低压配电工作（含新建工程施工），需要将低压线路、设备停电或做安全措施，但不需要将高压线路、设备停电或做安全措施者。

2）低压带电作业。如低压主干线路（三相）上的工作（包括单相线路接火），应使用低压工作票。

（5）填用施工作业票的工作：在非生产区域范围内、不涉及配合停电设备的配电网工程施工作业。

第二节　邻近带电设备的不停电作业

一、邻近带电设备不停电作业的风险分析

施工作业中，邻近带电设备不停电时，存在的安全风险主要有以下基本类型：

（1）作业人员误登、误触带电设备，可能造成人身触电事件。

（2）作业人员活动及工程机械、工具、材料的使用与带电设备安全距离不足，可能造成人身触电事件。

（3）待施工的电力线路因邻近、交叉其他带电线路形成感应电，可能造成作业人员感应电触电事件。

二、邻近带电设备不停电作业的注意事项

1. 一般注意事项

（1）邻近带电设备不停电作业时，应将邻近带电设备作为现场勘察的必要因素，明确其具体位置、名称以及与施工作业任务的具体影响，并将其纳入现场勘察记录、工作票（或施工作业票）、现场安全交底。

（2）开工前，工作负责人应先核对停电检修线路的名称、杆号无误，验明线路确已停电并挂好地线后，向工作班成员做好明确安全交底、指明带电线路和待施工线路具体位置后，方可宣布开始工作。

（3）邻近带电设备不停电作业时，各作业点均应设置监护人，防止作业人员误登杆塔、误碰带电设备造成触电事故。

（4）作业人员登杆（塔）前，应与监护人一起再次核对停电检修线路的名称、

杆号、色标，并确认无误后，方可进行登杆作业。

2. 基坑开挖作业的注意事项

（1）开挖作业前，应根据基坑位置和施工机械、施工工具应用情况，充分分析与带电设备的位置关系和安全距离，合理选择是否应停电进行开挖作业。

（2）开挖作业应全过程设置专责监护人。

（3）使用洛阳铲等超长工具进行人工开挖时，应合理选择和控制洛阳铲的使用范围，保证洛阳铲在取土时不触碰带电导线。

（4）使用挖掘机等机械作业时，应合理选择和控制挖掘机工位、挖斗回转范围等，保证机械在作业时不触碰带电线路、设备。

图 11－5　挖掘机开挖作业位置应避开带电线路

（5）对于在地下电缆通道附近进行的开挖作业，应事先明确电缆通道位置，使用小型机械或人工逐步掏挖，不得进行大型机械开挖或直接打桩、钻孔。

3. 吊车立杆作业的注意事项

（1）吊车立杆（塔）作业时，应合理布置吊车位置，确保其设备结构、起吊钢丝绳等与带电设备的安全距离符合表 11－3 的要求，并有一定的裕度。

图 11－6　邻近带电线路使用吊车立杆时应与带电线路保持安全距离

（2）邻近带电设备进行的吊车立杆作业时，吊车应设置接地并确保接地牢靠。接地线应使用专用接地软铜线，一般不应小于 $25mm^2$。接地端应使用专用接地探针、打入地下应不小于 60cm，设备端应固定在专用螺栓上或者使用专用夹头固定在车体无漆面覆盖的金属部分。

图 11－7　邻近带电设备进行的吊车作业，吊车应可靠接地

（3）吊车作业过程中，应安排一名有经验的专职监护人员，全过程负责监护，随时制止吊臂和吊物有可能误入邻近带电区域，保证吊车臂架、吊具、辅具、钢丝绳及吊物等与架空输电线路及其他带电体的距离不得小于表 11－3 规定的安全距离。

图 11－8　吊车立杆过程中应安排专人进行全程监护

（4）邻近带电吊装作业必须设置专人指挥，吊装过程速度必需匀速、缓慢，幅度不能过大，确保吊物接近带电线路或设备时，不发生因制动产生较大惯性摆动（注：为安全起见，可在吊物捆绑点位置设置溜绳，防止惯性摆动或者风偏摆动）。

图 11－9　邻近带电吊装作业必须设置专人指挥

（5）一般情况下，不允许使用吊车在各电压等级带电线路正下方进行起重作业。确需在带电线路正下方进行起重作业的，应取得其运行维护责任单位的同意。

（6）严禁使用吊车跨越带电线路吊运电杆。

4. 导线架设作业的注意事项

（1）禁止在带电线路（含高、低压）的上方平行重叠架设电力线路。

（2）在带电线路上方进行交叉挡架设线路时，应对不停电线路采取搭设跨越架等可靠防护措施后方可进行。

图 11－10　利用跨越架进行导地线展放

（3）在带电线路下方进行交叉跨越档内松紧、降低或架设导线的检修及施工，应采取防止导线跳动或过牵引导致与带电线路接近至《国家电网公司电力安全工作规程》规定的安全距离的措施。

防止导线跳动的措施一般指采取用绳索拉住导线，防止导线上跳，具体操作如下：

1）在邻近带电线路下方合理位置（空间垂直位置）打好一根临时桩，该临时桩应在被牵引导线的正下方，临时桩上安装一只滑轮。

2）在即将被收紧的导线上悬挂一只滑轮，滑轮吊钩朝下，用绳索一端系在滑轮吊钩上，绳索另一端穿过临时桩滑轮，安排一名人员控制绳索端。在紧线过程中，该名人员拉住绳索一端，缓慢释放绳索，使导线无法产生跳动。

（4）邻近带电线路工作时，人体、导线、施工机具等与带电线路的距离应满足规定，施工中的导线应在工作地点接地，绞车等牵引工具应接地。

图 11－11　邻近带电线路放紧线时应保持足够的安全距离

图 11－12　邻近带电线路工作时对导线采取的临时接地措施

（5）禁止在带电线路正下方设置用于放、紧、撤线作业的临时拉线、牵引设备。

图 11－13　牵引设备、临时拉线禁止进入带电线路正下方

5. 搭设跨越架不停电导架设线作业的注意事项

（1）在邻近带电线路上方进行导线架设，该线路又不能停电时，应搭设跨越架。搭设跨越架前应经设备运维管理单位同意，并得到许可后方可进行。

图 11－14　需要带电跨越的电力线路应搭设跨越架

（2）搭设跨越架可由专业单位进行作业，搭设跨越架的企业资质、人员资质、保险等应符合公司有关规定要求。

表 11－4　　　　　　跨越架与被带电最小安全距离表

跨越架部位		被跨越电力线电压（kV）				
		＜10	35	60～100	220	330
架面与导线的水平距离（m）		1.5	1.5	2	2.5	3.5
无地线时，与带电体垂直距离（m）	封顶杆	2	2	2.5	3	4
	封顶网	3	3	3.5	4	5
有地线时，与底线垂直距离（m）	封顶杆	1	1	1.5	2	2.5
	封顶网	2	2	2.5	3	3.5

（3）跨越架的高度超过 15m 时，应编制专项跨越施工方案。对于高度一般不超过 15m 需要搭设的跨越架，可不制订专项施工方案，但应在架线施工技术方案中提出要求。

（4）跨越架应牢固可靠，满足人力放线和绞磨放线时导地线或牵引绳通过跨越架顶部所承受的荷载。

（5）用钢管搭设跨越架封顶时，在放线时，为防止导线损伤，其顶部应安装胶轮滚筒。

（6）已搭设的跨越架应安装防护标识，并安装警示牌。

（7）对于 400V 及以下线路和通信线等一般不搭设跨越架，采取停电施工方式进行。

（8）跨越架搭设好经检查无误后、还需经验收合格并挂验收合格标牌后方可进行导线架设工作。

图 11－15　跨越架搭设完成后需经过验收合格并挂设验收合格标牌

第三节　邻近带电设备的停电作业

在电力工程作业过程中，如工作因无法保证安全距离要求，须停电进行工作。

一、总体要求

（1）停电施工作业前，施工单位应严格执行“先勘察，后方案，再计划”的作业计划申报流程，联系设备运行维护责任单位，确定停电施工作业计划。

（2）停电施工作业应根据实际工作任务，开展现场勘察，编制施工“三措一案”或专项施工方案，并经工程业主单位和设备运行维护责任单位审批同意（现场勘察及施工“三措一案”或专项施工方案的编制要求见本书第三章）。

二、停电作业的有关注意事项

（1）停电施工作业，应严格执行工作票制度。现场作业前应对停电设备做好必要的安全措施（包括停电、验电、接地、装设标牌及围栏等），并经设备运行维护责任单位许可后方可进行。

图 11－16　停电的线路应经停电、验电并装设接地线

（2）停电作业的工作票应执行“双签发”，严禁执行未经设备运维责任单位签发的工作票。工作票不执行“双签发”时，应由设备运行维护责任单位相应资格人员担任工作负责人。

（3）同一停电范围内的多个施工作业任务的，应办理工作票、执行工作许可手续，严禁“搭车”作业。

（4）停电施工作业时，施工单位应根据工作票确定的任务内容，严格控制施工作业范围，严禁超范围施工。

（5）严禁施工单位在工作票所列安全措施以外等范围进行任何涉及停电配合设备的作业。

（6）严禁施工单位擅自操作各类高、低压设备。

（7）工作终结时，现场施工负责人应联系工作票许可人，核对设备状态、检查施工线路对运行线路有无影响、人员是否撤离、接地等安全措施是否全部拆除后，汇报工作许可人工作终结，工作终结后，严禁任何人再次进行任何作业或攀登运行线路杆塔。

第十二章 ◎

配电线路工程施工防高坠措施

本章重点介绍了高处作业的定义和高处坠落事故的基本类型，结合架空配电线路施工作业中高处坠落安全风险类型，详细解释了防范高处坠落事故的具体措施和有关要求。

第一节 基 本 定 义

按照国家标准 GB/T 3608—2008《高处作业分级》规定：凡在坠落高度基准面 2m 以上（含 2m）的可能坠落的高处所进行的作业，都称为高处作业。在施工现场高处作业中，如果未防护，防护不好或作业不当都可能发生人或物的坠落。作业人员从高处坠落的事故，称为高处坠落事故。

1. 高处坠落事故的基本类型

根据高处作业者工作时所处的部位不同，高处作业坠落事故可分为：

（1）临边作业高处坠落事故；

（2）洞口作业高处坠落事故；

（3）攀登作业高处坠落事故；

（4）悬空作业高处坠落事故；

（5）操作平台作业高处坠落事故。

2. 高坠的基本概念

（1）坠落基准面。可能坠落范围的最低水平面，包括地上结构水平面、地下结构水平面、大地表面。

（2）坠落距离。从作业人员开始下落的初始位置到坠落后平衡位置的距离。

3. 配电网工程施工检修常见高处坠落风险因素

（1）杆塔攀登；

（2）杆塔及金具、绝缘子串、导地线上的作业；

（3）深基坑及坑口作业；

（4）邻边作业；

（5）高架车（斗臂车）作业；

（6）梯子作业；

（7）脚手架、跨越架上作业。

4. 高处作业人员的基本要求

（1）凡参加高处作业的人员，应每年进行一次体格检查。未经体检人员不得参加高处作业。

（2）高处作业人员应衣着灵便、穿软底鞋，并正确佩戴个人防护用具。

（3）高处作业人员必须系好安全带（绳），安全带（绳）必须拴在不同的牢固构件上，并不得低挂高用。作业过程中，应随时检查安全带（绳）是否拴牢。

（4）高处作业人员所用的工具和小件材料（如螺栓等）应放在工具袋内或用绳索绑牢；上下传递物件应用绳索吊送，严禁抛掷。

（5）高处作业人员在转移作业位置时不得失去保护，手扶的构件必须牢固。

（6）作业人员上下铁塔应沿脚钉攀登。在间隔大的部位转移作业位置时，应增设临时扶手，不得沿单根构件上爬或下滑。

（7）遇有雷雨、暴雨、浓雾、五级及以上等恶劣天气下，不得进行高处作业。

（8）高处作业必须设置安全监护人。无安全监护人不得登高作业。

第二节 常见工况防高坠措施执行要求

1. 杆塔稳定性检查

攀登前绕杆塔基础一周，对杆塔稳定性进行充分检查，具体包括：

（1）检查杆塔基础稳定性，重点查看基础有无下陷、上拔、外露等情况，检查杆塔整体有无埋深不足、地脚螺栓未紧固、倾斜情况。

（2）检查拉线完整性，重点查看拉线结构是否完整、完好，受力有无异常情况，拉盘有无外露情况。

（3）检查杆塔结构完整性，重点查看杆塔结构有无缺失、塔材有无严重变形、电杆有无开裂、倾斜等情况。

（4）攀登前对攀登通道进行充分检查，具体包括：

1）检查铁塔附属安装的爬梯是否牢固，有无结构缺失、螺栓未安装等情况。

2）检查铁塔脚钉是否完成，有无缺失情况。

3）检查攀登通道有无障碍物（如同杆架设的通信线路、低压线路、杆号牌等）。

图 12-1　铁塔、电杆基础不稳固

图 12-2　电杆拉线被破坏

图 12-3　电杆受力异常

图 12－4 攀登铁塔或电杆前应对攀登通道进行充分检查

（5）攀登前对攀登工器具进行检查，具体包括：

1）检查脚扣、登高板等登高工具，确保完好。

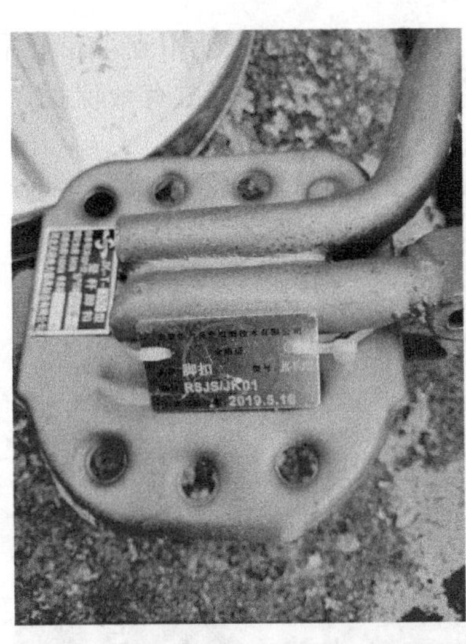

图 12－5 攀登杆塔前应对登高工器具进行检查

2）检查安全带、后备保护绳、防坠自锁器、速差自锁器等安全工器具，确保完好。

3）检查登高作业人员安全带穿戴完整（包括腰部系扣是否正确牢固，肩带、腿部系带是否正确穿戴），后备保护绳是否系扣牢固、保险装置或螺栓是否紧固到位。

图 12－6　登高作业前应对安全带、后备保护绳进行检查

（6）使用脚扣攀登一般水泥电杆（含拔梢杆、等径杆）时，应全过程使用安全带。

（7）利用爬梯、脚钉等攀登无防坠装置的杆塔时，应使用安全带、后备保护绳交替防护，全过程始终保持至少有一种保护措施对人身形成有效保护。

图 12－7　攀登杆塔过程中不得失去安全保护

（8）攀登杆塔过程中，如需要翻越障碍物时，应使用后备保护绳或安全带交

替防护，或者全过程使用防坠器。翻越障碍物过程中，应确保全过程始终保持至少有一种保护措施对人身形成有效保护。

图 12－8　攀登杆塔翻越障碍物时不得失去安全保护

（9）在杆塔横担部位或塔身非攀登通道攀登时，若未安装或未使用防坠装置时，必须使用后备保护绳或安全带交替防护，应确保全过程始终保持至少有一种保护措施对人身形成有效保护。

图 12－9　杆塔上移动时不得失去安全保护

（10）攀登杆塔过程中，作业人员可携带必要的工具包、传递绳索。严禁作业人员负重攀登杆塔。

图 12－10　攀登杆塔过程中作业人员不得负重

（11）针对大于 3m 的后备保护绳，应配置缓冲器，或者应使用速差保护器。

图 12－11　大于 3m 的后备保护绳，应配置缓冲器，或者应使用速差保护器

（12）杆塔上高处作业时，应确保安全带、安全绳高挂低用。在杆塔顶部、横担端部等特殊部位作业时，应适当调整、收缩安全绳、安全带长度，防止坠落距离过大或形成坠落后的撞击。

图 12－12　高处作业时应确保安全带、安全绳高挂低用

（13）不得攀登处于故障状态下的杆塔。必须进行登高处理时，应采取必要防护措施或采取其他辅助方式进行登高作业。

图 12－13　不得攀登处于故障状态下的杆塔

（14）在线路施工跨越架上作业时，作业人员定点作业时应同时使用安全带和安全绳，移动过程中应确保有一种保护措施。

图 12－14　跨越架上作业人员未按要求使用安全带、安全带

2. 配电线路杆塔高处作业

（1）针对在输配电线路杆塔上进行的各类作业，作业人员在攀登到达作业位置后，应同时使用安全带、后备保护绳，且安全带、后备保护绳应系挂在杆塔不同的牢固构件上。

（2）安全带、后备保护绳不得系挂在杆塔开放性结构部位，不得系挂在待拆除构件上，不得系挂在未完全安装到位的构件上。

（3）安全带、安全绳长度应适宜。作业人员应根据工况选择合适型号的安全绳，必要时可根据作业位置调整安全绳挂点位置、安全绳长度。

图 12-15 安全带、后备保护绳应系挂在杆塔不同的牢固构件上

图 12-16 安全带、绳不得系挂在待拆除构件或未安装牢固构件上

图 12-17 安全带、安全绳长度应适宜

（4）严禁使用吊车吊钩起吊吊篮的方式载人进行高处作业。

图 12－18 严禁使用吊车吊钩起吊吊篮的方式载人进行高处作业

（5）配电线路一般不采取直接上导线的方式进行作业。作业人员直接上导地线的作业，其导线截面应满足钢芯铝绞线不小于 120mm^2，钢绞线不小于 50mm^2，不能满足该条件时，严禁作业人员直接上线作业。

3. 新建铁塔组立高处作业

（1）新建铁塔组立作业，应按铁塔组立时塔上作业人员数量配置速差防坠器、防坠绳及自锁器。

（2）铁塔组立时，自第一层结构组装起，应同时在铁塔四角主角钢顶部装设速差防坠器，且应使用小绳将防坠器挂钩引致距离地面 1～1.5m 高处固定，便于后期作业人员使用。

图 12－19 新组立铁塔顶端应设置速差防坠器

（3）铁塔组立时，自第一层结构组装起，应在铁塔攀登通道侧装设防坠绳（可以是强力绳或钢绞线），并配置防坠自锁器，用于塔上作业人员上下时的安全防护。

图 12-20　新组立铁塔攀登通道侧应装设防坠绳

（4）铁塔组立过程中，塔上人员定点作业时，应同时使用安全带、后备保护绳（或速差防坠器）。

图 12-21　塔上人员定点作业时，应同时使用安全带、后备保护绳（或速差防坠器）

4. 深基坑作业

（1）深基坑开挖作业时，坑口作业人员应使用安全带、安全绳。安全带、安全绳应系挂在专设的桩锚上，桩锚的设置位置应满足作业人员活动范围的需要，同时应保证安全绳的最大长度至坑口为止。安全带、安全绳严禁系挂在坑口围栏上。

图 12－22 深基坑坑口作业人员应使用安全带、安全绳

（2）深基坑开挖时，坑口周围应设置硬质围栏、安全警示标志，并确保装设牢固。

图 12－23 深基坑坑口周围应设置硬质围栏、安全警示标志

（3）坑内作业人员上下时，应使用专用软梯，攀登时应同时使用安全带和速差防坠器，严禁利用提土装置上下或采用攀绳、撑坑壁等方式上下。

图 12－24 深基坑进出坑使用软梯上下

5. 直梯上作业

（1）使用梯子进行登高作业时，梯子的攀登高度不宜大于 5m，梯子的设置角度以与地面夹角 70°～80° 为宜。

图 12-25　爬梯放置斜度

（2）梯子顶部应设置醒目的 1m 限高线，作业人员攀爬梯子时，其足部不得越过该限高线，且必须有专人扶梯。

图 12-26　作业人员攀爬梯子要求

（3）一般应使用专用的梯子，严禁使用破损、开裂、结构不完整的梯子。

（4）梯子应放置平稳，采取必要的防滑措施。底部不得有支垫，顶部依靠应稳固牢靠。

图 12－27　使用梯子进行登高作业时应使用专用梯子

图 12－28　梯子的支撑应平稳、可靠

6. 树木修剪作业

（1）砍剪树木时，一般应采用高枝剪、高架车等工具，尽量避免直接上树作业。必须上树作业时，应对待攀爬树木进行评估，不得攀爬主径过细的树木和树枝，不得攀爬易折断树种，不得攀爬枯死的树木。

（2）上树时，应使用安全带，安全带不得系在待砍剪树枝的断口附近或以上。不得攀抓脆弱和枯死的树枝；不得攀登已经锯过或砍过的未断树木。

图 12-29　上树作业不得攀爬易折断树种，不得攀爬枯死的树木

图 12-30　上树作业未按要求使用安全带、安全绳

（3）风力超过 5 级时，禁止攀爬树木。

（4）作业人员在树木上进行修剪作业时，应合理安排作业位置。锯断较大的树枝时，应采取双面开口的方式，防止树枝撕裂后对作业人员形成牵扯。

◎ 第十三章

配电网工程安全工器具管理与使用

本章主要介绍配电网工程中常见的安全工器具种类及作用，旨在规范公司系统内基层单位、外来施工单位安全工器具日常管理，以及如何在检修施工作业现场正确使用安全工器具，减少因安全工器具使用不当出现的装置性、行为性违章，防范人身安全事件的发生。

一、配电网工程常见的安全工器具种类

安全工器具是指防止触电、灼伤、坠落、物理击打、锐利器伤害等事故，保障工作人员人身安全的各种专用工具和器具。安全工器具分为绝缘安全工器具、防护安全工器具、安全围栏（网）和标示牌三大类。

1. 绝缘安全工器具

绝缘安全工器具主要用于防护作业人员发生触电事故的工器具，分为基本绝缘安全工器具和辅助绝缘安全工器具两大类。

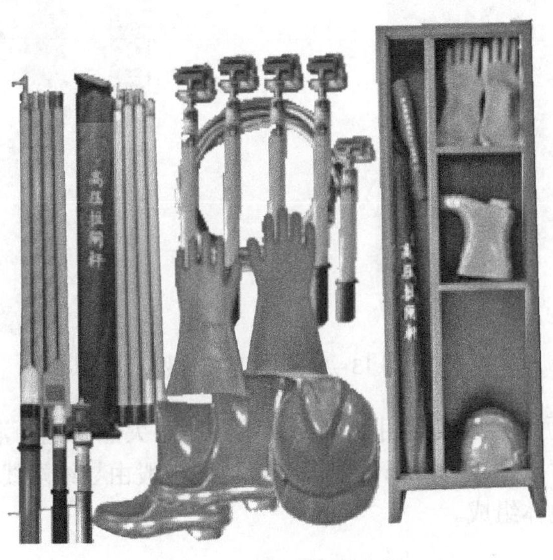

图 13－1　电力绝缘工具

基本绝缘安全工器具是指能直接操作带电设备、接触或可能接触带电体的工器具，包括绝缘杆、电容型验电器、携带型短路接地线、个人保安线、核相器等。

（1）绝缘杆是用于短时间对带电设备进行操作或测量的杆类绝缘工具，如接通或断开高压断路器、隔离开关、跌落熔断器等。绝缘杆由合成材料制成，结构一般分为工作部分、绝缘部分和手握部分，其中绝缘部分长度不得小于0.7m。

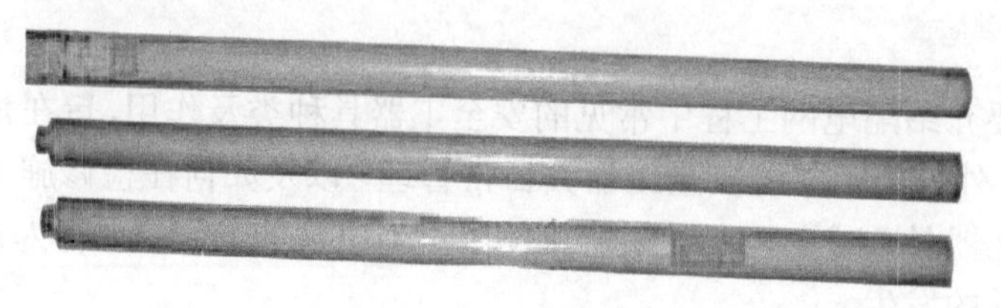

图 13－2　绝缘杆

（2）电容型验电器是通过检测流过验电器对地杂散电容中的电流，检验高压电气设备、线路是否带有运行电压的装置。电容型验电器一般由指示部分、绝缘部分和握柄三部分组成。

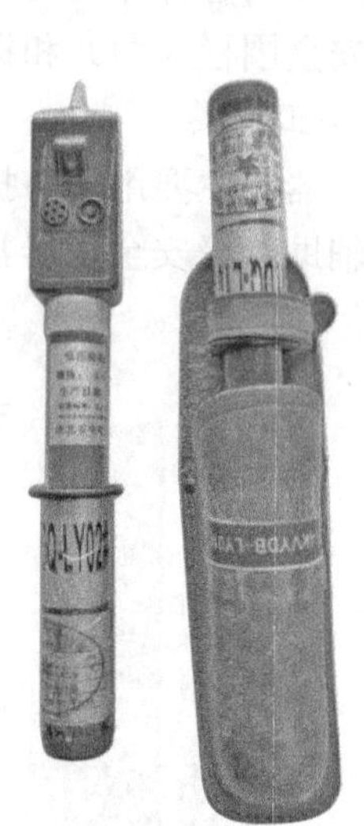

图 13－3　电容型验电器

（3）携带型短路接地线是用于防止设备、线路突然来电，消除感应电压，放尽剩余电荷的临时接地装置。携带型短路接地线一般由导线端线夹、绝缘操作棒、多股软铜线和接地体组成。

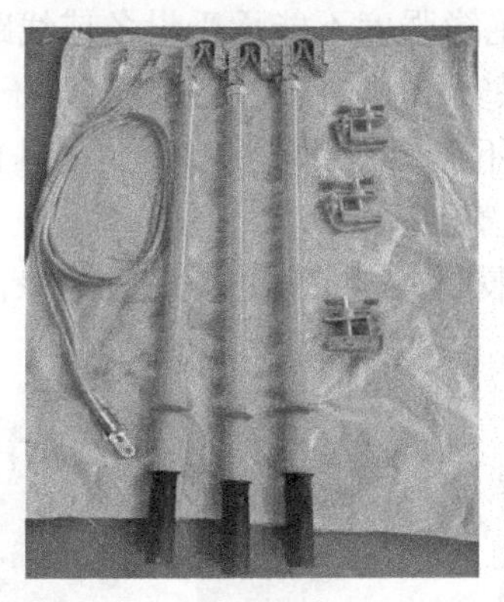

图 13－4　携带型短路接地线

（4）个人保护接地线是用于防止感应电压危害的个人用接地装置。

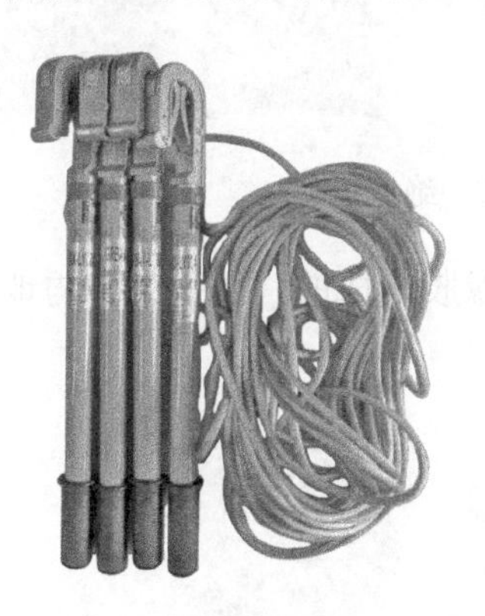

图 13－5　个人保护接地线

（5）核相器是用于鉴别待连接设备、电气回路是否相位相同的装置。

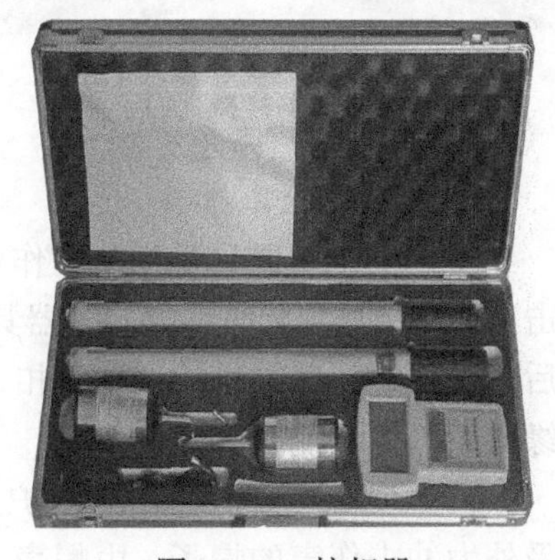

图 13－6　核相器

（6）辅助绝缘安全工器具是指绝缘强度不能承受设备或线路的工作电压，只是用于加强基本绝缘安全工器具的保安作用，用以防止接触电压、跨步电压、泄漏电流电弧对工作人员伤害的工器具，不能用辅助绝缘安全工器具直接接触高压设备带电部分，包括绝缘手套、绝缘靴（鞋）等。

1）辅助型绝缘手套是由特种橡胶制成的，起电气辅助绝缘作用的手套。

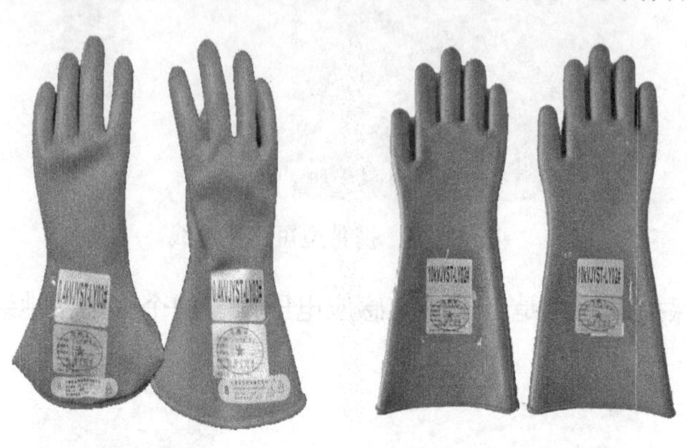

图 13－7　绝缘手套

2）辅助型绝缘靴（鞋）是由特种橡胶制成的，用于人体与地面辅助绝缘的靴（鞋）子。

图 13－8　绝缘靴（鞋）

图 13－9　安全帽

2. 防护安全工器具

防护安全工器具是指防护作业人员发生高坠、物体打击、中毒窒息、交通事故的工器具，包括安全帽、安全带、后备保护绳、速差自控器、脚扣、登高板、护目眼镜、绝缘梯、气体检测仪等。

（1）安全帽是一种用来保护工作人员头部，使头部免受外力冲击伤害的帽子。由帽壳、帽衬、下颏带和锁紧卡组成。

（2）安全带是防止高处作业人员发生坠落或发生坠落后将作业人员安全悬挂的个体防护装备，由腰带、围杆带、绳子、金属配件等组成。后备保护绳是安全带上面的保护人体不坠落的后备保护系绳。

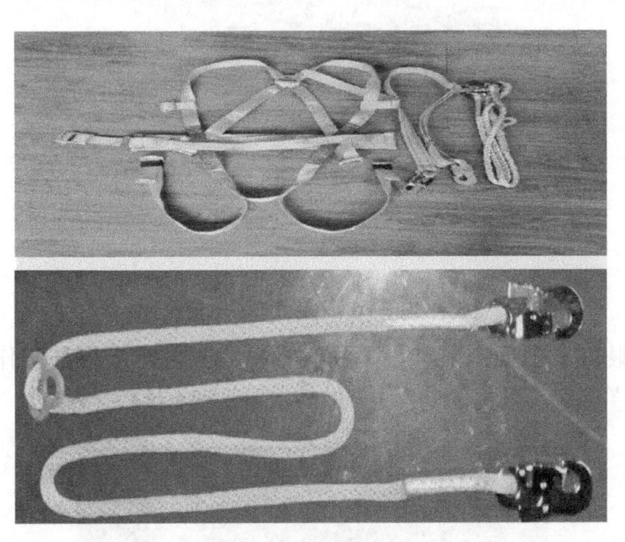

图 13－10　安全带

（3）速差自控器是一种安装在挂点上、装有一种可收缩长度的绳（带、钢丝绳）、串联在安全带系带和挂点之间、在坠落发生时因速度变化引发制动作用的装置，用于预防高处作业人员发生坠落。

（4）脚扣是用钢或合金材料制作的近似半圆形、带皮带扣环和脚登板的攀登电杆工具。

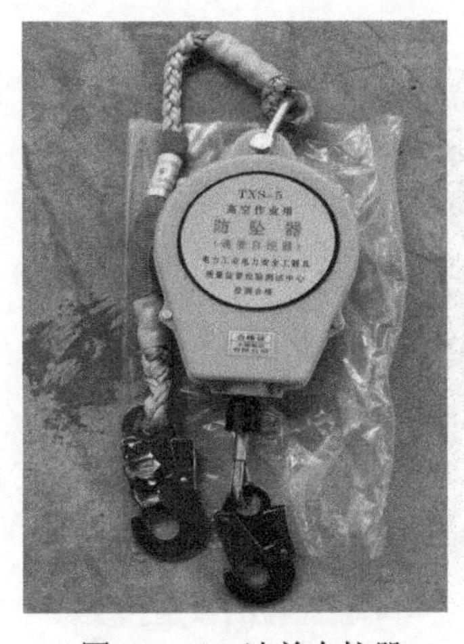

图 13－11　速差自控器

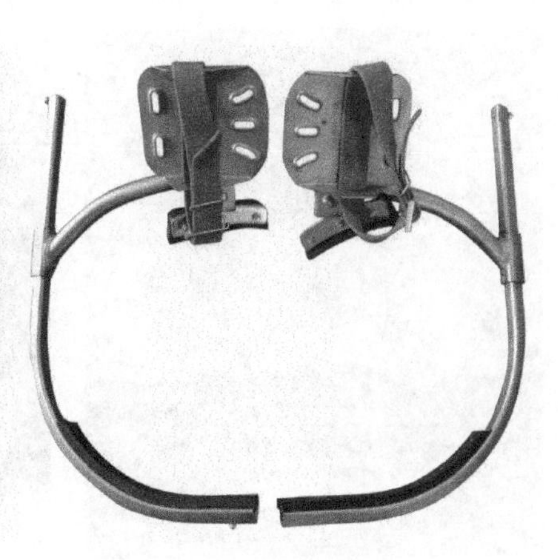

图 13－12　脚扣

（5）登高板是由脚踏板、吊绳及挂钩组成的攀登电杆的工具。

图 13－13　登高板

（6）护目眼镜是在维护电气设备和进行检修工作时，保护工作人员不受电弧灼伤以及防止异物落入眼内的防护用具。

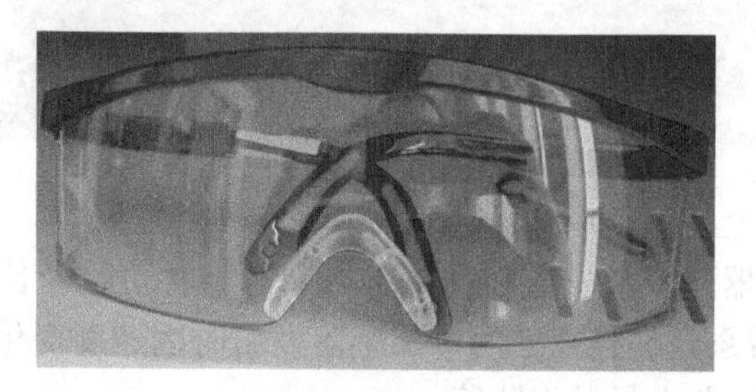

图 13－14　护目眼镜

（7）绝缘梯是包含有踏档或踏板，可供人上下的装置，由绝缘材料制成。

图 13－15　绝缘梯

（8）气体检测仪是一种气体泄露浓度检测的仪器仪表工具，可以用来检测工作环境中存在的气体种类和含量。

3. 安全围栏和标示牌

（1）安全围栏主要用于限制和防止在作业现场特定范围内的活动，有围网、围栏以及警示带等种类。

图 13－16　气体检测仪

图 13－17　安全围栏

（2）安全标示牌是出于安全考虑而设置的标示牌，以减少安全隐患，包括各种安全警告牌、设备标示牌等。

图 13－18　设备标示牌

图 13－19　安全警告牌

二、配电网工程安全工器具管理要点

各单位应严格执行安全工器具管理制度，加强工器具配置、试验、检查、使用、报废等环节管理，规范建立安全工器具室管理责任人、工器具配置标准、工器具台账、试验报告、检查领用记录等管理资料，为各类检修施工作业提供安全基础保障。

1. 安全工器具配置

（1）各单位必须设立专用的安全工器具室，安全工器具室应设立在环境清洁、干燥、通风良好、工器具运输及进出方便的场所，并满足作业安全工器具存放需求。

图 13－20　安全工器具室

（2）各单位应结合施工作业需求，配置充足的安全工器具，保证每个现场执行的安全措施满足要求。

图 13－21　安全工器具

（3）各单位应建立统一分类的安全工器具台账和编号方法，对工器具室内各类存放设施和工器具统一分类编号，并在工器具上贴有醒目标识，各类工器具摆放处应贴有与存放工器具相对应的标签，确保存放物品和位置相对应。

图 13－22　工器具室内各类存放设施和工器具统一分类编号

2. 安全工器具试验

（1）各类安全工器具必须通过国家和行业规定的型式试验，进行出厂试验和使用中的周期性试验。应进行试验的安全工器具如下：

1）《国家电网公司电力安全工作规程（配电部分）》要求进行试验的安全工器具；

2）新购置和自制的安全工器具；

3）检修后或关键零部件经过更换的安全工器具；

4）对机械、绝缘性能存疑或发现缺陷的安全工器具。

（2）安全工器具试验合格后，必须在合格的安全工器具上（不妨碍绝缘性能且醒目的部位）粘贴“试验合格证”标签，注明试验人、试验日期及下次试验日期，并按使用单位出具试验报告单。

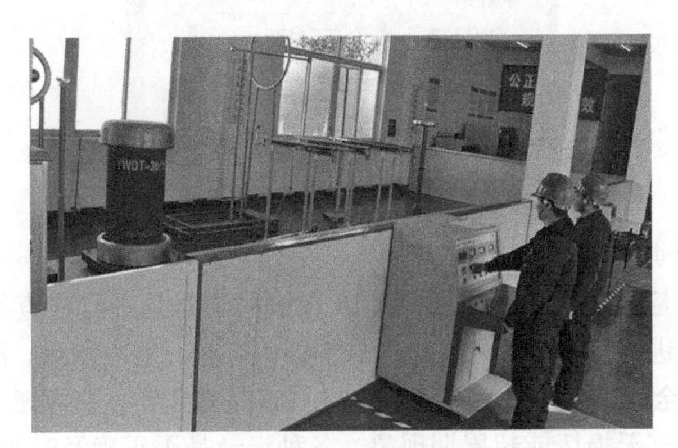

图 13－23　安全工器具试验（一）

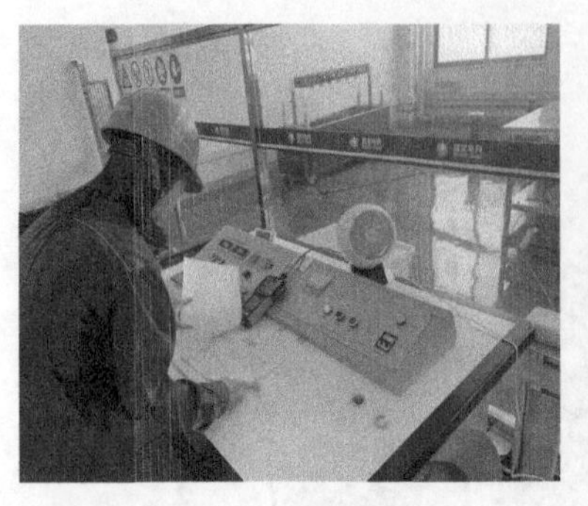

图 13－24 安全工器具试验（二）

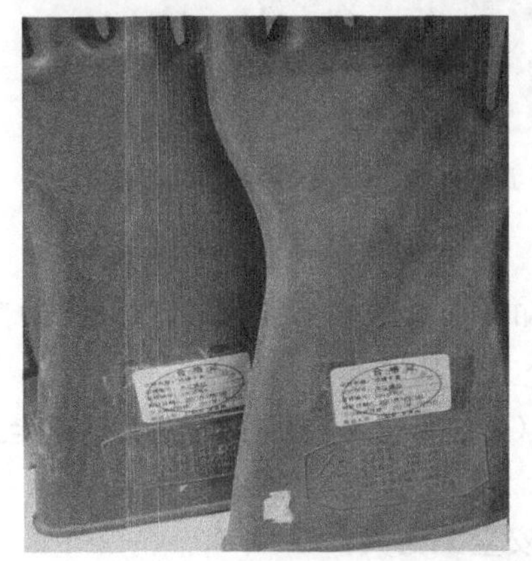

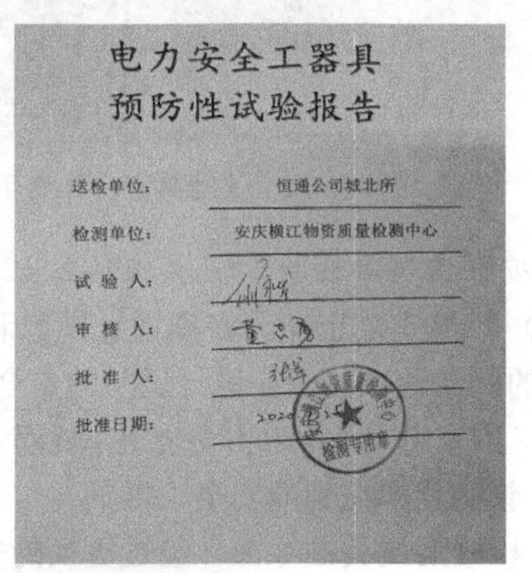

电力安全工器具
预防性试验报告

送检单位：恒通公司城北所
检测单位：安庆横江物资质量检测中心
试验人：
审核人：
批准人：
批准日期：

合格证
试样名称：登高板
规格型号：/
试样编号：GBSDG05
检验日期：2021年5月25日
下次检验日期：2021年11月24日
检验人员：俞永发 曹 进

图 13－25 试验合格证标签（一）

3. 安全工器具检查

（1）各单位应定期对安全工器具室及存放的工器具进行检查维护，并由检查人员对检查项目进行登记、签名。检查的主要内容有：室内的温、湿度计及其他设备是否正常，安全工器具室地面、墙体以及门窗是否正常，室内摆放的安全工器具数量是否准确，有无损坏或超周期现象，各种记录是否正确及时等。

××××物资质量检测中心

绝缘手套试验报告

<table>
<tr><td>报告编号</td><td colspan="2">2103022</td><td colspan="2">收样日期</td><td colspan="2">2021.3.15</td><td colspan="2">试验日期</td><td colspan="2">2021.3.15</td><td colspan="2">数量</td><td colspan="2">15双</td></tr>
<tr><td>天气</td><td colspan="2">雨</td><td colspan="2">环境温度</td><td colspan="2">15.8 ℃</td><td colspan="2">环境湿度</td><td colspan="2">74%</td><td colspan="2">环境气压</td><td colspan="2">/</td></tr>
<tr><td>试验设备</td><td colspan="2">ZXNY-50工频耐压试验装置</td><td colspan="2">设备编号</td><td colspan="2">AQJC-AQ-33</td><td colspan="4">设备有效期</td><td colspan="4">2021-7-12</td></tr>
<tr><td>检测依据</td><td colspan="14">1. DL/T1476-2015电力安全工器具预防性试验规程　2. GB/T17622-2008带电作业用绝缘手套　3. DL/T 477-2010农村电网低压规程</td></tr>
<tr><td rowspan="2">序号</td><td rowspan="2">样品编号</td><td colspan="5">样品信息</td><td rowspan="2">样品符合性</td><td colspan="3">工频耐压试验</td><td colspan="3">泄漏电流试验</td><td rowspan="2">下次试验日期</td></tr>
<tr><td>客户自编号</td><td>生产厂家</td><td>生产日期</td><td>产品型号</td><td>额定电压(kV)</td><td>U (kV)</td><td>t (S)</td><td>单项结论</td><td colspan="2">I (mA)</td><td>单项结论</td></tr>
<tr><td>1</td><td>HPJYS101#</td><td>——</td><td>——</td><td>——</td><td>辅助</td><td>高压</td><td>符合</td><td>7.8</td><td>60</td><td>合格</td><td>A:4.20</td><td>B;3.96</td><td>合格</td><td rowspan="6">2021.9.14</td></tr>
<tr><td>2</td><td>HPJYS102#</td><td>——</td><td>——</td><td>——</td><td>辅助</td><td>高压</td><td>符合</td><td>7.8</td><td>60</td><td>合格</td><td>A:3.88</td><td>B;4.66</td><td>合格</td></tr>
<tr><td>3</td><td>HPJYS103#</td><td>——</td><td>——</td><td>——</td><td>辅助</td><td>高压</td><td>符合</td><td>7.8</td><td>60</td><td>合格</td><td>A:3.88</td><td>B;4.03</td><td>合格</td></tr>
<tr><td>4</td><td>HPJYS104#</td><td>——</td><td>——</td><td>——</td><td>辅助</td><td>高压</td><td>符合</td><td>7.8</td><td>60</td><td>合格</td><td>A:4.30</td><td>B;3.87</td><td>合格</td></tr>
<tr><td>5</td><td>HPJYS105#</td><td>——</td><td>——</td><td>——</td><td>辅助</td><td>高压</td><td>符合</td><td>7.8</td><td>60</td><td>合格</td><td>A:4.06</td><td>B;4.06</td><td>合格</td></tr>
<tr><td>6</td><td>HPJYS106#</td><td>——</td><td>——</td><td>——</td><td>辅助</td><td>高压</td><td>符合</td><td>7.8</td><td>60</td><td>合格</td><td>A:4.15</td><td>B;4.53</td><td>合格</td></tr>
<tr><td rowspan="8">试验标准</td><td colspan="3" rowspan="2">名称</td><td rowspan="2">额定电压</td><td colspan="4">工频耐压试验</td><td colspan="4">泄漏电流试验</td><td colspan="2" rowspan="2">试验周期(月)</td></tr>
<tr><td colspan="2">标准电压（kV）</td><td colspan="2">标准时间（s）</td><td colspan="4">泄漏电流(mA)</td></tr>
<tr><td colspan="2" rowspan="6">绝缘手套</td><td rowspan="2">辅助</td><td>低压</td><td colspan="2">2.5</td><td colspan="2">60</td><td colspan="4">≤2.5</td><td colspan="2">6</td></tr>
<tr><td>高压</td><td colspan="2">8</td><td colspan="2">60</td><td colspan="4">≤9</td><td colspan="2">6</td></tr>
<tr><td rowspan="4">带电</td><td>0.4</td><td colspan="2">5</td><td colspan="2">60</td><td colspan="4">/</td><td colspan="2">6</td></tr>
<tr><td>10</td><td colspan="2">20</td><td colspan="2">60</td><td colspan="4">/</td><td colspan="2">6</td></tr>
<tr><td>25</td><td colspan="2">30</td><td colspan="2">60</td><td colspan="4">/</td><td colspan="2">6</td></tr>
<tr><td>35</td><td colspan="2">40</td><td colspan="2">60</td><td colspan="4">/</td><td colspan="2">6</td></tr>
<tr><td>试验结论</td><td colspan="14">以上样品所检项目合格。</td></tr>
<tr><td>备　注</td><td colspan="14">在试验周期内若发现到绝缘材质老化、破损等缺陷现象，禁止使用。</td></tr>
</table>

图 13-25　试验合格证标签（二）

（2）不得在安全工器具室存放未经试验、试验不合格或已损坏的工器具。

图 13-26　安全工器具检查

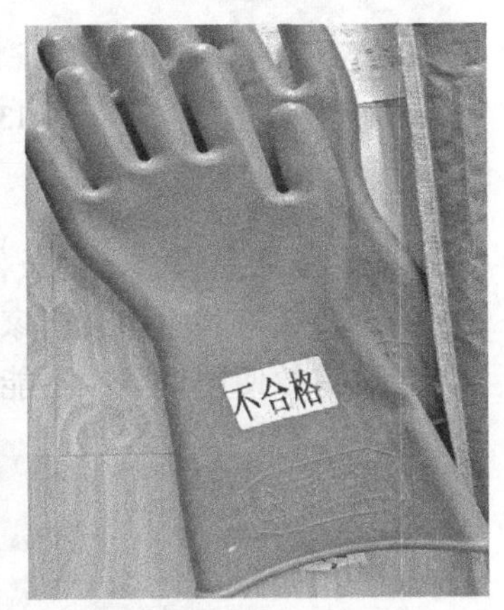

图 13-27　不合格工器具

4. 安全工器具领用和归还

（1）安全工器具领用应以各类工作票、派工单为依据，并将各类票（单）号填入安全工器具领用记录，存放在安全工器具室内。

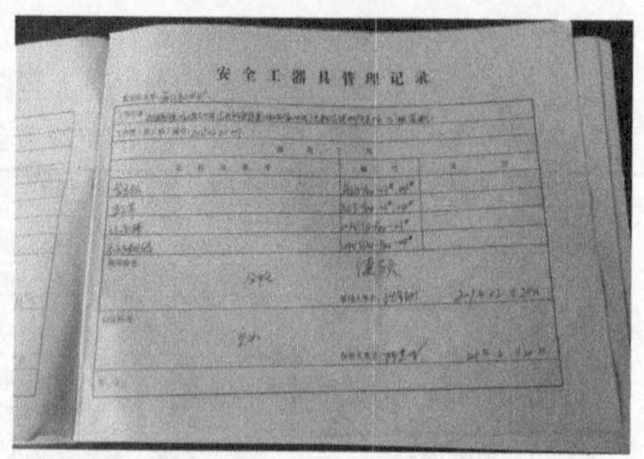

图 13－28　安全工器具管理记录

（2）安全工器具领用和归还时，保管人和领用人应共同对工器具进行检查，检查不合格或超试验周期的应立即停止使用，并做好记录，严禁不合格的安全工器具流入施工作业现场。

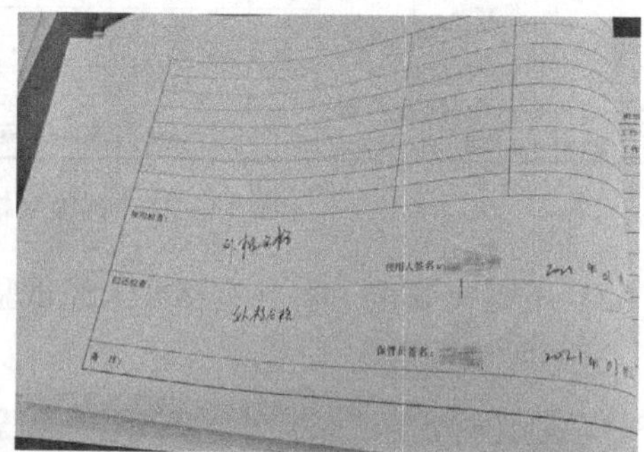

图 13－29　领用和归还记录

5. 安全工器具报废

（1）安全工器具符合下列条件之一者，即予以报废：

1）经试验或检验不符合国家或行业标准的。

2）超过有效使用期限，不能达到有效防护功能指标的。

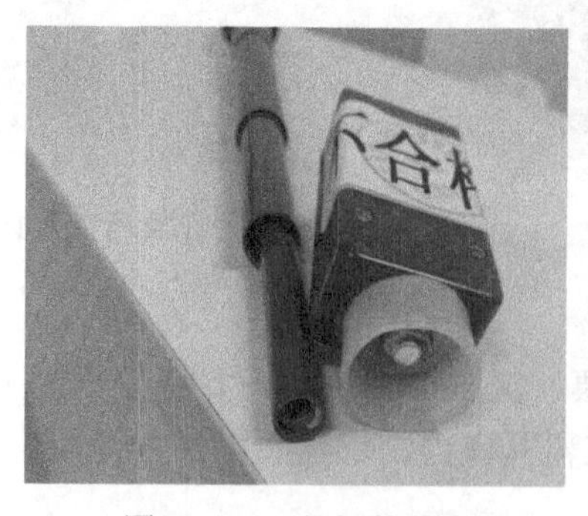

图 13－30　损坏的验电器

图 13－31　超过有效使用期的验电器

3）外观检查明显损坏影响安全使用的。

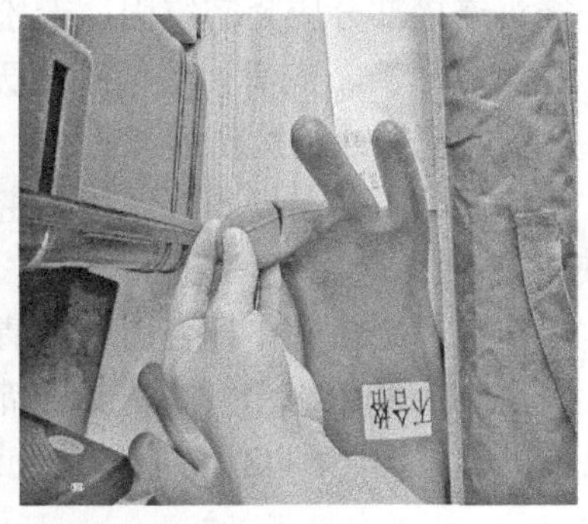

图 13－32　外观检查不合格的安全帽和绝缘手套

（2）报废的安全工器具应及时清理，撕毁“试验合格证”，不得与合格的安全工器具存放在一起，严禁使用报废的安全工器具。

图 13－33　经检验不合格报废的安全工器具

三、配电网工程现场安全工器具使用要点

携带至施工作业现场使用的安全工器具，开工前应检查确认绝缘部分无裂纹、无老化、无绝缘层脱落、无严重伤痕以及固定连接部分无松动、无锈蚀、无断裂等现象，否则应立即重新予以更换。安全工器具问题未完成整改前不得开工，现场严禁使用不合格的安全工器具。

（一）绝缘操作杆

操作柱上断路器、隔离开关、跌落熔断器等高压设备时，应使用绝缘操作杆。

1. 检查要点

（1）检查标识和预防性试验合格证，根据配电设备电压等级，选择相应的绝缘操作杆。

（2）接头连接部分应紧密牢固，无松动、锈蚀和断裂等现象。

（3）杆身应清洁、光滑，绝缘部分无气泡、皱纹、裂纹、划痕、硬伤、绝缘层脱落、严重的机械或电灼伤痕。

（4）手持部分护套与操作杆连接紧密、无破损，不产生相对滑动或转动。

2. 使用要点

（1）操作前，绝缘操作杆表面应用清洁的干布擦拭干净，使表面干燥、清洁。

（2）操作时应戴绝缘手套，人体与带电设备保持足够的安全距离，操作者的手握部位不得越过护环，以保持有效的绝缘长度，并注意防止绝缘操作杆被人体或设备短接。

（3）雨天在户外操作电气设备时还应穿绝缘靴，绝缘操作杆的绝缘部分应有防雨罩，罩的上口应与绝缘部分紧密结合，无渗漏现象，以便阻断流下的雨水，使其不致形成连续的水流柱而大大降低湿闪电压。

图 13－34　绝缘操作杆的使用

（二）电容型验电器

配电设备已停电，应使用对应电压等级的验电器验明设备确无电压后，再执行接地安全措施。配电网工程中一般使用声光报警可伸缩型验电器。

1. 检查要点

（1）检查标识和预防性试验合格证，根据配电设备电压等级，选择相应的验电器，不可使用 0.4～10kV 等宽量程的验电器。

（2）指示器应密封完好，表面应光滑、平整，自检三次均应有声光信号出现。

（3）杆身应清洁、光滑，绝缘部分应无气泡、皱纹、裂纹、划痕、硬伤、绝缘层脱落、严重的机械或电灼伤痕。伸缩型绝缘杆各节配合合理，拉伸后不应自动回缩。

（4）手柄与绝缘杆、绝缘杆与指示器的连接应紧密牢固。

表 13-1　　　　　　　　验电器的检查与处理要点

特征	处理方法
时响时亮	电源接触不良 调整接触部位
只能听到微弱声音或闪亮	电量不足 更换电池
无声无光	内部元件故障 更换指示器

2. 使用要点

（1）验电前，验电器杆表面应用清洁的干布擦拭干净，使表面干燥、清洁，并在有电设备上或电容型验电器用工频高压发生器上先检验，确认验电器良好。

（2）验电时应戴绝缘手套，人体应与设备保持足够的安全距离，操作者的手握部位不得越过护环，将验电器逐渐接近被检设备，根据声光报警信号，判断设备有无电压。使用抽拉式电容型验电器时，绝缘杆应完全拉开，以保持有效的绝缘长度。

图 13-35　验电器的现场操作

（3）配电线路上的验电应逐相进行，先验低压后验高压，先验下层后验上层，先验近侧后验远侧，并多点验电。

（4）非雨雪型电容型验电器不得在雷、雨、雪等恶劣天气时使用。

（5）验电前应自检一次，确认声光报警信号应无异常。

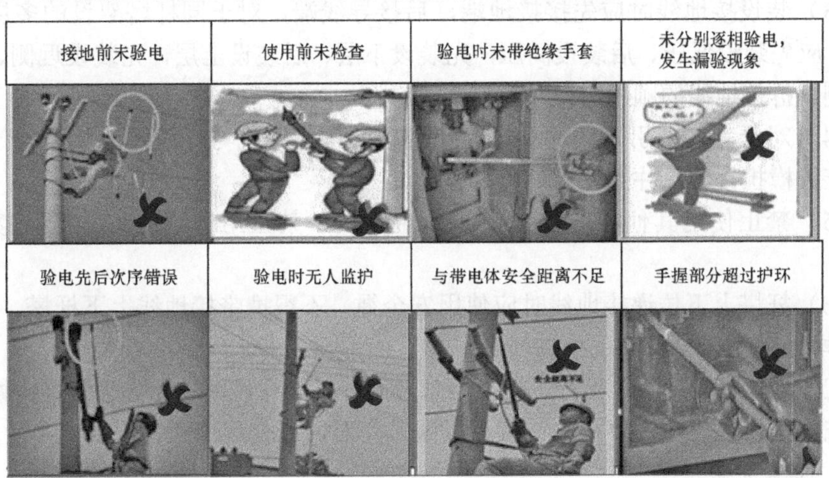

图 13-36　验电器操作的典型错误行为

（三）携带型短路接地线

配电设备停电且验明确已无电压后，应在工作地段各端和工作地段内有可能反送电的各分支线装设短路接地线，配电网工程中一般使用母排型接地线和线路型接地线，母排型接地线主要应用于配电开关柜、JP 柜、箱式变压器、低压母排等设备，线路型接地线主要应用于配电线路架空导线。

1. 检查要点

（1）检查标识和预防性试验合格证，根据配电设备电压等级，选择相应的接地线。

（2）线夹完整、无损坏，与导体的接触面无毛刺，安装后应有自锁功能。

（3）杆身应清洁、光滑，绝缘部分应无气泡、皱纹、裂纹、划痕、硬伤、绝缘层脱落、严重的机械或电灼伤痕。

（4）多股软铜线截面不得小于 $25mm^2$，软铜线护套应柔韧透明，无孔洞、撞伤、擦伤、裂缝、龟裂等现象，软铜线应无裸露、无松股、无断股、无发黑腐蚀、中间无接头等现象。

（5）接地体应使用圆钢材料，截面积大于 $190mm^2$，埋设深度大于 0.6m。

（6）线夹与操作杆连接牢固，线夹与多股软铜线、多股软铜线与接地体间应采取双孔螺栓固定方式，通过线鼻相连接，保证接地线接触良好、连接可靠。

2. 使用要点

（1）经验明确无电压后，应立即装设接地线并三相短路，接地线应接触良好、连接应可靠。

（2）装设接地线时应使用绝缘手套，人体应与设备保持足够的安全距离，操作者的手握部位不得越过护环，不准碰触未接地的导线。

（3）装设接地线时应先接接地端，后接导线端，对于同杆塔架设的多层电力线路，应先装设低压、后装设高压，先装设下层、后装设上层，先装设近侧、后装设远侧。拆接地线的顺序与此相反。

（4）对于有接地引下线的杆塔，可利用铁塔接地或与杆塔接地装置电气上直接相连的横担接地，并允许每相分别接地。

（5）禁止使用其他导线作接地线或短路线，禁止用缠绕的方法进行接地或短路。

（6）杆塔上下传递接地线时应使用安全绳，不得携带接地线上下杆塔。

（四）个人保安线

工作地段如有邻近、平行、交叉跨越及同杆塔架设线路，为防止停电检修线路上感应电压伤人，在需要接触或接近导线工作时，应使用个人保安线。

1. 检查要点

（1）线夹完整、无损坏，线夹与电力设备及接地体的接触面无毛刺。

图 13－37　接地线操作的典型错误行为

（2）多股软铜线截面积不得小于 16mm^2，软铜线护套应柔韧透明，无孔洞、撞伤、擦伤、裂缝、龟裂等现象，软铜线应无裸露、无松股、无断股、无发黑腐蚀、中间无接头等现象。

（3）线夹与操作手柄连接牢固，线夹与多股软铜线、多股软铜线与接地体间应通过线鼻相连接，保证接触良好、连接可靠。

2. 使用要点

（1）个人保安线仅作为预防感应电使用，不得以此代替《国家电网公司电力安全工作规程（配电部分）》规定的工作接地线。只有在工作接地线挂好后，方可在工作相上挂个人保安线。

（2）个人保安线应在杆塔上接触或接近导线的作业开始前挂接，作业结束脱离导线后拆除。

（3）装设时，应先接接地端，后接导线端，且接触良好，连接可靠。拆个人保安线的顺序与此相反。个人保安线由作业人员负责自行装、拆。

（4）在杆塔或横担接地通道良好的条件下，个人保安线接地端允许接在杆塔或横担上。

（五）辅助型绝缘手套

设备验电、倒闸操作、装拆接地线等工作时应戴绝缘手套，配电网工程中严格按照电压等级配置绝缘手套，一般使用 10kV 和 0.4kV 两个电压等级的绝缘手套。

1. 检查要点

（1）检查标识和预防性试验合格证，根据配电设备电压等级，选择相应的辅助型绝缘手套。

（2）手套应质地柔软良好，内外表面均应干燥、清洁和平滑，无划痕、裂缝、折缝和孔洞，内部无粘连现象。

（3）用卷曲法或充气法检查手套有无漏气现象。

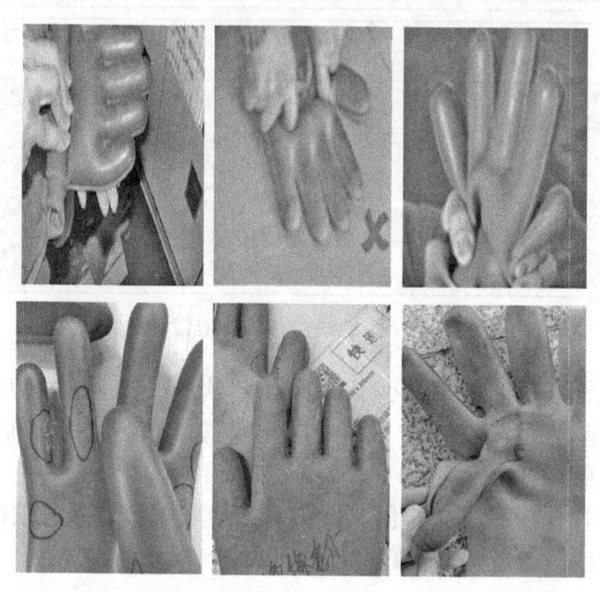

图 13－38　绝缘手套存在刮痕、磨损老化、胶黏等现象

2. 使用要点

（1）作业时，应将上衣袖口套入绝缘手套筒口内。

（2）避免接触锐器、高温、腐蚀性和强碱类物质，以免损坏其绝缘性能。

（六）辅助型绝缘靴（鞋）

高压设备倒闸操作、设备巡视作业时宜使用绝缘靴（鞋），作为辅助的安全用具。特别是在雷雨天气巡视设备或线路接地的作业中，应使用绝缘靴（鞋），防止人员受到跨步电压和接触电压的伤害。

1. 检查要点

（1）检查标识和预防性试验合格证，根据配电设备电压等级，选择相应的辅助型绝缘靴（鞋）。

（2）绝缘靴（鞋）表面应干燥、清洁，无损伤、裂纹、磨损、破漏或划痕等缺陷。

（3）鞋底应有防滑花纹，磨损不得超过 1/2。鞋底不应出现防滑齿磨平、外底磨露出绝缘层等现象。

2. 使用要点

（1）使用绝缘靴时，应将裤管套入靴筒内。

（2）穿用绝缘靴（鞋）应避免接触锐器、高温、腐蚀性和酸碱油类物质，防止鞋受到损伤而影响电绝缘性能。

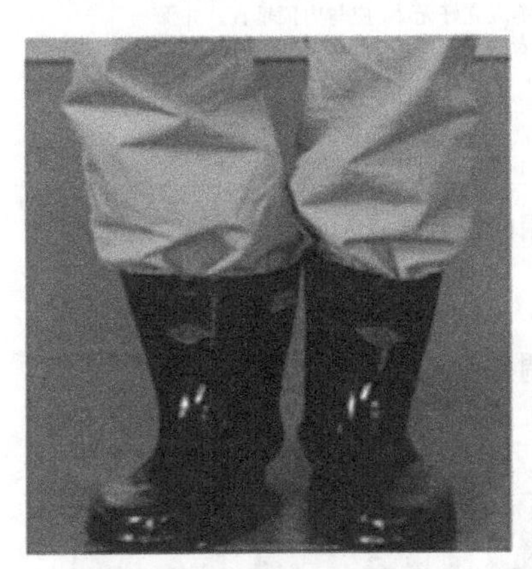

图 13－39　绝缘靴的现场使用

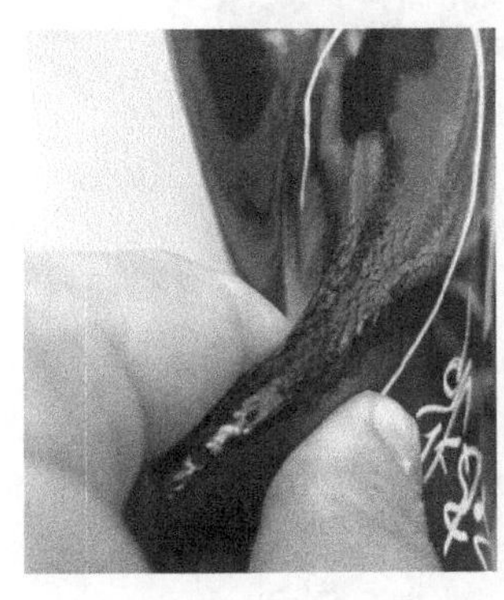
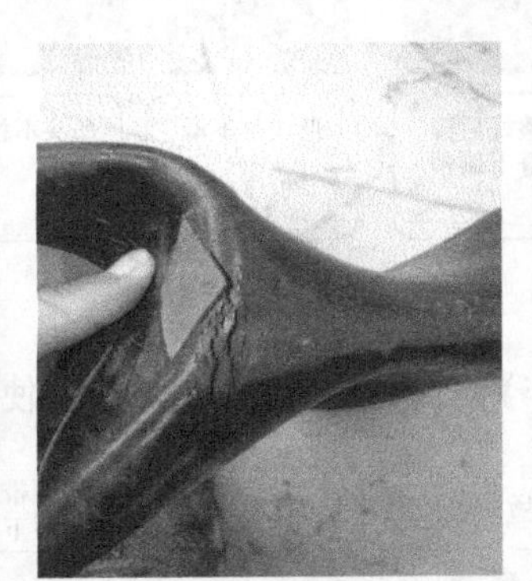

图 13－40　绝缘靴存在破损、穿孔等现象

（七）安全帽

任何人员进入生产、施工作业现场必须正确佩戴安全帽。

1. 检查要点

（1）检查标识，使用期限应在两年半周期以内。

（2）帽壳内外表面应平整光滑，无划痕、裂缝和孔洞，无灼伤、冲击痕迹。

（3）帽衬与帽壳连接牢固，后箍、锁紧卡等调节灵活，卡位牢固。

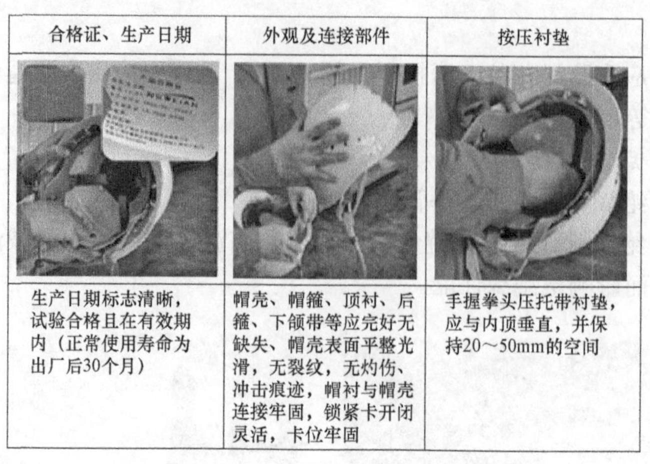

合格证、生产日期	外观及连接部件	按压衬垫
生产日期标志清晰，试验合格且在有效期内（正常使用寿命为出厂后30个月）	帽壳、帽箍、顶衬、后箍、下颌带等应完好无缺失、帽壳表面平整光滑，无裂纹，无灼伤、冲击痕迹，帽衬与帽壳连接牢固，锁紧卡开闭灵活，卡位牢固	手握拳头压托带衬垫，应与内顶垂直，并保持20～50mm的空间

图 13－41　安全帽的检查要点示意

2. 使用要点

（1）安全帽应佩戴端正，将帽箍扣调整到合适的位置，锁紧下颌带，防止工作中前倾后仰或其他原因造成滑落。

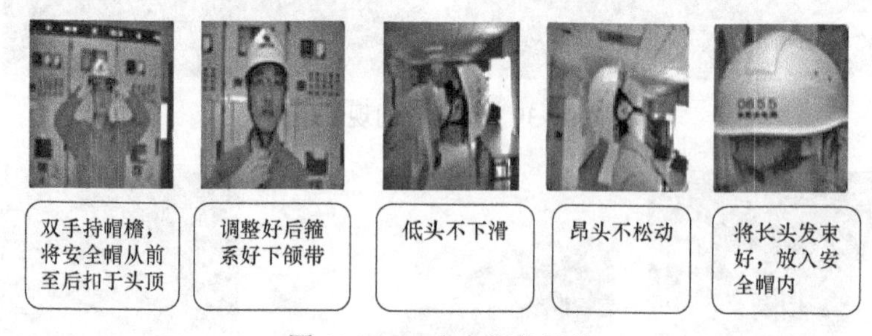

图 13－42　安全帽的佩戴

（2）严禁将安全帽当作凳子、盛装器具或工具袋使用。

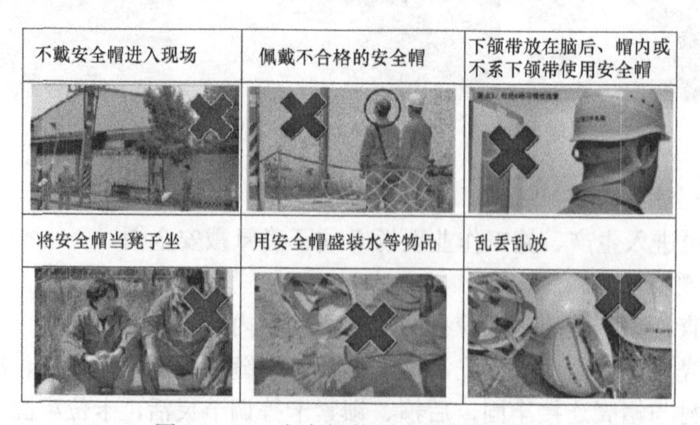

不戴安全帽进入现场	佩戴不合格的安全帽	下颌带放在脑后、帽内或不系下颌带使用安全帽
将安全帽当凳子坐	用安全帽盛装水等物品	乱丢乱放

图 13－43　安全帽使用中的不当行为

（八）安全带

在2m及以上的高处作业时应使用安全带。在没有脚手架或没有栏杆的脚手架上工作，高度超过1.5m时应使用安全带。

1. 检查要点

（1）腰带、围杆带、肩带、腿带等带体无灼伤、脆裂及霉变，表面不应有明显磨损及切口；围杆绳、安全绳无灼伤、脆裂、断股及霉变，各股松紧一致，绳子应无扭结；护腰带接触腰的部分应垫有柔软材料，边缘圆滑无角。

（2）金属配件表面光洁，无裂纹、无严重锈蚀和目测可见的变形；金属环类零件不允许使用焊接，不应留有开口。

（3）金属挂钩等连接器应有保险装置。钩体和钩舌的咬口必须完整，两者不得偏斜。各调节装置应灵活可靠。

2. 使用要点

（1）登杆前，应分别将安全带、后备保护绳系于电杆上，用力向后进行冲击试验，确保有足够的机械强度。

（2）安全带使用时，坠落悬挂点应在安全带的背部或前胸。

（3）在杆塔上作业时，应使用有后备保护绳或速差自锁器的双控背带式安全带，安全带和保护绳应分挂在杆塔不同部位的牢固构件上。

（4）安全带、后备保护绳不得打结使用，应采用高挂低用的方式，系在结实牢固的构件上。禁止挂在移动或不牢固的物件上。

（5）作业人员在上下杆塔或在杆塔上转移位置时，应随时检查安全带和后备保护绳是否拴牢，不得失去安全保护。如遇有障碍物时，应交替使用安全带、后备保护绳。

（6）使用缓冲器时应观察坠落高度，确保缓冲器打开后有足够的坠落安全空间，禁止2个及以上缓冲器串联使用。

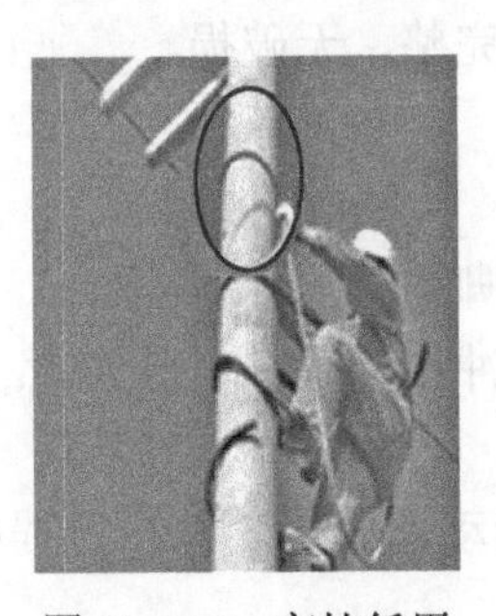

图13－44 高挂低用

图13－45 挂在结实牢固的构件上

图13－46 转位安全保护

（九）速差自控器

在铁塔和钢管塔上作业时宜使用速差自控器。

1. 检查要点

（1）速差自控器的各部件应完整无缺失、无伤残破损，外观应平滑，无材料和制造缺陷，无毛刺和锋利边缘。

（2）钢丝绳式速差器的钢丝应均匀绞合紧密，不得有叠痕、凸起、折断、压伤、锈蚀及错乱交叉的钢丝；织带速差器的织带表面、边缘、软环处应无擦破、切口或灼烧等损伤，缝合部位无崩裂现象。

（3）安全识别保险装置—坠落指示器应未动作。

（4）用手将速差自控器的安全绳（带）快速拉出，应能有效制动并完全回收。

2. 使用要点

（1）速差自控器的安全绳（带）不得打结使用，应采用高挂低用的方式，系在结实牢固的构件上，不得系在棱角锋利处。

（2）速差自控器应连接在安全带前胸或后背的挂点上，移动时应缓慢，禁止跳跃。

（3）严禁将速差自控器锁止后悬挂在安全绳（带）上作业。

（4）严禁将速差自控器的安全绳（带）当提吊绳使用。

（十）脚扣

攀登杆塔登高作业时可使用脚扣，配电网工程中一般应用于攀登水泥电杆。

1. 检查要点

（1）标识清晰完整，金属母材及焊缝无任何裂纹和目测可见的变形，表面光洁，边缘呈圆弧形。

（2）围杆钩在扣体内滑动灵活、可靠、无卡阻现象。小爪连接牢固，活动灵活。保险装置可靠，防止围杆钩在扣体内脱落。

（3）橡胶防滑块完好无破损，无破裂老化。

（4）橡胶防滑块与小爪钢板、围杆钩连接牢固，覆盖完整，无破损。

（5）脚带各部件完好，无霉变、裂缝或严重变形。

2. 使用要点

（1）登杆前，应在杆根处对脚扣进行冲击测试，将脚扣扣入水泥杆上，一只脚站在脚扣踏板上，双手扶住电杆，用自身重量向下冲击，脚扣应无突然下滑现象。

（2）登杆前，应将脚扣脚带系牢，防止脚扣在脚上转动或脱落。登杆过程中应根据杆径粗细随时调整脚扣尺寸。

（3）使用脚扣攀登电杆时，必须全过程系安全带。

（4）严禁从高处往下扔摔脚扣、随意摆放脚扣等现象。

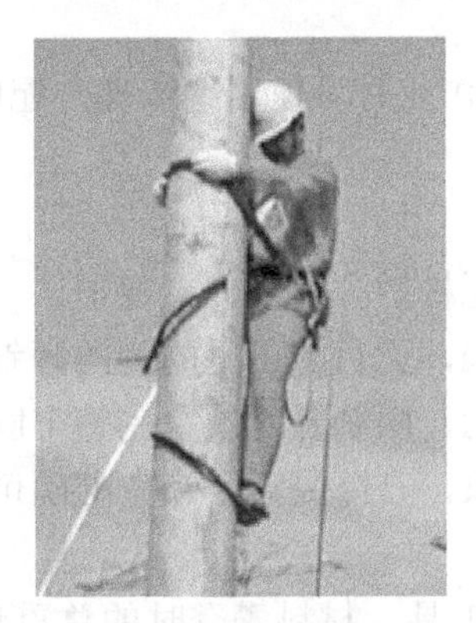
图 13－47　脚扣与安全带配合使用

图 13－48　脚扣未与安全带配合使用

（十一）登高板

攀登杆塔登高作业时可使用登高板。

1. 检查要点

（1）钩子不得有裂纹、变形和严重锈蚀，鸡心环完整、下部有插花，绳索无断股、霉变或严重磨损。

（2）踏板窄面上不应有节子，踏板宽面上节子的直径不应大于 6mm，干燥细裂纹长不应大于 150mm，深不应大于 10mm。踏板无严重磨损，有防滑花纹，绳扣接头每绳股连续插花应不少于 4 道，绳扣与踏板间应套接紧密。

2. 使用要点

（1）登杆前，在杆根处对登高板进行冲击测试，将登高板挂于电杆上，两脚站立于登高板踏板上，用自身重量向下冲击，检查踏板有无下滑、是否牢固可靠。

（2）登杆挂钩时钩口应朝上，严禁反向，防止发生脱钩事故。

（3）在杆塔上作业时，应穿戴安全带，左脚沿左边绳索外侧前端反扣绳索并踏在踏板上，稳住身体。

（十二）护目眼镜

配电网工程中装表接电时应戴护目眼镜，保护眼睛不被弧光所灼伤。

1. 检查要点

（1）防护眼镜表面光滑，无气泡和杂质，以免影响工作人员的视线。

（2）镜架平滑，不可造成擦伤或有压迫感。镜片与镜架衔接应牢固。

2. 使用要点

（1）护目眼镜佩戴前应用干净的布擦拭镜片，以保证足够的透光度。

（2）护目眼镜的宽窄和大小要恰好适合使用者的要求。佩戴后应收紧防护眼镜镜腿（带），避免造成滑落。

（十三）绝缘梯

变压器台、JP 柜组装、装表接电等登高作业时可使用绝缘梯，配电网工程中一般使用绝缘单梯、人字梯、伸缩梯。

1. 检查要点

（1）踏棍（板）与梯梁连接牢固，整梯无松散，各部件无变形。

（2）梯脚防滑块无破损，梯子竖立后平稳，无目测可见的侧向倾斜。

（3）人字梯铰链牢固，开闭灵活，无松动，限制开度装置完整牢固。

（4）伸缩梯操作用绳无断股、打结等现象，升降灵活，锁位准确可靠。

2. 使用要点

（1）梯子应能承受作业人员及所携带的工具、材料攀登时的总重量，并且不得接长或垫高使用。

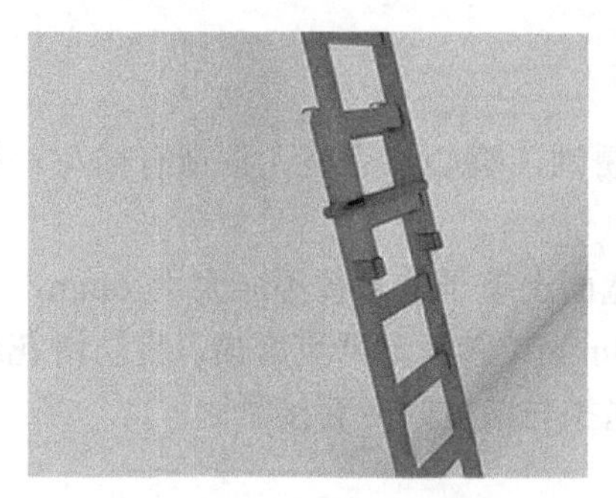

图 13－49　梯子禁止连接使用　　图 13－50　梯子根部禁止垫高

（2）梯子应放置稳固，梯脚要有防滑装置。使用前应先进行试登，确认可靠后方可使用。

（3）单梯使用时，梯子与地面的夹角应为 60°左右，工作人员必须在距梯顶 1m 以下的梯档上工作。

（4）人字梯使用时，应确认限制开度装置完全展开。

（5）作业人员登梯或在梯上工作时，应有人监护，并在梯子下方扶持。

（6）严禁人在梯子上时移动梯子，严禁上下抛递工具、材料。

（十四）便携式气体检测仪

进入井、箱、柜、深基坑、隧道、电缆夹层等有限空间作业，应定期使用便携式气体检测仪检测气体种类和含量，并进行分析评估，做好记录。

1. 检查要点

（1）外观完好无损坏，开机正常，能正常自检进入检测界面，电量保持充足。

（2）通气测试一次，传感器响应灵敏，报警功能完备。

2. 使用要点

（1）检测人员应严格按照审批后的施工方案中的检测方法进行检测，检测时应当采取相应的安全防护措施，防止中毒窒息等事故发生。

（2）有限空间作业现场的氧气含量应为 19.5%～23.5%。有害有毒气体、可燃气体、粉尘容许浓度应符合国家标准的安全要求，不符合时应采取清洗、清空或置换等措施，危险有害因素符合相关要求后，方可进入有限空间作业。

（3）在氧气浓度、有害气体、可燃性气体、粉尘的浓度可能发生变化的环境中作业应保持必要的测定次数或连续检测。检测的时间不宜早于作业开始前 30min。作业中断超过 30min，应当重新通风、检测合格后方可进入。

（十五）安全围栏

在配电网工程施工作业现场各工作地点四周均应装设安全围栏，保持相对封闭状态。

1. 检查要点

（1）金属支架摆放稳固，围网、警告标示牌完好无损。

（2）围网长度满足作业需求，保证工作环境处于相对封闭状态。

2. 使用要点

（1）城区、人口密集区或交通道口和通行道路上施工时，工作场所周围应装设围栏，并在相应部位装设警告标示牌。

（2）禁止作业人员擅自移动或拆除安全围栏、标示牌，防止无关人员进入作业现场。

第十四章 ◎

作业现场典型违章

本章从违章的定义和反违章管理的基本概念、反违章的管理措施以及配电网工程施工作业现场存在的典型违章进行了描述，促进各学员进一步提升安全生产思想意识。

第一节 反违章管理

1. 违章的定义

电力行业的违章是指在电力生产活动过程中，违反国家和电力行业安全生产法律法规、规程标准，违反公司安全生产规章制度、反事故措施、安全管理要求等，可能对人身、电网和设备构成危害并容易诱发事故的管理的不安全作为、人的不安全行为、物的不安全状态和环境的不安全因素。

2. 违章的分类

违章按照性质分为管理违章、行为违章和装置违章三类：

（1）管理违章是指各级领导、管理人员不履行岗位安全职责，不落实安全管理要求，不健全安全规章制度，不执行安全规章制度等的各种不安全作为。

（2）行为违章是指现场作业人员在电力建设、运行、检修、营销服务等生产活动过程中，违反保证安全的规程、规定、制度、反事故措施等的不安全行为。

（3）装置违章是指生产设备、设施、环境和作业使用的工器具及安全防护用品不满足规程、规定、标准、反事故措施等的要求，不能可靠保证人身、电网和设备安全的不安全状态和环境的不安全因素。

按照违章性质、情节及可能造成的后果，可分为严重违章和一般违章两级进行管控：

（1）严重违章是指可能直接造成人身、电网、设备事故，或虽不直接对人身、电网、设备造成危害，但性质恶劣的违章现象。

（2）一般违章是指对人身、电网、设备不直接造成危害，且达不到严重违章标准的违章现象。

3. 反违章

反违章工作是指企业在预防违章、查处违章、整治违章等过程中，在制度建设、培训教育、现场管理、监督检查、评价考核等方面开展的相关工作。

第二节 典型违章示例

一、杜绝违章的倡议

1. 违章与事故之间的关系

违章是事故之源。违章不一定出事（故），出事（故）必然有违章的存在，这句话很好地诠释了违章与事故之间的关系。“海恩法则”是德国飞机涡轮机的发明人帕布斯·海恩提出的一个在航空界关于飞行安全的法则，“海恩法则”指出（海恩法则 1:29:300），每一起严重事故的背后，必然有 29 次轻微事故和 300 起未遂先兆以及 1000 起的事故隐患。“海恩法则”强调两点：一是事故的发生是量的积累的结果；二是再好的技术、再完美的规章，在实际操作层面，也无法取代人自身的素质和责任心。

2. 积极行动，从我做起，杜绝违章行为

（1）每一次事故的发生，并不是一次纯粹的意外或偶然，事故的背后必然存在大量的隐患和不安全因素，人们在生产作业过程中形成的违章行为就是隐患和不安全因素的重要组成部分。回顾电力企业安全生产工作规程的编制历程，本身就是在一件件安全事故中汲取的教训、总结的经验，切切实实就是一本电力企业安全生产的“血泪史”。

（2）违章就是事故。每一次违章，作业现场的直接作业者就已经游走在事故的边缘，没有发生事故只是一次又一次的侥幸。然而或放任一次又一次的违章，事故终究会在一次又一次的违章行为后悄然而至。

（3）遵章就是尊重生命。生命至高无上，也没有重生的机会。“以人为本、安全发展”是党中央关于安全生产的基本理念，严格执行规章制度是每一个生产作业参与者的基本职责，遵章守纪就是尊重生命，安全生产是生存的基本保障。

拒绝违章、人人有责。反违章重在管理，学习、掌握规程规范、规章制度是反违章的根本。敢于较真、坚决执行是反违章的思想态度；加强学习、举一反三，是提升反违章管理水平的必要方法；奖惩并行、追究责任是反违章的管理手段。每一位员工都有发现违章、制止违章、纠正违章的职责，只有人人识违章、人人反违章，才能达到杜绝违章行为的目的。

二、配电网工程施工作业现场典型违章示例

图 14－1　事故就在身边，违章就是事故

（一）安全工器具应用篇

（1）【违章现象】：现场使用的安全带磨损严重、外观检查不合格。

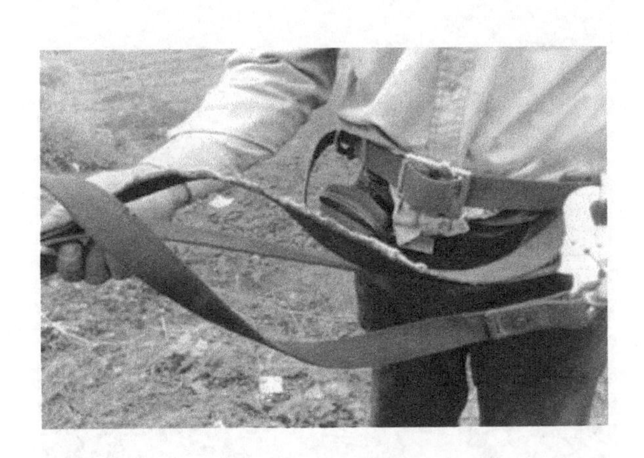

【违章条款】：违反《国家电网公司电力安全工作规程（配电部分）》第 14.5.1 条："安全工器具使用前，应检查确认绝缘部分无裂纹、老化、绝缘层脱落、严重伤痕等现象以及固定连接部分无松动、锈蚀、断裂等现象。"

（2）【违章现象】：现场使用的安全带无编号、合格证标签。

【违章条款】：违反《国家电网公司电力安全工作规程（配电部分）》第 14.6.2.1 条："安全工器具经试验合格后，应在不妨碍绝缘性能且醒目的部位粘贴合格证。"

（3）【违章现象】：现场使用的安全带磨损严重。

【违章条款】：违反《国家电网公司电力安全工作规程（配电部分）》第 14.5.1 条："安全工器具使用前，应检查确认绝缘部分无裂纹、老化、绝缘层脱落、严重伤痕等现象以及固定连接部分无松动、锈蚀、断裂等现象。"

（4）【违章现象】：现场使用的安全带组件缺损、保险扣脱落。

【违章条款】：违反《国家电网公司电力安全工作规程（配电部分）》第 17.2.5 条："腰带和保险带、绳应有足够的机械强度，材质应耐磨，卡环（钩）应具有保险装置，操作应灵活。"

（5）【违章现象】：现场一作业人员安全帽损坏。

【违章条款】：违反《国家电网公司电力安全工作规程（配电部分）》第 14.5.2 条："安全帽：（1）使用前，应检查帽壳、帽衬、帽箍、顶衬、下颌带等附件完好无损。"

（6）【违章现象】：现场使用的安全帽超有效期、且相关组件损坏。

【违章条款】：违反《国家电网公司电力安全工作规程（配电部分）》第 14.5.2 条：“安全帽：（1）使用前，应检查帽壳、帽衬、帽箍、顶衬、下颌带等附件完好无损。”

（7）【违章现象】：工器具室内存放的验电器声光自检不显示。

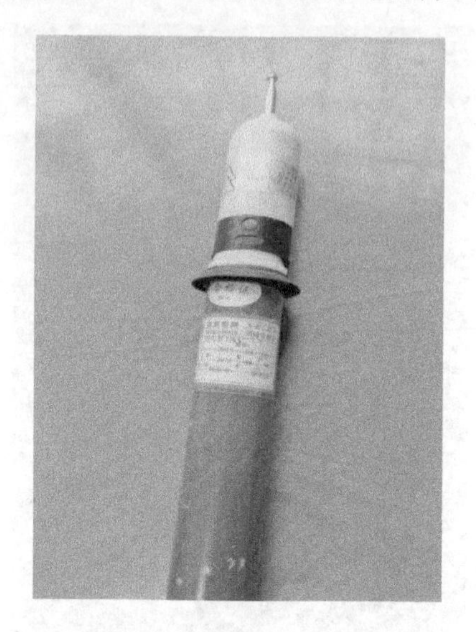

【违章条款】：违反《国家电网公司电力安全工作规程（配电部分）》第 14.1.6 条：“机具和安全工器具应统一编号，专人保管。入库、出库、使用前应检查。禁止使用损坏、变形、有故障等不合格的机具和安全工器具。”

（8）【违章现象】：现场使用的验电器试验合格标签未盖章。

【违章条款】：违反《国家电网公司电力安全工作规程（配电部分）》第 14.6.2.3 条："安全工器具经试验合格后，应在不妨碍绝缘性能且醒目的部位粘贴合格证。"

（9）【违章现象】：现场使用的登高板绳松股，绑扎不牢固。

【违章条款】：违反《国家电网公司电力安全工作规程（配电部分）》第 14.5.7 条："禁止使用金属部分变形和绳（带）损伤的脚扣和登高板。"

（10）【违章现象】：现场使用的脚扣无编号、试验合格标签。

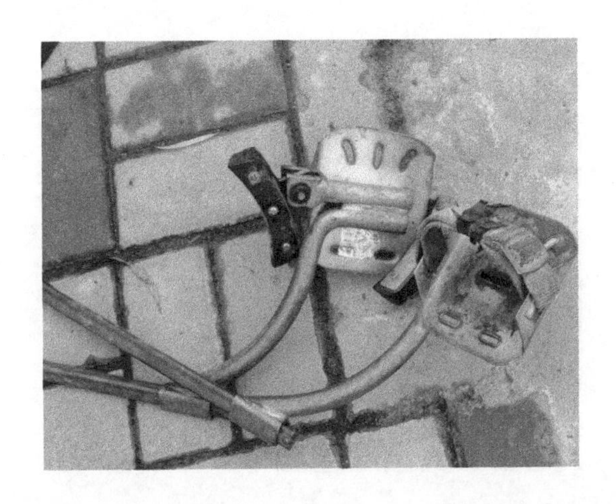

【违章条款】：违反《国家电网公司电力安全工作规程（配电部分）》第 14.6.2.3 条："安全工器具经试验合格后，应在不妨碍绝缘性能且醒目的部位粘贴合格证。"

（11）【违章现象】：现场使用的接地铜线散股且与接地极单螺帽固定。

【违章条款】：违反《国家电网公司电力安全工作规程（配电部分）》第 14.5.5 条："成套接地线：（1）接地线的两端夹具应保证接地线与导体和接地装置都能接触良好。（2）使用前应检查确认完好，禁止使用绞线松股、断股、护套严重破损、夹具断裂松动的接地线。"

（12）【违章现象】：现场使用的接地极与接地铜线连接不牢固。

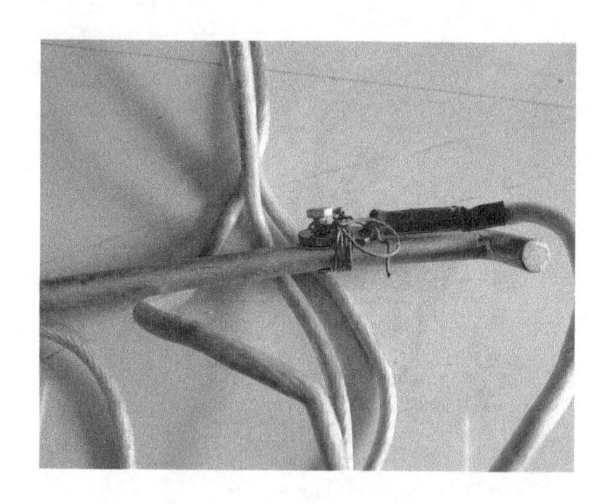

【违章条款】：违反《国家电网公司电力安全工作规程（配电部分）》第 14.5.5 条："成套接地线：（1）接地线的两端夹具应保证接地线与导体和接地装置都能接触良好。（2）使用前应检查确认完好，禁止使用绞线松股、断股、护套严重破损、夹具断裂松动的接地线。"

（13）【违章现象】：现场使用的接地极与接地铜线连接不符合要求。

【违章条款】：违反《国家电网公司电力安全工作规程（配电部分）》第 4.4.9 条：“装设的接地线应接触良好、连接可靠。”

（14）【违章现象】：现场使用的接地线铜线散股断股。

【违章条款】：违反《国家电网公司电力安全工作规程（配电部分）》第 14.5.5 条：“成套接地线：（2）使用前应检查确认完好，禁止使用绞线松股、断股、护套严重破损、夹具断裂松动的接地线。”

（15）【违章现象】：现场使用的接地极紧贴杆根装设。

【违章条款】：违反《国家电网公司电力安全工作规程（配电部分）》第 4.4.9 条："装设的接地线应接触良好、连接可靠。"

（16）【违章现象】：现场使用的接地极埋设于碎石中。

【违章条款】：违反《国家电网公司电力安全工作规程（配电部分）》第 4.4.9 条："装设的接地线应接触良好、连接可靠。"

（17）【违章现象】：接地线导线端安装不牢固。

【违章条款】：违反《国家电网公司电力安全工作规程（配电部分）》第 4.4.5 条："绝缘导线的接地线应装设在验电接地环上。"

（18）【违章现象】：接地线导线端安装不牢固。

【违章条款】：违反《国家电网公司电力安全工作规程（配电部分）》第 4.4.9 条："装设的接地线应接触良好、连接可靠。"

（19）【违章现象】：接地线导线段装设在绝缘导线的绝缘层上。

【违章条款】：违反《国家电网公司电力安全工作规程（配电部分）》第 4.4.9 条："装设的接地线应接触良好、连接可靠。"

（20）【违章现象】：接地线导线端安装不牢固。

【违章条款】：违反《国家电网公司电力安全工作规程（配电部分）》第 4.4.9 条："装设的接地线应接触良好、连接可靠。"

（21）【违章现象】：现场未按要求使用双控背带式安全带。

【违章条款】：违反《国家电网公司电力安全工作规程（配电部分）》第 6.2.3（2）条："在杆塔上作业时，宜使用有后备保护绳或速差保护器的双控背带式安全带。"

（22）【违章现象】：现场使用的绝缘手套无编号、合格证标签。

【违章条款】：违反《国家电网公司电力安全工作规程（配电部分）》第 14.6.2.3 条："安全工器具经试验合格后，应在不妨碍绝缘性能且醒目的部位粘贴合格证。"

（23）【违章现象】：现场使用后备保护绳替代钢丝绳扣。

【违章条款】：违反《国家电网公司电力安全工作规程（配电部分）》第 14.1.7 条："自制或改装以及主要部件更换或检修后的机具，应按其用途依据国家相关标准进行型式试验，经鉴定合格后方可使用。"

（24）【违章现象】：现场使用后备保护绳替代钢丝绳承力。

【违章条款】：违反《国家电网公司电力安全工作规程（配电部分）》第 14.1.7 条："自制或改装以及主要部件更换或检修后的机具，应按其用途依据国家相关标准进行型式试验，经鉴定合格后方可使用。"

（25）【违章现象】：吊车接地安装不牢固。

【违章条款】：违反《国家电网公司电力安全工作规程（配电部分）》第 16.2.9 条："在带电设备区域内使用起重机等起重设备时，应安装接地线并可靠接地，接地线应用多股软铜线，其截面积不得小于 16mm^2。"

（26）【违章现象】：吊车接地极埋深不足。

【违章条款】：违反《国家电网公司电力安全工作规程（配电部分）》第 16.2.9 条："在带电设备区域内使用起重机等起重设备时，应安装接地线并可靠接地，接地线应用多股软铜线，其截面积不得小于 16mm^2。"

（二）施工机具应用篇

（1）【违章现象】：机动绞磨拉磨尾绳只有一人且距离磨盘过近。

【违章条款】：违反《国家电网公司电力安全工作规程（建设部分）》第 5.1.3.2 条："拉磨尾绳不应少于 2 人，且应位于锚桩后面、绳圈外侧，不得站在绳圈内。距离绞磨不得小于 2.5m。"

（2）【违章现象】：使用树木作为机动绞磨锚桩。

【违章条款】：违反《国家电网公司电力安全工作规程（配电部分）》第 14.2.1.1 条："绞磨应放置平稳，锚固应可靠，受力前方不得有人，锚固绳应有防滑动措施，并可靠接地。"

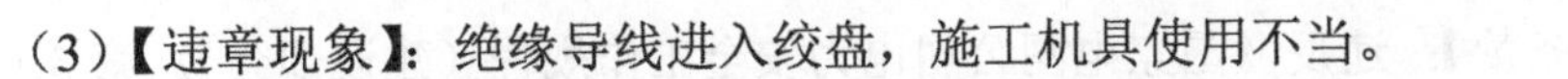

（3）【违章现象】：绝缘导线进入绞盘，施工机具使用不当。

【违章条款】：违反《国家电网公司电力安全工作规程（配电部分）》第 14.1.1 条："作业人员应了解机具（施工机具、电动工具）及安全工器具相关性能、熟悉其使用方法。"

（4）【违章现象】：现场绞磨机卷筒钢丝绳缠绕不足 5 圈且有叠压现象。

【违章条款】：违反《国家电网公司电力安全工作规程（建设部分）》第 5.1.3.4 条："牵引绳应从卷筒下方卷入，且排列整齐，通过磨芯时不得重叠或相互缠绕，在卷筒或磨芯上缠绕不得少于 5 圈。"

（5）【违章现象】：绞磨钢丝绳残绕少于 5 圈。

【违章条款】：违反《国家电网公司电力安全工作规程（建设部分）》第 5.1.3.4 条："牵引绳……在卷筒或磨芯上缠绕不得少于 5 圈。"

（6）【违章现象】：用铝导线代替绞磨固定钢丝绳。

【违章条款】：违反《国家电网公司电力安全工作规程（配电部分）》第 14.2.1.1 条："绞磨应放置平稳，锚固应可靠，受力前方不得有人，锚固绳应有防滑动措施，并可靠接地。"

（7）【违章现象】：手扳葫芦吊钩封口部件损坏。

【违章条款】：违反《国家电网公司电力安全工作规程（配电部分）》第 14.1.3 条："机具的各种监测仪表以及制动器、限位器、安全阀、闭锁机构等安全装置应完好。"

（8）【违章现象】：起重机吊钩闭锁装置损坏。

【违章条款】：违反《国家电网公司电力安全工作规程（配电部分）》第 14.1.3 条："机具的各种监测仪表以及制动器、限位器、安全阀、闭锁机构等安全装置应完好。"

（9）【违章现象】：吊车钢丝绳断股。

【违章条款】：违反《国家电网公司电力安全工作规程（建设部分）》第 4.5.14 条："起重机械使用单位对其中机械安全技术状况和管理情况应进行定期和专项检查并指导、追踪、督查缺陷整改。"

（10）【违章现象】：起重作业范围内未采取有效隔离措施。

【违章条款】：违反《国家电网公司电力安全工作规程（配电部分）》第 16.2.3 条："在起吊、牵引过程中，受力钢丝绳的周围、上下方、转向滑车内角侧、吊臂和起吊物的下面，禁止有人逗留和通过。"

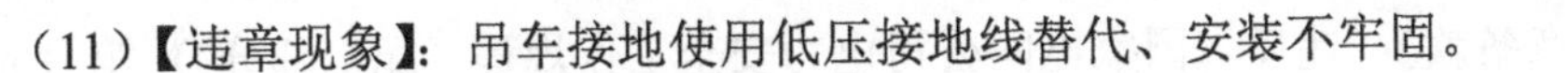

（11）【违章现象】：吊车接地使用低压接地线替代、安装不牢固。

【违章条款】：违反《国家电网公司电力安全工作规程（配电部分）》第 16.2.9 条：“在带电设备区域内使用起重机等起重设备时，应安装接地线并可靠接地，接地线应用多股软铜线，其截面积不得小于 16mm^2。”

（12）【违章现象】：吊车占道施工未设置安全围栏、吊车作业支撑不平稳。

【违章条款】：违反《国家电网公司电力安全工作规程（配电部分）》第 16.1.8 条：“起重与运输：在道路上施工应装设遮栏（围栏），并悬挂警告标示牌。”

违反《国家电网公司电力安全工作规程（建设部分）》第 5.12.2 条：“汽车式起重机作业前应支好全部支撑腿，支腿应加垫木。”

（13）【违章现象】：吊车接地线的接地极铜线连接不牢固。

【违章条款】：违反《国家电网公司电力安全工作规程（配电部分）》第 16.2.9 条：“在带电设备区域内使用起重机等起重设备时，应安装接地线并可靠接地，接地线应用多股软铜线，其截面积不得小于 16mm²。”

（14）【违章现象】：吊车支撑腿支撑不平稳、未加垫木。

【违章条款】：违反《国家电网公司电力安全工作规程（建设部分）》第 5.12.2 条：“汽车式起重机作业前应支好全部支撑腿，支腿应加垫木。”

（15）【违章现象】：起吊电杆作业中，吊车回转半径及 1.2 倍杆高范围未疏散无关人员。

【违章条款】：违反《国家电网公司电力安全工作规程（配电部分）》第 6.3.3 条："立、撤杆塔时，禁止基坑内有人。除指挥人及指定人员外，其他人员应在杆塔高度的 1.2 倍距离以外。"

（16）【违章现象】：吊装电杆作业过程中吊车回转半径和倒杆 1.2 倍距离以内人员未疏散。

【违章条款】：违反《国家电网公司电力安全工作规程（配电部分）》第 6.3.3 条：“立、撤杆塔时，禁止基坑内有人。除指挥人及指定人员外，其他人员应在杆塔高度的 1.2 倍距离以外。”

（17）【违章现象】：电杆未夯实牢固前脱离起吊设施。

【违章条款】：违反《国家电网公司电力安全工作规程（配电部分）》第 6.3.8 条：“使用吊车立、撤杆塔，钢丝绳套应挂在电杆的适当位置以防止电杆突然倾倒。”

（18）【违章现象】：挖掘机起立电杆绑扎钢丝绳使用不当，造成钢丝绳断裂。

【违章条款】：违反《国家电网公司电力安全工作规程（配电部分）》第 16.2.2 条：“起吊物件应绑扎牢固，若物件有棱角或特别光滑的部位时，在棱角和滑面与绳索（吊带）接触处应加以包垫。”

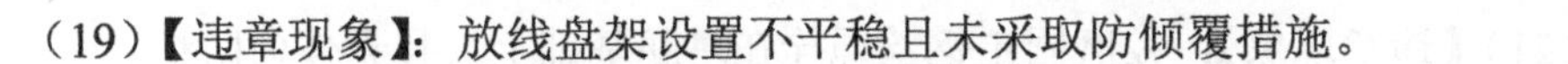

（19）【违章现象】：放线盘架设置不平稳且未采取防倾覆措施。

【违章条款】：违反《国家电网公司电力安全工作规程（配电部分）》第 6.3.8 条："使用吊车立、撤杆塔，钢丝绳套应挂在电杆的适当位置以防止电杆突然倾倒。"

（20）【违章现象】：放线盘架未采取防倾覆措施。

【违章条款】：违反《国家电网公司电力安全工作规程（配电部分）》第 6.4.4 条："放线、紧线前，应检查确认导线无障碍物挂住，导线与牵引绳的连接应可靠，线盘架应稳固可靠、转动灵活、制动可靠。"

（21）【违章现象】：绞磨固定钢丝绳拴在塔腿基础上，且无任何防护。

【违章条款】：违反《国家电网公司电力安全工作规程（配电部分）》第 16.2.2 条：“起吊物件应绑扎牢固，若物件有棱角或特别光滑的部位时，在棱角和滑面与绳索（吊带）接触处应加以包垫。”

（22）【违章现象】：紧线转向滑车固定在新立电杆上且拴挂不牢固。

【违章条款】：违反《国家电网公司电力安全工作规程（配电部分）》第 14.2.10.3 条：“滑车不得拴挂在不牢固的结构物上。拴挂固定滑车的桩或锚应埋设牢固可靠。”

（23）【违章现象】：链条葫芦使用不当。

【违章条款】：违反《国家电网公司电力安全工作规程（配电部分）》第 14.2.6.2 条："链条（手扳）葫芦：起重链不得打扭，亦不得拆成单股使用。"

（24）【违章现象】：链条葫芦使用不当。

【违章条款】：违反《国家电网公司电力安全工作规程（配电部分）》第 14.2.6.2 条："链条（手扳）葫芦：起重链不得打扭，亦不得拆成单股使用。"

（25）【违章现象】：发电机外壳未接地、电源线不符合要求。

【违章条款】：违反《国家电网公司电力安全工作规程（配电部分）》第 14.4.2 条：“电动工具使用前，应检查确认电线、接地或接零完好；检查确认工具的金属外壳可靠接地。”

（26）【违章现象】：电焊机电缆线老化开裂。

【违章条款】：违反《国家电网公司电力安全工作规程（配电部分）》第 14.4.2 条：“电动工具使用前，应检查确认电线、接地或接零完好。”

（27）【违章现象】：牵引绳索磨损严重且绑接使用。

【违章条款】：违反《国家电网公司电力安全工作规程（配电部分）》第 14.2.9.1 条："禁止使用出现松股、散股、断股、严重磨损的纤维绳。"

（28）【违章现象】：施工牵引绳磨损严重。

【违章条款】：违反《国家电网公司电力安全工作规程（配电部分）》第 14.2.9.1 条："禁止使用出现松股、散股、断股、严重磨损的纤维绳。"

（29）【违章现象】：钢丝绳套插接长度不足。

【违章条款】：违反《国家电网公司电力安全工作规程（配电部分）》第 14.2.7.2 条："插接的环绳或绳套，其插接长度应大于钢丝绳直径的 15 倍，且不得小于 300mm。新插接的钢丝绳套应作 125%允许负荷的抽样试验。"

（30）【违章现象】：现场使用已经损坏的麻绳。

【违章条款】：违反《国家电网公司电力安全工作规程（配电部分）》第 14.2.9.1 条："禁止使用出现松股、散股、断股、严重磨损的纤维绳。"

（三）作业行为篇

（1）【违章现象】：高处作业未正确使用后备保护绳。

【违章条款】：违反《国家电网公司电力安全工作规程（配电部分）》第 6.2.3 条："杆塔上作业应注意以下安全事项：（2）在杆塔上作业时，宜使用有后备保护绳或速差自锁器的双控背带式安全带，安全带和保护绳应分挂在杆塔不同部位的牢固构件上。"

（2）【违章现象】：高处作业未正确使用后备保护绳。

【违章条款】：违反《国家电网公司电力安全工作规程（配电部分）》第 6.2.3 条："杆塔上作业应注意以下安全事项：（2）在杆塔上作业时，宜使用有后备保护

绳或速差自锁器的双控背带式安全带，安全带和保护绳应分挂在杆塔不同部位的牢固构件上。”

（3）【违章现象】：高处作业人员系挂的保护绳超长。

【违章条款】：违反《国家电网公司电力安全工作规程（配电部分）》第 6.2.3 条：“杆塔上作业应注意以下安全事项：（2）在杆塔上作业时，宜使用有后备保护绳或速差自锁器的双控背带式安全带，安全带和保护绳应分挂在杆塔不同部位的牢固构件上。”

（4）【违章现象】：工器具未使用工具袋随意摆放。

【违章条款】：违反《国家电网公司电力安全工作规程（配电部分）》第 17.1.5 条："高处作业应使用工具袋。上下传递材料、工器具应使用绳索；邻近带电线路作业的，应使用绝缘绳索传递，较大的工具应用绳拴在牢固的构件上。"

（5）【违章现象】：采用突然剪断导线的方式进行拆线作业。

【违章条款】：违反《国家电网公司电力安全工作规程（配电部分）》第 6.4.9 条："禁止采用突然剪断导线的做法松线。"

（6）【违章现象】：作业人员携带接地线登杆。

【违章条款】：违反《国家电网公司电力安全工作规程（配电部分）》第 6.2.2 条："杆塔作业应禁止以下行为：（2）携带器材登杆或在杆塔上移位。"

（7）【违章现象】：使用梯子登高作业无人扶梯。

【违章条款】：违反《国家电网公司电力安全工作规程（配电部分）》第 17.4.1 条："梯子应坚固完整，有防滑措施。"

（8）【违章现象】：使用梯子登高作业无人扶梯，梯子角度过大。

【违章条款】：违反《国家电网公司电力安全工作规程（配电部分）》第 17.4.1 条："梯子应坚固完整，有防滑措施。"第 17.4.2 条："使用单梯工作时，梯与地面的斜角度约为 60°。"

（9）【违章现象】：在铁塔上作业人员移位时不系安全带和后保绳。

【违章条款】：违反《国家电网公司电力安全工作规程（配电部分）》第 17.2.4 条："作业人员作业过程中，应随时检查安全带是否拴牢。高处作业人员在转移作业位置时不得失去安全保护。"

（10）【违章现象】：脚手架上作业未采取防坠落措施。

【违章条款】：违反《国家电网公司电力安全工作规程（配电部分）》第 17.3.3 条："在没有脚手架或者在没有栏杆的脚手架上工作，高度超过 1.5m 时，应使用安全带，或采取其他可靠的安全措施。"

（11）【违章现象】：攀登树木修剪树枝未采取防坠落措施。

【违章条款】：违反《国家电网公司电力安全工作规程（配电部分）》第 5.3.7 条："上树时，应使用安全带，安全带不得系在待砍剪树枝的断口附近或以上。不得攀抓脆弱和枯死的树枝；不得攀登已经锯过或砍过的未断树木。"

（12）【违章现象】：攀登树木修剪树枝未采取防坠落措施。

【违章条款】：违反《国家电网公司电力安全工作规程（配电部分）》第 5.3.7 条："上树时，应使用安全带，安全带不得系在待砍剪树枝的断口附近或以上。不得攀抓脆弱和枯死的树枝；不得攀登已经锯过或砍过的未断树木。"

（13）【违章现象】：验电未使用绝缘手套。

【违章条款】：违反《国家电网公司电力安全工作规程（配电部分）》第 4.3.3 条："高压验电时，人体与被验电的线路、设备的带电部位应保持表 3－1 规定的安全距离。使用伸缩式验电器，绝缘棒应拉到位，验电时手应握在手柄处，不得超过护环，宜戴绝缘手套。"

（14）【违章现象】：装设接地线未使用绝缘手套，且作业人员着装不符合要求、未正确使用安全带。

【违章条款】：违反《国家电网公司电力安全工作规程（配电部分）》第 4.4.8 条："装设、拆除接地线均应使用绝缘棒并戴绝缘手套。"

（15）【违章现象】：在拉线未制作完成情况下，作业人员即登杆放紧线。

【违章条款】：违反《国家电网公司电力安全工作规程（配电部分）》第 6.3.14 条："杆塔检修（施工）应注意以下安全事项：（3）杆塔上有人时，禁止调整或拆除拉线。"

（16）【违章现象】：利用树木、树桩固定导线。

【违章条款】：违反《国家电网公司电力安全工作规程（配电部分）》第 6.3.6 条："使用临时拉线的安全要求：（1）不得利用树木或外露岩石作受力桩。"

（17）【违章现象】：缆风绳地锚设置不正确。

【违章条款】：违反《国家电网公司电力安全工作规程（配电部分）》第 14.2.2.3 条："缆风绳与抱杆顶部及地锚的连接应牢固可靠。"第.2.5.1 条："地锚的分布和埋设深度，应根据现场所用地锚用途和周围土质设置。"

（18）【违章现象】：基础施工深坑未采取任何防塌方、防坠落措施。

【违章条款】：违反《国家电网公司电力安全工作规程（配电部分）》第 2.3.12.1 条："井、坑、孔、洞或沟（槽），应覆以与地面齐平而坚固的盖板。检修作业，若需将盖板取下，应设临时围栏、并设置警示标识，夜间还应设红灯示警。临时打的孔、洞，施工结束后，应恢复原状。”

（19）【违章现象】：土建施工深坑未采取任何防塌方、防坠落措施。

【违章条款】：违反《国家电网公司电力安全工作规程（配电部分）》第 2.3.12.1 条：“井、坑、孔、洞或沟（槽），应覆以与地面齐平而坚固的盖板。检修作业，若需将盖板取下，应设临时围栏、并设置警示标识，夜间还应设红灯示警。临时打的孔、洞，施工结束后，应恢复原状。”

（20）【违章现象】：穿越道路展放导线，未在道路上设置施工警示牌或警示墩。

【违章条款】：违反《国家电网公司电力安全工作规程（配电部分）》第 6.4.2 条：“交叉跨越各种线路、铁路、公路、河流等地方放线、撤线，应先取得有关主

管部门同意，做好跨越架搭设、封航、封路、在路口设专人持信号旗看守等安全措施。”

（21）【违章现象】：居民区放线盘架未设置安全围栏。

【违章条款】：违反《国家电网公司电力安全工作规程（配电部分）》第 6.2.3 条：“杆塔上作业应注意以下安全事项：（4）在人员密集或有人员通过的地段进行杆塔上作业时，作业点下方应按坠落半径设围栏或其他保护措施。”

（22）【违章现象】：起重作业范围内未采取有效隔离措施。

【违章条款】：违反《国家电网公司电力安全工作规程（配电部分）》第 16.2.3 条：“在起吊、牵引过程中，受力钢丝绳的周围、上下方、转向滑车内角侧、吊臂和起吊物的下面，禁止有人逗留和通过。”

（23）【违章现象】：直接使用吊车吊钩吊人作业。

【违章条款】：违反《国家电网公司电力安全工作规程（配电部分）》第16.2.12条：“起重作业时，禁止吊物上站人，禁止作业人员利用吊钩来上升或下降。”

（24）【违章现象】：新建线路导线展放与邻近 10kV 带电裸导线安全距离不足1m。

【违章条款】：违反《国家电网公司电力安全工作规程（配电部分）》第 6.4.10条：“若放线通道中有带电线路和带电设备，应与之保持安全距离，无法保证安全

距离时应采取搭设跨越架等措施或停电。”

（25）【违章现象】：未完成工作许可手续前现场已开工且与导线安全距离不足。

【违章条款】：违反《国家电网公司电力安全工作规程（配电部分）》第 3.4.1 条：“各工作许可人应在完成工作票所列由其负责的停电和装设接地线等安全措施后，方可发出许可工作的命令。”

（26）【违章现象】：放紧线过程未设置临时拉线。

【违章条款】：违反《国家电网公司电力安全工作规程（配电部分）》第 6.4.5 条："紧线、撤线前，应检查拉线、桩锚及杆塔。必要时，应加固桩锚或增设临时拉线。"

（27）【违章现象】：终端杆未设置拉线前登杆作业。

【违章条款】：违反《国家电网公司电力安全工作规程（配电部分）》第 6.2.1 条："登杆塔前，应做好以下工作：（2）检查杆根、基础和拉线是否牢固。"第 6.2.2 条："杆塔作业应禁止以下行为：（1）攀登杆基未完全牢固或未做好临时拉线的新立杆塔。"